高等职业教育电子信息类专业“十二五”规划教材

S7-200 西门子 PLC 基础教程

主　编　刘晓燕

副主编　王惠贞　郑建红　赵冬梅

参　编　刘　阳　张　辉　杜　荣

王爱兵　张占义　崔京华

潘　彧

中国铁道出版社

CHINA RAILWAY PUBLISHING HOUSE

内 容 简 介

本书体现工学结合的高职教育人才培养理念，理论知识强调"实用为主，必需和够用为度"的原则，在知识与结构上有所创新，采用项目式编写体例，不仅符合高职学生的认知特点，而且紧密联系一线生产实际，真正体现学以致用。

本书每个项目都以实际工程案例引入，由浅入深地介绍相关理论知识和实际应用案例。本书共分为6个项目，即认识PLC、S7-200系列PLC基本指令应用、PLC程序设计方法——梯形图经验设计法、PLC程序设计方法——顺序设计法、S7-200系列PLC功能指令应用、PLC综合应用实例。每个项目包含若干任务。

本书可作为高职院校电子信息类、自动化类、机电类相关专业PLC课程的教学用书，也可供中职院校、技工学校等相关专业使用，还可供相关领域的工程技术人员参考。

图书在版编目(CIP)数据

S7-200西门子PLC基础教程/刘晓燕主编.—北京：
中国铁道出版社，2012.12(2018.1重印)
高等职业教育电子信息类专业"十二五"规划教材
ISBN 978-7-113-14981-9

Ⅰ.①S… Ⅱ.①刘… Ⅲ.①plc技术-高等职业教育-
教材 Ⅳ.①TM571.6

中国版本图书馆CIP数据核字(2012)第205975号

书　　名：**S7-200西门子PLC基础教程**
作　　者：刘晓燕　主编

策　　划：吴　飞　　　　读者热线：(010)63550836
责任编辑：吴　飞　鲍　闻
封面设计：付　巍
封面制作：刘　颖
责任印制：郭向伟

出版发行：中国铁道出版社(北京市西城区右安门西街8号　邮政编码：100054)
网　　址：http://www.tdpress.com/51eds/
印　　刷：虎彩印艺股份有限公司
版　　次：2012年12月第1版　2018年1月第2次印刷
开　　本：787mm×1092mm　1/16　**印张**：12.5　**字数**：296千
印　　数：3001～4000册
书　　号：ISBN 978-7-113-14981-9
定　　价：26.00元

前言

FOREWORD

可编程控制器(PLC)是一种数字运算操作的电子系统,专为在工业环境中的应用而设计。它采用一类可编程的存储器,用于其内部存储程序、执行逻辑运算、顺序控制、定时、计数与算术操作等面向用户的指令,并通过数字或模拟式输入/输出控制各种类型的机械或生产过程,是工业控制的核心部分。作为现代化的自动控制装置,具有控制功能强、可靠性高、使用方便等一系列优点,已普遍应用于工业企业的各个领域,是生产过程自动化必不可少的智能控制设备。

本书以能力培养为目标,在注重基础理论教学的同时,力求突出PLC技术的实用性,并结合高职教育的人才培养特点,形成以就业为导向的项目式教材。本书按照项目化教学方法要求的体例进行学习任务的设计,打破了指令功能介绍和程序灌输的传统方式,实现从逻辑知识的传授向职业活动中任务导向能力训练的转变。

本书每个项目都以实际工程案例引入,由浅入深地介绍相关理论知识和实际应用案例。全书共分为6个项目,即认识PLC、S7-200系列PLC基本指令应用、PLC程序设计方法——梯形图经验设计法、PLC程序设计方法——顺序设计法、S7-200系列PLC功能指令应用、PLC综合应用实例。每个项目包含若干任务。

本书建议总学时为60学时(包括实训内容),具体学时分配如下(仅供参考):

序号	内容	参考学时
1	项目一　认识PLC	6
2	项目二　S7-200系列PLC基本指令应用	10
3	项目三　PLC程序设计方法——梯形图经验设计法	12
4	项目四　PLC程序设计方法——顺序设计法	14
5	项目五　S7-200系列PLC功能指令应用	10
6	项目六　PLC综合应用实例	8

本书由河北交通职业技术学院刘晓燕担任主编,王惠贞、郑建红、赵冬梅担任副主编,刘阳、张辉、杜荣、王爱兵、张占义、崔京华(河北化工医药职业技术学院)参加编写。其中项目一和项目二由王惠贞编写,项目三和项目四由刘晓燕编写,项目五由刘阳、杜荣和张占义编写,项目六由张辉、王爱兵和崔京华编写,郑建红、赵冬梅、潘彧参与了部分内容的编写。全书由刘晓燕统稿。

为了便于教师教学,本书配有电子课件、教学视频、习题库等免费资料,如有需要,请发邮件至782928082@qq.com。

本书可作为高职院校电子信息类、自动化类、机电类相关专业PLC课程的教学用书,也可供中职院校、技工学校等相关专业使用,还可供相关领域的工程技术人员参考。

由于编者水平有限,书中疏漏错误和不足之处在所难免,恳请读者批评指正。

编　者

2012年10月

目　录

CONTENTS

项目一　认识PLC

项目内容

本项目的内容包括PLC发展、分类及应用，PLC的基本结构和工作原理，PLC编程软件的使用。

知识要点

1. PLC的定义与发展，PLC的分类、特点与应用，S7-200系列PLC的基本介绍。

2. PLC的基本结构、操作模式与工作原理。

3. PLC的编程语言、程序结构与软件介绍，S7-200系列PLC的内存结构与寻址方式。

学习目标

1. 了解PLC的发展、分类、特点和应用领域，熟悉S7-200系列PLC的外部结构与基本性能指标。

2. 掌握PLC的基本结构、操作模式与工作原理。

3. 在熟悉PLC的编程语言、程序结构与软件环境的基础上，掌握S7-200系列PLC的内存结构与寻址方式。

可编程控制器即PLC，是一种进行数字运算操作的电子系统，是专为在工业环境下的应用而设计的工业控制器。它以微处理器为基础，结合计算机技术、自动控制技术和通信技术，是面向控制过程、面向用户的语言编程，是一种操作方便、可靠性高的新一代通用工业控制装置。作为通用工业控制计算机，30年来，PLC从无到有，实现了工业控制领域接线逻辑到存储逻辑的飞跃，其功能从弱到强，实现了逻辑控制到数字控制的进步，其应用领域从小到大，实现了单体设备简单控制到胜任运动控制、过程控制及集散控制等各种任务的跨越。今天的PLC正在成为工业控制领域的主流控制设备，在世界各地发挥着越来越大的作用。本项目通过介绍PLC发展、分类、应用，以及PLC的基本结构、工作原理和编程软件的使用，为后续项目利用PLC技术进行实际任务的自动控制打下基础。

任务1 PLC 的发展、分类及应用

任务描述

PLC 是在继电器-接触器控制的基础上，随着计算机技术的发展而产生的，是专为工业环境下的应用而设计的工业计算机。在学习 PLC 之初，通过了解 PLC 的定义、产生、发展以及 PLC 的分类、特点及应用，对 PLC 建立一个初步的认识。

相关知识

一、PLC 的定义、产生及发展

1. PLC 的定义

可编程控制器是在传统顺序控制器的基础上引入微电子技术、计算机技术、自动控制技术和通信技术而形成的新型工业控制装置。早期的可编程控制器在功能上只能进行逻辑控制，即替代继电器、接触器为主的各种顺序控制，因此称它为可编程逻辑控制器(Programmable Logic Controller，PLC)。随着技术的发展，国内外一些厂家采用微处理器作为中央处理单元，使其功能大大增强。现在的 PLC 不仅具有逻辑运算功能，还具有算术运算、模拟量处理和通信联网等功能。1980 年美国电气制造商协会(NEMA)将它命名为可编程控制器(Programmable Controller，PC)。由于个人计算机(Personal Computer)也简称 PC，为避免混淆可编程控制器仍简称 PLC。

国际电工委员会(IEC)在 1987 年的 PLC 标准草案第 3 稿中，对 PLC 的定义如下："可编程控制器是一种数字运算操作的电子系统，专为在工业环境下的应用而设计。它采用了可编程序的存储器，用来在其内部存储执行逻辑运算、顺序控制、定时、计数和算术运算等操作的指令，并通过数字式、模拟式的输入/输出，控制各种类型的机械或生产过程。可编程控制器及其有关外围设备，都应按易于使工业控制系统形成一个整体，易于扩充其功能的原则设计。"

从上述定义可以看出，PLC 直接应用于工业环境，因此必须具有很强的抗干扰能力、广泛的适应能力和广阔的应用范围，这也是它区别于一般微机控制系统的重要特征。同时，由定义也可以看出，PLC 是用软件方式——"可编程"的方式来实现控制要求，这与传统控制装置中通过硬件或硬件接线的方式来达到控制要求有着本质的区别。

2. PLC 的产生和发展

在 PLC 出现前，在工业电气控制领域中，继电器-接触器控制系统占主导地位，应用广泛。该系统具有结构简单、价格便宜、容易操作、技术难度较小等优点，但是继电器-接触器控制系统存在体积大、可靠性低、查找和排除故障困难等缺点，特别是其接线复杂，不易更改，如果控制功能稍微改变，则可能需要改变整个控制系统的硬件接线，因此其通用性和灵活性较差。

1968 年美国通用汽车公司(GM)为了适应生产工艺不断更新的需要，要求寻找一种比继电器更可靠，功能更齐全，响应速度更快的新型工业控制器，并从用户角度提出了新一代控制器应具备的十大条件，这一要求的提出立即引起了开发热潮。该要求的主要内容是：

① 编程方便，可在现场修改和调试程序；

② 维护方便，采用插入式模块结构；

③ 可靠性高于继电器-接触器控制系统；

④ 体积小于继电器-接触器控制系统，能耗低；

⑤ 数据可直接送入管理计算机，与计算机系统进行通信；

⑥ 购买、安装成本可与继电器控制柜相竞争；

⑦ 采用市电输入，可接受现场的开关信号；

⑧ 采用市电输出，容量要求在 2 A 以上，具有直接驱动接触器线圈、电磁阀和小功率电动机的能力；

⑨ 系统扩展时，原系统只须做很小的改动；

⑩ 用户程序存储器容量至少 4 KB。

这些条件实际上提出了将继电器-接触器控制系统的简单易懂、使用方便、价格低的优点与计算机的功能完善、灵活性、通用性好的优点结合起来，将继电器-接触器控制的硬接线逻辑转变为计算机的软件逻辑编程的设想。

1969 年美国数字设备公司(DEC)研制出了第一台可编程控制器 PDP-14，在通用汽车公司的自动生产线上试用成功并取得了满意的效果，可编程控制器自此诞生。从此以后，这项研究技术迅速发展，从美国、日本、欧洲普及到全世界。1971 年日本从美国引进了这项新技术，很快研制出了日本第一台 PLC；1973 年联邦德国西门子公司独立研制成功了欧洲第一台 PLC；我国从 1974 年开始研制，1977 年开始应用于工业。

PLC 的应用在工业界产生了巨大的影响。自第一台 PLC 诞生以来，PLC 共经过了四个发展时期：

① 从 1969 年到 20 世纪 70 年代初期。主要特点：CPU 由中、小规模数字集成电路组成；存储器为磁心存储器；控制功能比较简单，能完成定时、计数及逻辑控制。

② 20 世纪 70 年代初期到末期。主要特点：CPU 采用微处理器，存储器采用半导体存储器，这样不仅使整机的体积减小，而且数据处理能力获得很大提高；增加了数据运算、传送、比较等功能；实现了对模拟量的控制；软件上开发出自诊断程序，使 PLC 的可靠性进一步提高；初步形成系列，结构上开始有模块式和整体式的区分，整机功能从专用向同用过渡。

③ 20 世纪 70 年代末期到 80 年代中期。主要特点：大规模集成电路的发展极大地推动了 PLC 的发展，CPU 开始采用 8 位和 16 位微处理器，使数据处理能力和速度大大提高；PLC 开始具有一定的通信能力，为实现 PLC 分散控制、集中管理奠定了基础；软件上开发了面向过程的梯形图语言，为 PLC 的普及提供了必要条件。在这一时期，发达的工业化国家在多种工业控制领域开始使用 PLC。

④ 20 世纪 80 年代中期至今。主要特点：超大规模集成电路促使 PLC 完全计算机化，CPU 开始采用 32 位微处理器，处理速度得到很大提高，高速计数、中断、PID、运动控制等功能引入了可编程控制器；由于联网能力增强，既可和上位计算机联网，也可以下挂智能控制器或远程 I/O，从而组成集散控制系统(DCS)已无困难；梯形图语言和语句表语言完全成熟，并且已基本上实现标准化，顺序功能图语言逐步普及；专用的编程器已被个人计算机和相应编程软

件所替代，人机界面装置日趋完善，已能进行对整个工厂的监控、管理，并发展了冗余技术，大大加强了可靠性。

3. PLC 的发展趋势

(1) 向高速度、大容量方向发展

为了提高 PLC 的处理能力，要求 PLC 具有更好的响应速度和更大的存储容量。目前，有的 PLC 的扫描速度可达 0.1 ms/千步。PLC 的扫描速度已成为很重要的一个性能指标。

在存储容量方面，有的 PLC 最高可达几十兆字节。为了扩大存储容量，有的公司使用了磁泡存储器或硬盘。

(2) 向超大型、超小型两个方向发展

当前中小型 PLC 比较多，为了适应市场的多种需要，今后 PLC 要向多品种方向发展，特别是向超大型和超小型两个方向发展。现已有 I/O 点数达 14 336 点的超大型 PLC，其使用 32 位微处理器，多 CPU 并行工作和大容量存储器，功能强。

小型 PLC 由整体结构向小型模块化结构发展，使配置更加灵活，为了市场需要已开发了各种简易、经济的超小型微型 PLC，最小配置的 I/O 点数为 8～16 点，以适应单机及小型自动控制的需要，如三菱公司 α 系列 PLC。

(3) 向智能化、网络化方向发展

为满足各种自动化控制系统的要求，近年来不断开发出许多功能模块，如高速计数模块、温度控制模块、远程 I/O 模块、通信和人机接口模块等。这些包括了 CPU 和存储器的智能 I/O模块，既扩展了 PLC 功能，又使用灵活方便，扩大了 PLC 应用范围。

加强 PLC 联网通信的能力，是 PLC 技术进步的潮流。PLC 的联网通信有两类：一类是 PLC 之间联网通信，各 PLC 生产厂家都有自己的专有联网手段；另一类是 PLC 与计算机之间的联网通信，一般 PLC 都有专用的通信模块与计算机通信。为了加强联网通信能力，PLC 生产厂家之间也在协商制定通用的通信标准，以构成更大的网络系统。PLC 已成为集散控制系统(DCS)不可缺少的重要组成部分。

(4) 增强外部故障的检测与处理能力

根据统计资料表明：在 PLC 控制系统的故障中，CPU 占 5%，I/O 接口占 15%，输入设备占 45%，输出设备占 30%，线路占 5%。前两项故障属于 PLC 的内部故障，它可通过 PLC 本身的软、硬件实现检测、处理；其余的故障属于 PLC 的外部故障。因此，PLC 生产厂家都致力于研制、发展用于检测外部故障的专用智能模块，进一步提高系统的可靠性。

(5) 编程语言多样化

在 PLC 系统结构不断发展的同时，PLC 的编程语言也越来越丰富，功能也不断提高。除了大多数 PLC 使用的梯形图语言外，为了适应各种控制要求，出现了面向顺序控制的步进编程语言、面向过程控制的流程图语言、与计算机兼容的高级语言(BASIC、C 语言等)。多种编程语言的并存、互补与发展是 PLC 进步的一种趋势。

二、PLC 的分类、特点及应用

1. PLC 的分类

PLC 产品种类繁多，其规格和性能也各不相同。对于 PLC，通常根据其结构形式的不同、功能的差异和 I/O 点数的多少等进行大致分类。

(1) 按结构形式分类

根据 PLC 的结构形式，可将 PLC 分为整体式和模块式两类。

整体式 PLC：将电源、CPU、存储器、I/O 接口等各个功能部件集成在一个机壳内，如图 1-1(a)所示。整体式 PLC 具有结构紧凑、体积小、价格低的特点。小型 PLC 多采用这种结构，如西门子 S7-200 系列 PLC。整体式 PLC 一般还配有特殊功能模块，如模拟量 I/O 模块、通信模块等，使其功能得以扩展。

模块式 PLC：将 PLC 各组成部分分别做成若干单独的模块，如 CPU 模块、I/O 模块、电源模块(有的含在 CPU 模块中)以及各种功能模块。模块式 PLC 由机架和各种模块组成，模块装在机架的插座上，如图 1-1(b)所示。这种模块式 PLC 的特点是配置灵活，可根据需要选配不同规模的系统，而且装配方便，便于扩展和维修。大、中型 PLC 一般采用模块式结构，如西门子 S7-300/400 系列 PLC。

(a) 整体式PLC

(b) 模块式PLC

图 1-1　不同结构形式的 PLC

还有一些 PLC 将整体式和模块式的特点结合起来，构成所谓叠装式结构。叠装式 PLC 的 CPU、电源和 I/O 接口等也是各自独立的模块，它们之间是靠电缆进行连接，并且各模块可以一层层地叠装。这样，不但系统可以灵活配置，还可做得小巧。

(2) 按功能分类

根据 PLC 所具有的功能不同，可将 PLC 分为低档、中档和高档三类。

低档 PLC：具有逻辑运算、定时、计数、移位以及自诊断、监控等基本功能，还可有少量模拟量输入/输出、算术运算、数据传送和比较、通信等功能。主要用于逻辑控制、顺序控制或少量模拟量控制的单机控制系统。

中档 PLC：除具有低档 PLC 的功能外，还具有较强的模拟量输入/输出、算术运算、数据传送和比较、数制转换、远程 I/O、子程序及通信联网等功能。有些还可增设中断控制、PID 控制等功能，适用于复杂控制系统。

高档 PLC：除具有中档 PLC 的功能外，还增加了带符号算术运算、矩阵运算、位逻辑运算、平方根运算及其他特殊功能函数的运算、制表及表格传送功能等。高档 PLC 机具有更强的通信联网功能，可用于大规模过程控制或构成分布式网络控制系统，实现工厂自动化。

(3) 按 I/O 点数分类

根据 PLC I/O 点数的多少，可将 PLC 分为小型、中型和大型三类。

小型 PLC：I/O 点数为 256 点以下的 PLC。其中，I/O 点数小于 64 点的为超小型或微型 PLC。

中型 PLC：I/O 点数为 256 点以上、2 048 点以下的 PLC。

大型 PLC：I/O 点数为 2 048 以上的 PLC。其中，I/O 点数超过 8 192 点的为超大型 PLC。

在实际应用中，一般 PLC 功能的强弱与其 I/O 点数的多少是相互关联的，即 PLC 的功能越强，其可配置的 I/O 点数越多。因此，通常所说的小型、中型、大型 PLC，除指其 I/O 点数不同外，同时也表示其对应功能为低档、中档、高档。

2. PLC 的特点

PLC 技术之所以高速发展，除了工业自动化的客观需要外，主要是因为它具有许多独特的优点。它较好地解决了工业领域中普遍关心的可靠、安全、灵活、方便、经济等问题。主要有以下特点：

(1) 可靠性高，抗干扰能力强

PLC 是专为工业控制而设计的，可靠性高、抗干扰能力强是它重要的特点之一。PLC 的平均无故障时间可达几十万小时。之所以有这么高的可靠性，是由于它采用了一系列的抗干扰措施。

硬件方面：I/O 通道采用光电隔离，有效地抑制了外部干扰源对 PLC 的影响；对供电电源及线路采用多种形式的滤波，从而消除或抑制了高频干扰；对 CPU 等重要部件采用良好的导电、导磁材料进行屏蔽，以减少空间电磁干扰；对有些模块设置了联锁保护和自诊断电路等。

软件方面：PLC 采用扫描工作方式，减少了因外界环境干扰引起的故障；在 PLC 系统程序中设有故障检测和自诊断程序，能对系统硬件电路等故障实现检测和判断；当由外界干扰引起故障时，能立即将当前重要信息加以封存，禁止任何不稳定的读写操作，一旦外界环境正常后，便可恢复到故障发生前的状态，继续原来的工作。

(2) 编程简单，使用方便

PLC 的编程可采用与继电器电路极为相似的梯形图语言，这种语言直观易懂并且深受现场电气技术人员的欢迎。近年来又发展了面向对象的顺序功能图语言，使编程更加简单方便。

(3) 功能完善，通用性强

PLC 不仅具有逻辑运算、定时、计数和顺序控制等功能，配合特殊功能模块还可以实现定位控制、过程控制、数字控制及通信联网等功能。同时，由于 PLC 产品的系列化、模块化，有品种齐全的硬件装置供用户选用，可以组成满足各种要求的控制系统。

(4) 设计安装简单，维护方便

由于 PLC 用软件代替了传统电气控制系统的硬件、控制柜的设计，使安装接线工作量大大减少。PLC 的用户程序大部分可在实验室进行模拟调试，缩短了应用设计和调试周期。在维修方面，由于 PLC 的故障率极低，维修工作量很小，而且 PLC 具有很强的自诊断功能，如果出现故障，可根据 PLC 上的指示或编程器上提供的故障信息，迅速查明原因，维修极为方便。

(5) 体积小，重量轻，能耗低

由于 PLC 是采用半导体集成电路制成的，因此具有体积小、重量轻、能耗低的特点，并且设计结构紧凑，易于装入机械设备内部，因而是实现机电一体化的理想控制设备。

3. PLC 的应用领域

随着微电子技术的快速发展，PLC 的制造成本不断下降，而功能却不断增强。目前，在国内外 PLC 已广泛应用于冶金、石油、化工、建材、机械制造、电力、汽车、轻工、环保及文化娱乐等领域，随着 PLC 性能价格比的不断提高，其应用领域不断扩大，已覆盖整个工业企业。从应用类型来看，概括起来主要应用在以下几个方面：

（1）数字量逻辑控制

PLC 用“与”“或”“非”等逻辑控制指令来实现触点和电路的串、并联，代替继电器进行组合逻辑控制、定时控制与顺序逻辑控制。数字量逻辑控制可以用于单台设备，也可以用于自动生产线，其应用领域已遍及各行各业，甚至深入到家庭。

（2）运动控制

PLC 使用专用的运动控制模块，对直线运动或圆周运动的位置、速度和加速度进行控制，可以实现单轴、双轴、三轴和多轴位置控制，使运动控制与顺序控制有机地结合在一起。PLC 的运动控制功能广泛地用于各种机械，例如金属切削机床、金属成形机械、装配机械、机器人、电梯等场合。

（3）闭环过程控制

过程控制是指对温度、压力、流量等连续变化的模拟量的闭环控制。PLC 通过模拟量 I/O 模块，实现模拟量和数字量之间的 A/D 转换和 D/A 转换，并对模拟量实行闭环 PID（比例-积分-微分）控制。PID 闭环控制功能已经广泛地应用于塑料挤压成形机、加热炉、热处理炉、锅炉等设备，以及轻工、化工、机械、冶金、电力、建材等行业。

（4）数据处理

现代的 PLC 具有数学运算、数据传送、转换、排序和查表、位操作等功能，可以完成数据的采集、分析和处理。这些数据可以与存储在存储器中的参考值进行比较，也可以用通信功能传送到别的智能装置，或者将它们打印制表。

（5）通信联网

PLC 的通信包括 PLC 与远程 I/O 之间的通信、多台 PLC 之间的通信、PLC 与其他智能控制设备（例如计算机、变频器、数控装置）之间的通信。PLC 与其他智能控制设备一起，可以组成“集中管理、分散控制”的分布式控制系统。

三、S7-200 系列 PLC 简介

1. S7-200 系列 PLC 的外部结构

S7-200 系列 PLC 有 CPU 21X 和 CPU 22X 两代产品，外部结构如图 1-2 所示。它是整体式 PLC，它将输入/输出模块、CPU 模块、电源模块均装在一个机壳内，当系统需要扩展时，可选用需要的扩展模块与基本单元（主机）连接。

① 输入接线端子：用于连接外部控制信号，在底部端子盖下是输入接线端子和为传感器提供的 24 V 直流电源。

② 输出接线端子：用于连接被控设备，在顶部端子盖下是输出接线端子和 PLC 的工作电源。

③ CPU 状态指示灯：CPU 状态指示灯有 SF、STOP、RUN 三个，其作用如下：

SF：系统故障指示灯。当系统出现严重的错误或硬件故障时此灯亮。

STOP：停止状态指示灯。编辑或修改用户程序，通过编程装置向 PLC 下载程序或进行系

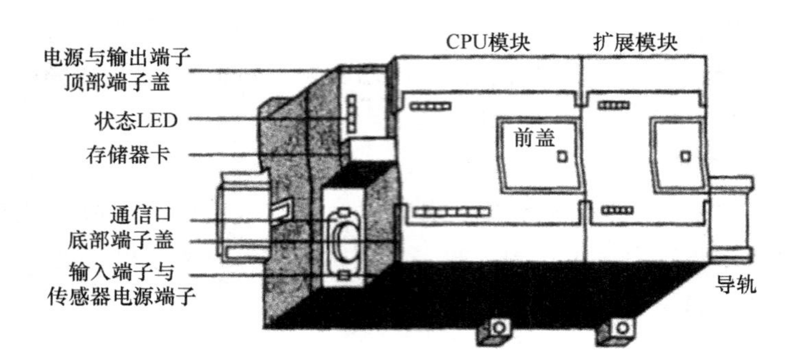

图 1-2　S7-200 系列 PLC 的外部结构

统设置时此灯亮。

RUN:运行指示灯。执行用户程序时此灯亮。

④ 输入状态指示灯:用来显示是否有控制信号(如控制按钮、行程开关、接近开关、光电开关等数字量信号)接入 PLC。

⑤ 输出状态指示灯:用来显示 PLC 是否有信号输出到执行设备(如接触器、电磁阀、指示灯等)。

⑥ 扩展接口:通过扁平电缆线,连接数字量 I/O 扩展模块、模拟量 I/O 扩展模块、热电偶模块和通信模块等。

⑦ 通信接口:支持 PPI、MPI 通信协议,有自由口通信能力。用以连接编程器、PLC 网络等外部设备。

2. 输入/输出接线

输入/输出模块电路是 PLC 与被控设备间传递输入/输出信号的接口部件。各输入/输出点的通/断状态用 LED 显示,外部接线就接在 PLC 输入/输出接线端子上。

S7-200 系列 CPU 22X 主机的输入回路为直流双向光耦合输入电路,输出有继电器和场效应晶体管两种类型,用户可根据需要选用。

3. S7-200 系列 PLC 的性能

PLC 的主要性能指标有 I/O 点数、存储器能力、指令运行时间、各种特殊功能等,这些技术性指标是选用 PLC 的依据。表 1-1 所示为 CPU 22X 的主要技术指标,通过这些指标,使读者对于 S7-200 系列 PLC 的性能建立一个初步的认识和了解。CPU 22X 的输入特性和输出特性见附录中附表 1。

表 1-1　CPU 22X 主要技术指标

型号	CPU 221	CPU 222	CPU 224	CPU 226
用户数据存储器类型	EEPROM	EEPROM	EEPROM	EEPROM
程序空间(永久保存)/B	2 048	2 048	4 096	4 096
数据后备(超级电容)典型值/h	50	50	190	190

续表

型号	CPU 221	CPU 222	CPU 224	CPU 226
主机 I/O 点数	8/4	8/6	14/10	24/16
可扩展模块/个	无	2	7	7
(24 V 传感器电源最大电流/电流限制)/mA	180/600	180/600	280/600	~400/1 500
数字量 I/O 映像区大小	256	256	256	256
模拟量 I/O 映像区大小	无	16/16	32/32	32/32
内置高速计数器(30 kHz)	4	4	6	6
定时器/计数器	256/256	256/256	256/256	256/256
高速脉冲输出(20 kHz)	2	2	2	2
布尔指令执行时间/μs	0.37	0.37	0.37	0.37
实时时钟	有(时钟卡)	有(时钟卡)	有(内置)	有(内置)
RS-485 通信口	1	1	1	2

任务 2　PLC 的基本结构和工作原理

任务描述

PLC 是以微处理器为核心的计算机控制系统，虽然各厂家产品类型繁多，功能和指令系统各不相同，但其基本结构和工作原理大同小异，本任务通过对 PLC 基本结构和工作原理的介绍，为后续项目的实现与应用奠定基础。

相关知识

一、PLC 的基本结构

PLC 生产厂家很多，产品的结构也各不相同，但其基本构成是一样的：都采用计算机结构，如图 1-3 所示；都以微处理器为核心，通过硬件和软件的共同作用来实现其功能。PLC 主要由六部分组成：CPU(中央处理器)、存储器、输入/输出(I/O)接口电路、电源、外部设备接口、输入/输出(I/O)扩展接口。

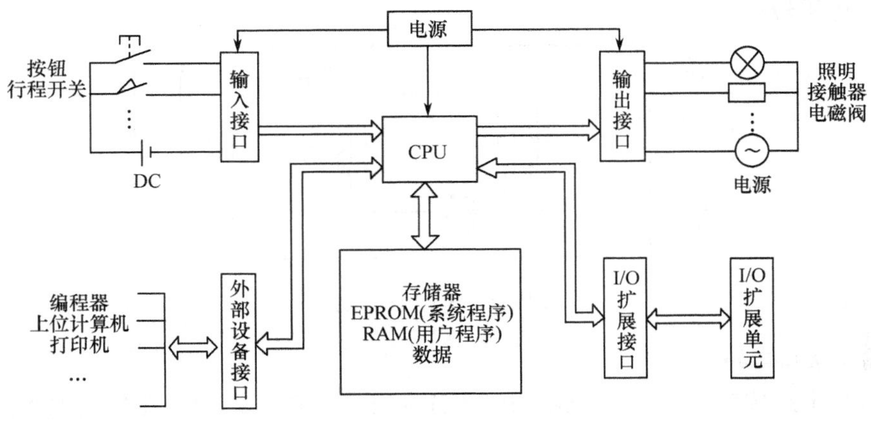

图 1-3　PLC 结构示意图

1. CPU

CPU 是中央处理器(Central Processing Unit)的英文缩写。它是 PLC 的核心和控制指挥中心,主要由控制器、运算器和寄存器组成,并集成在一块芯片上。CPU 通过地址总线、数据总线和控制总线与存储器、输入/输出接口电路相连接,完成信息传递、转换等。

CPU 的主要功能有:接收输入信号并存入存储器,读出指令,执行指令并将结果输出,处理中断请求,准备下一条指令等。

2. 存储器

存储器主要用来存放系统程序、用户程序和数据。根据存储器在系统中的作用可将其分为系统程序存储器和用户程序存储器。

系统程序是对整个 PLC 系统进行调度、管理、监视及服务的程序,它控制和完成 PLC 各种功能。这些程序有 PLC 制造厂家设计提供,固化在 ROM 中,用户不能直接存取、修改。系统程序存储器容量的大小决定系统程序的大小和复杂程度,也决定 PLC 的功能。

用户程序是用户在各自的控制系统中开发的程序,大都存放在 RAM 存储器中,因此使用者可对用户程序进行修改。为保证掉电时不会丢失存储信息,一般用锂电池作为备用电源。用户程序存储器容量的大小决定了用户控制系统的控制规模和复杂程度。

3. 输入/输出接口电路

输入/输出接口电路是 PLC 与现场 I/O 设备相连接的部件。PLC 将输入信号转换为 CPU 能够接收和处理的信号,通过用户程序的运算把结果通过输出模块输出给执行机构。

(1) 输入接口电路

输入接口一般接收按钮开关、行程开关、传感器等的信号,电路如图 1-4 所示。图 1-4 中只画出一个输入点的输入电路,各输入点所对应的输入电路大都相同。输入电路的电源有 3 种形式:一种是直流输入(DC 12 V 或 24 V),另一种是交流输入(AC 100～120 V 或 200～240 V),第三种是交直流输入(交直流 12 V 或 24 V)。图 1-4 就是直流 24 V 的输入电路,虚线内为 PLC 的内部输入电路。图 1-4 中 R_1 为限流电阻,R_2 和 C 构成滤波电路,发光二极管与光电三极管封装在一个管壳内,构成光电耦合器,LED 发光二极管指示该点输入状态。输入接口电路不仅使外部电路与 PLC 内部电路实现光电隔离从而提高了 PLC 的抗干扰能力,而且实现了电平转换。

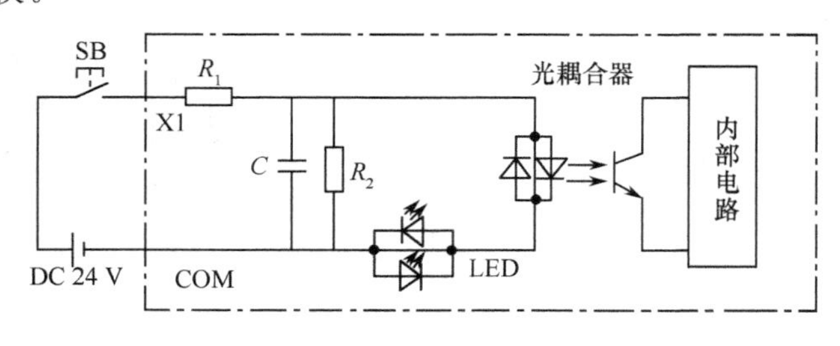

图 1-4　输入接口电路

(2) 输出接口电路

输出接口电路按照 PLC 的类型不同一般分为继电器输出型、晶体管输出型和晶闸管输出型 3 类,以满足各种用户的需要。其中继电器输出型为有触点的输出方式,可用于直流或低频交流负载；晶体管输出型和晶闸管输出型都是无触点输出方式，前者适用于高速、小功率直流负载，后者适用于高速、大功率交流负载。

① 继电器输出型。在继电器输出型中，继电器既作为开关器件，又作为隔离器件，电路如图 1-5(a)所示。图 1-5(a)中只画出一个输出点的输出电路，各输出点所对应的输出电路相同。电阻 R 和发光二极管 LED 用来显示该点输出状态，KA 为一小型直流继电器。当 PLC 输出接通信号时，内部电路使继电器线圈通电，继电器常开触点闭合使负载回路接通，同时 LED 点亮。根据负载要求可选用直流电源也可选用交流电源。一般负载电流不大于 2 A，响应时间为 8～10 ms，机械寿命大于 10^6 次。

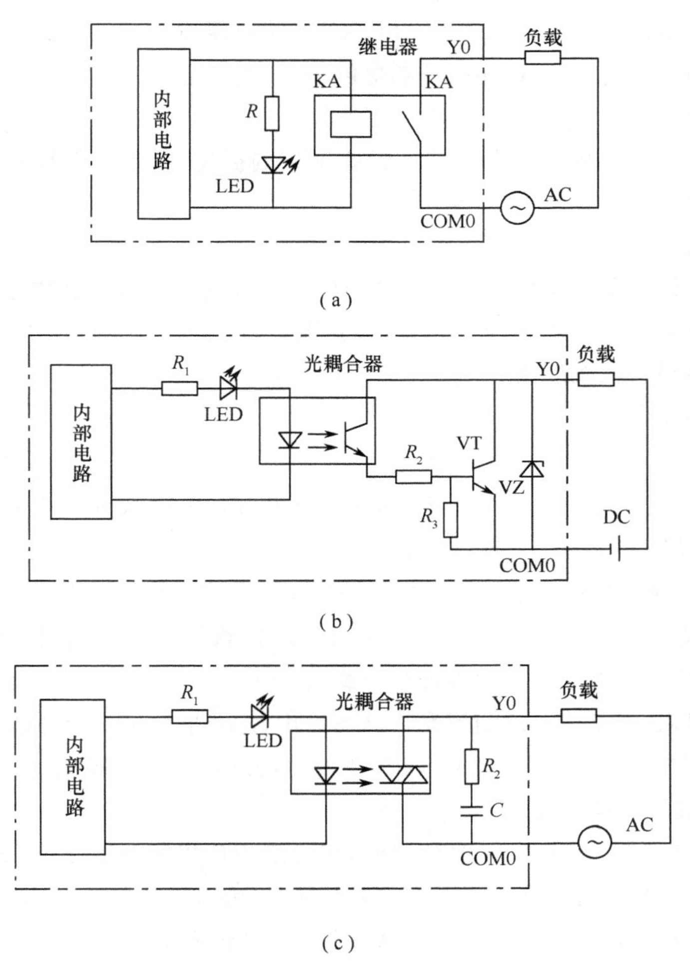

图 1-5　输出接口电路

② 晶体管输出型。在晶体管输出型中，输出回路的三极管工作在开关状态，电路如图 1-5(b)所示。图 1-5(b)中只画出一个输出点的输出电路，各输出点所对应的输出电路相同。图 1-5(b)中 R_1 和发光二极管 LED 用来指示该点输出状态。当 PLC 输出接通信号时，内部电路通过光电耦合器使三极管 VT 导通，负载得电，同时发光二极管 LED 点亮，指示该点有输出，稳压管 VZ 用于输出端的过压保护。晶体管输出型要求带直流负载。由于是无触点输出，

因此寿命长，响应速度快，响应时间小于 1 ms，且其负载电流约为 0.5 A。

③ 晶闸管输出型。在晶闸管输出型中，光控双向晶闸管为输出开关器件，电路如图 1-5(c)所示，每个输出点都对应一个相同的输出电路。当 PLC 输出接通信号时，内部电路通过光电耦合器使双向晶闸管导通，负载得电，同时发光二极管 LED 点亮，表明该点有输出。电阻 R_2 和电容 C 组成高频滤波电路，以减少高频信号干扰。双向晶闸管是交流大功率半导体器件，负载能力强，响应速度快（μs 级）。

4. 电源

PLC 一般采用 AC 220 V 电源，经整流、滤波、稳压后可变换成供 PLC 的 CPU、存储器等电路工作所需的直流电压，有的 PLC 也采用 DC 24 V 电源供电。为保证 PLC 工作可靠，大都采用开关型稳压电源。有的 PLC 还向外部提供 24 V 直流电源。

5. 外部设备接口

外部设备接口是在主机外壳上与外部设备配接的插座，通过电缆线可配接编程器、计算机、打印机、EPROM 写入器、触摸屏等。

6. I/O 扩展接口

I/O 扩展接口是用来扩展输入、输出点数的。当用户输入、输出点数超过主机的范围时，可通过 I/O 扩展接口与 I/O 扩展单元相接，以扩充 I/O 点数。A/D 和 D/A 单元以及链接单元一般也通过该接口与主机连接。

二、PLC 的操作模式

1. 操作模式

PLC 有两种操作模式，即 RUN(运行)模式与 STOP(停止)模式。在 CPU 模块的面板上用“RUN”和“STOP”LED 显示当前的操作模式。

在 RUN 模式，通过执行反映控制要求的用户程序来实现控制功能。

在 STOP 模式，CPU 不执行用户程序，可以用编程软件创建和编辑用户程序，设置 PLC 的硬件功能，并将用户程序和硬件设置信息下载到 PLC。

如果有严重错误，在消除它之前不允许从 STOP 模式进入 RUN 模式。PLC 操作系统储存非致命错误供用户检查，但是不会从 RUN 模式自动进入 STOP 模式。

2. 用模式开关改变操作模式

CPU 模块上的模式开关在 STOP 位置时，将停止用户程序的运行；在 RUN 位置时，将启动用户程序的运行。模式开关在 STOP 或 TERM(Terminal，终端)位置时，电源通电后 CPU 自动进入 STOP 模式；在 RUN 位置时，电源通电后自动进入 RUN 模式。

3. 用 STEP 7-Micro/WIN 编程软件改变操作模式

用编程软件控制 CPU 的操作模式必须满足下面的两个条件：

① 在编程软件与 PLC 之间建立起通信连接。

② 将 PLC 的模式开关放置在 RUN 模式或 TERM 模式。

在编程软件中单击工具条上的运行按钮，或执行菜单命令“PLC”→“RUN”(运行)，将进入 RUN 模式。单击停止按钮，或执行菜单命令“PLC”→“STOP”(停止)，将进入 STOP 模式。

4. 在程序中改变操作模式

在程序中插入 STOP 指令,可以使 CPU 由 RUN 模式进入 STOP 模式。

三、PLC 的工作原理

PLC 通电后,需要对硬件和软件作一些初始化工作。为了使 PLC 的输出及时地响应各种输入信号,初始化后 PLC 要反复不停地分阶段处理各种不同的任务(图 1-6),这种周而复始的循环工作方式称为扫描工作方式。

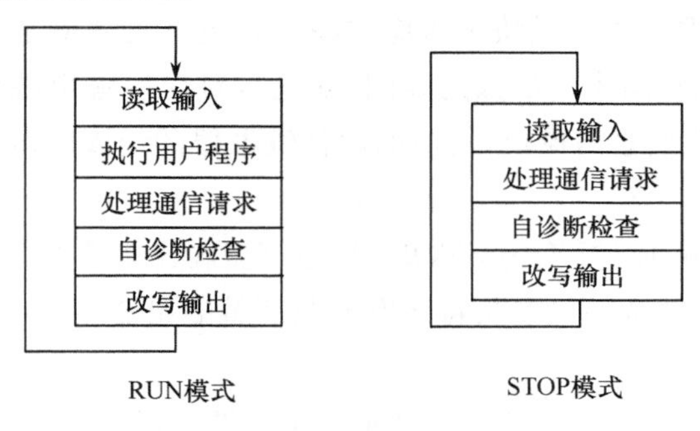

图 1-6 PLC 扫描工作过程

1. 读取输入

在 PLC 的存储器中,设置了一片区域来存放输入信号和输出信号的状态,它们分别称为输入映像寄存器和输出映像寄存器。

在读取输入阶段,PLC 把所有外部数字量输入电路的 I/O 状态(或称 ON/OFF 状态)读入输入映像寄存器。外接的输入电路闭合时,对应的输入映像寄存器为 1 状态,梯形图中对应的输入点的常开触点接通,常闭触点断开。外接的输入电路断开时,对应的输入映像寄存器为 0 状态,梯形图中对应的输入点的常开触点断开,常闭触点接通。

2. 执行用户程序

PLC 的用户程序由若干条指令组成,指令在存储器中按顺序排列。在 RUN 模式的程序执行阶段,如果没有跳转指令,CPU 从第一条指令开始,逐条顺序地执行用户程序。

在执行指令时,从 I/O 映像寄存器或别的位元件的映像寄存器读出其 0/1 状态,并根据指令的要求执行相应的逻辑运算,运算的结果写入到相应的映像寄存器中,因此,各映像寄存器(只读的输入过程映像寄存器除外)的内容随着程序的执行而变化。

在程序执行阶段,即使外部输入信号的状态发生了变化,输入映像寄存器的状态也不会随之改变,输入信号变化了的状态只能在下一个扫描周期的读取输入阶段被读入。执行程序时,对输入/输出的存取通常是通过映像寄存器,而不是实际的 I/O 点,这样做有以下好处:

① 在整个程序执行阶段,各输入点的状态是固定不变的,程序执行完后再用输出映像寄存器的值更新输出点,使系统的运行稳定。

② 用户程序读写 I/O 映像寄存器比读写 I/O 点快得多,这样可以提高程序的执行速度。

3. 处理通信请求

在处理通信请求阶段,CPU 处理从通信接口和智能模块接收到的信息,例如读取智能模块的信息并存放在缓冲区中,在适当的时候将信息传送给通信请求方。

4. CPU 自诊断测试

自诊断测试包括定期检查 CPU 模块的操作和扩展模块的状态是否正常，将监控定时器复位，以及完成一些别的内部工作。

5. 改写输出

CPU 执行完用户程序后，将输出映像寄存器的 0/1 状态传送到输出模块并锁存起来。梯形图中某一输出位的线圈“通电”时，对应的输出过程映像寄存器为 1 状态。信号经输出模块隔离和功率放大后，继电器型输出模块中对应的硬件继电器的线圈通电，其常开触点闭合，使外部负载通电工作。若梯形图中输出点的线圈“断电”，对应的输出映像寄存器中存放的二进制数为 0，将它送到继电器型输出模块，对应的硬件继电器的线圈断电，其常开触点断开，外部负载断电，停止工作。

当 CPU 的操作模式从 RUN 变为 STOP 时，数字量输出被置为系统块中的输出表定义的状态，或保持当时的状态，默认的设置是将所有的数字量输出清零。

6. 中断程序的处理

如果在程序中使用了中断，中断事件发生时，CPU 停止正常的扫描工作方式，立即执行中断程序，中断功能可以提高 PLC 对某些事件的响应速度。

7. 立即 I/O 处理

在程序执行过程中使用立即 I/O 指令可以直接存取 I/O 点。用立即 I/O 指令读输入点的值时，相应的输入映像寄存器的值未被更新。用立即 I/O 指令来改写输出点时，相应的输出映像寄存器的值被更新。

8. 输入/输出滞后时间

输入/输出滞后时间又称为系统响应时间，是指 PLC 的外部输入信号发生变化的时刻至它控制的有关外部输出信号发生变化的时刻之间的时间间隔，它由输入电路滤波时间、输出电路滞后时间和因扫描工作方式产生的滞后时间三部分组成。

数字量输入点的数字滤波器用来滤除由输入端引入的干扰噪声，消除因外接输入触点动作时产生的抖动引起的不良影响，CPU 模块集成的输入点的输入滤波器延迟时间可以用系统块来设置。

输出模块的滞后时间与模块的类型有关，继电器型输出电路的滞后时间一般在 10 ms 左右；场效应晶体管型输出电路的滞后时间最短，为微秒级，最长的为 100 多微秒。

由扫描工作方式引起的滞后时间最长可达两三个扫描周期。

PLC 总的响应延迟时间一般只有几毫秒至几十毫秒，对于一般的系统来说是无关紧要的。要求输入/输出滞后时间尽量短的系统，可以选用扫描速度快的 PLC 或采取其他措施。

一般而言，PLC 经过读取输入、执行用户程序、处理通信请求、自诊断检查、改写输出这 5 个阶段的工作过程（图 1-6），称为 1 个扫描周期，完成 1 个扫描周期后，又重新执行上述过程，扫描周而复始地进行。在不考虑通信处理时，扫描周期 T 的大小为：

$$T=(\text{输入 1 点时间}\times\text{输入点数})+(\text{运算速度}\times\text{程序步数})+(\text{输出 1 点时间}\times\text{输出点数})+\text{故障诊断时间}$$

显然扫描周期主要取决于程序的长短，一般每秒可扫描数十次以上，这对于工业设备通常没有什么影响。但对控制时间要求较严格，响应速度要求快的系统，就应该精确计算响应时间，细心编制程序，合理安排指令的顺序，以尽可能减少扫描周期造成的响应延时等不良因数。

任务 3　PLC 编程软件的使用

任务描述

PLC 是通过软件的编程来控制硬件的输出，因此 PLC 软件的使用就非常重要了。本任务介绍了 PLC 的编程语言、S7-200 系列 PLC 的内存结构和寻址方式，并对 S7-200 系列 PLC 的编程软件 STEP7-Micro/WIN 进行了介绍，通过本任务的学习，为后续项目的 PLC 编程设计奠定基础。

相关知识

一、PLC 的编程语言与程序结构

1. PLC 的编程语言

与个人计算机相比，PLC 的硬件、软件的体系结构都是封闭的而不是开放的。各厂家 PLC 的编程语言和指令的功能、表达方式均不一样，有的甚至有相当大的差异，因此各厂家的 PLC 互不兼容。IEC(国际电工委员会)于 1994 年 5 月公布了 PLC 标准 IEC 61131，它由 5 部分组成，其中的第 3 部分(IEC 61131—3)是 PLC 的编程语言标准。IEC 61131—3 详细地说明了下述 5 种编程语言，如图 1-7 所示。

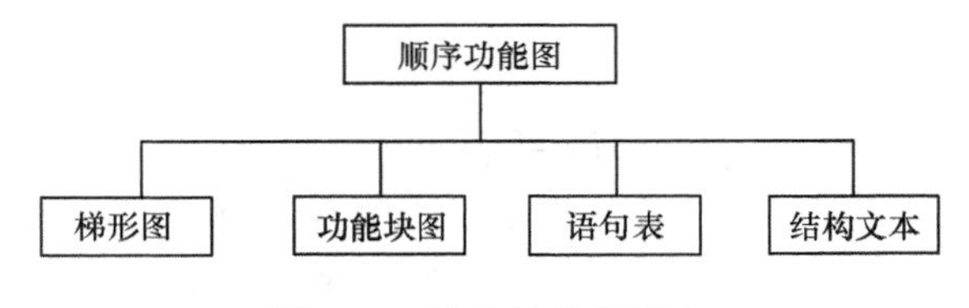

图 1-7　PLC 的编程语言

标准中有两种图形语言——梯形图和功能块图，还有两种文字语言——指令表和结构文本，而顺序功能图是一种结构块控制程序流程图。

(1) 顺序功能图

这是一种位于其他编程语言之上的图形语言，用来编制顺序控制程序。顺序功能图提供了一种组织程序的图形方法，步、转换和动作是顺序功能图中的三种主要元件。

(2) 梯形图

梯形图是使用最多的 PLC 图形编程语言。梯形图与继电器-接触器控制系统的电路图相似，具有直观易懂的优点，非常容易被熟悉继电器控制的技术人员掌握，特别适用于数字量逻辑控制。

梯形图由触点、线圈和用方框表示的功能块组成。触点代表逻辑输入条件，如外部的开关、按钮和内部条件等。线圈通常代表逻辑输出结果，用来控制外部的指示灯、接触器、内部的标志位等。功能块用来表示定时器、计数器或数学运算等指令。

在分析梯形图的逻辑关系时，为了借用继电器电路图的分析方法，可以想象左右两侧垂直电源线之间有一个左正右负的直流电源电压，S7-200 系列 PLC 的梯形图中省略了右侧的垂直电源线，如图 1-8 所示。当图 1-8 中的 I0.0 或 M0.0 的触点接通时，有一个假想的“能流”流过 Q0.0 线圈。利用能流这一概念，可以帮助我们更好的理解和分析梯形图，而能流只能是从左向右流动。

触点和线圈等组成的独立电路称为网络（Network），用编程软件生成的梯形图和指令表程序中有网络编号，允许以网络为单位，给梯形图加注释。本书为节省篇幅，有的梯形图没有标注网络号。在网络中，程序的逻辑运算按从左至右的方向执行，与能流的方向一致。各网络按从上至下的顺序执行，当执行完所有的网络后，下一个扫描周期返回到最上面的网络重新执行。使用编程软件可以直接生成和编辑梯形图。

（3）功能块图

功能块图是一种类似于数字逻辑电路的编程语言，有数字电路基础的人很容易掌握。该编程语言用类似与门、或门的方框来表示逻辑运算关系，方框的左侧为逻辑运算的输入变量，右侧为输出变量，输入、输出端的小圆圈表示“非”运算，方框用导线连接在一起，能流就从左向右流动。图 1-9 中的控制逻辑与图 1-8 中的控制逻辑完全相同。

（4）语句表

S7-200 系列 PLC 将语句表又称为指令表。语句表是一种与计算机的汇编语言中的指令相似的助记符表达式，由指令组成语句表程序。语句表比较适合熟悉 PLC 和程序设计的经验丰富的程序员使用。图 1-10 中的控制逻辑与图 1-8 中的控制逻辑完全相同。

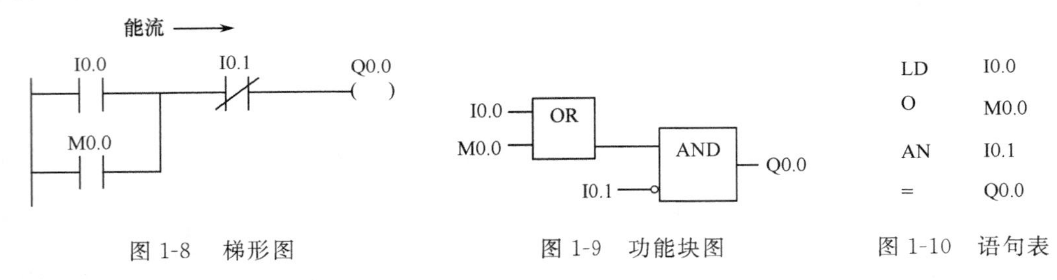

图 1-8 梯形图　　图 1-9 功能块图　　图 1-10 语句表

（5）结构文本

结构文本是为 IEC 61131-3 标准创建的一种专用的高级编程语言，与梯形图相比，它能实现复杂的数学运算，编写的程序非常简洁和紧凑。

2. 编程语言的相互转换和选用

在 S7-200 系列 PLC 编程软件中，用户可以选用梯形图、功能块图和语句表来编程，编程软件可以自动切换用户程序使用的编程语言。

梯形图与继电器电路图的表达方式极为相似，梯形图中输入信号与输出信号之间的逻辑关系一目了然，易于理解，而语句表程序却较难阅读，其中的逻辑关系很难一眼看出，在设计复杂的数字量控制程序时建议使用梯形图语言。但语句表输入方便快捷，还可以为每一条语句加上注释，在设计通信、数学运算等高级应用程序时，建议使用语句表。

梯形图的一个网络中只能有一块独立电路。在语句表中，几块独立电路对应的语句可以放在一个网络中，但是这样的网络不能转换为梯形图，而梯形图程序一定能转换为语句表程序。

国内很少人使用功能块图语言。

3. S7-200 系列 PLC 的程序结构

S7-200 系列 PLC 的 CPU 控制程序由主程序、子程序和中断程序组成。

(1) 主程序

主程序是程序的主体，每一个项目都必须并且只能有一个主程序。在主程序中可以调用子程序和中断程序。

主程序通过指令控制整个应用程序的执行，每个扫描周期都要执行一次主程序。STEP7-Micro/WIN 的程序编辑器窗口下部的标签用来选择不同的程序。因为各个程序都存放在独立的程序块中，各程序结束时不需要加入无条件结束指令或无条件返回指令。

(2) 子程序

子程序是可选的，仅在被其他程序调用时执行。同一个子程序可以在不同的地方被多次调用。使用子程序可以简化程序代码和减少扫描时间。设计得好的子程序容易移植到别的项目中去。

(3) 中断程序

中断程序用来及时处理与用户程序的执行时序无关的操作，或者不能事先预测何时发生的中断事件。中断程序不是由用户程序调用，而是在中断事件发生时由操作系统调用。中断程序是用户编写的。因为不能预知何时会出现中断事件，所以不允许中断程序改写可能在其他程序中使用的存储器。

二、S7-200 系列 PLC 的内存结构与寻址方式

PLC 的内存分为程序存储区和数据存储区两部分。程序存储区用来存放用户程序，它由机器按顺序自动存储程序。数据存储区用来存放输入/输出状态及各种中间运行结果，接下来介绍 S7-200 系列 PLC 的数据存储区及寻址方式。

1. 内存结构

S7-200 系列 PLC 的数据存储区按存储器存储数据的长短可划分为字节存储器、字存储器和双字存储器 3 类。字节存储器有 7 种，如输入映像寄存器(I)、输出映像寄存器(Q)、变量存储器(V)、位存储器(M)、特殊存储器(SM)、顺序控制继电器(S)、局部变量存储器(L)；字存储器有 4 种，如定时器(T)、计数器(C)、模拟量输入映像寄存器(AI)和模拟量输出映像寄存器(AQ)；双字存储器有 2 种，累加器(AC)和高速计数器(HC)。

(1) 输入映像寄存器(I)

在每个扫描周期的开始，CPU 对物理输入点进行采样，并将采样值存于输入过程映像寄存器中。

输入映像寄存器(I0.0～I15.7)是 PLC 用来接收外部输入的数字量信号的窗口。PLC 通过光耦合器，将外部信号的状态读入并存储在输入过程映像寄存器中，外部输入电路接通时对应的映像寄存器为 ON(1 状态)，反之为 OFF(0 状态)。输入端可以外接常开触点或常闭触点，也可以接多个触点组成的串、并联电路。在梯形图中，可以多次使用输入位的常开触点和

常闭触点。

编程时应注意，输入映像寄存器的线圈必须由外部信号来驱动，不能在程序内部用指令来驱动。因此，在程序中输入映像寄存器只有触点，而没有线圈。

I、Q、V、M、SM、L 均可以按位、字节、字、双字存取。

(2) 输出映像寄存器(Q)

输出映像寄存器(Q0.0～Q15.7)用来存放 CPU 执行程序的数据结果，并在输出扫描阶段，将输出映像寄存器的数据结果传送给输出模块，再由输出模块驱动外部的负载。若梯形图中 Q0.0 的线圈通电，对应的硬件继电器的常开触点闭合，使接在标号 Q0.0 端子的外部负载通电，反之则外部负载断电。输出模块中的每一个硬件继电器仅有一对常开触点，但是在梯形图中，每一个输出映像寄存器常开和常闭触点可以多次使用。

(3) 变量存储器(V)

变量存储器用来在程序执行过程中存放中间结果，或者用来保存与工序或任务有关的其他数据。

(4) 位存储器(M)

位存储器(M0.0～M31.7)类似于继电器-接触器控制系统中的中间继电器，用来存放中间操作状态或其他控制信息。虽然名为“位存储器”，但是也可以按字节、字、双字来存取。

S7-200 系列 PLC 的 M 存储区只有 32 个字节(即 MB0～MB31)。如果不够用可以用 V 存储区来代替 M 存储区。可以按位、字节、字、双字来存取 V 存储区的数据，如 V0.1、VB0、VW100、VD100 等。

(5) 特殊存储器(SM)

特殊存储器用于 CPU 与用户之间交换信息，例如 SM0.0 一直为 1 状态，SM0.1 仅在执行用户程序的第一个扫描周期为 1 状态。SM0.4 和 SM0.5 分别提供周期为 1 min 和 1 s 的时钟脉冲。SM1.0、SM1.1 和 SM1.2 分别为零标志位、溢出标志和负数标志，各特殊存储器的功能见附表 2。

(6) 顺序控制继电器(S)

顺序控制继电器又称状态组件，与顺序控制继电器指令配合使用，用于组织设备的顺序操作，以实现顺序控制和步进控制。可以按位、字节、字或双字来取 S 位，编址范围 S0.0～S31.7。

(7) 局部变量存储器(L)

S7-200 PLC 有 64 个字节的局部变量存储器，编址范围为 L0.0～L63.7，其中 60 个字节可以用作暂时存储器或者给子程序传递参数。如果用梯形图编程，编程软件保留这些局部变量存储器的后 4 个字节。如果用语句表编程，可以使用所有的 64 个字节，但建议不要使用最后 4 个字节，最后 4 个字节为系统保留字节。

主程序、子程序和中断程序简称为程序组织单元(Program Organizational Unit，POU)，各 POU 都有自己的局部变量表，局部变量仅仅在它被创建的 POU 中有效。变量存储器(V)是全局存储器，可以被所有的 POU 存取。

S7-200 系列 PLC 给主程序和中断程序各分配 64 字节局部存储器，给每一级子程序嵌套分配 64 字节局部存储器，各程序不能访问别的程序的局部存储器。

(8) 定时器(T)

PLC 中定时器相当于继电器系统中的时间继电器，用于延时控制。S7-200 系列 PLC 有 3 种定时器，它们的时基增量分别为 1 ms、10 ms 和 100 ms，定时器的当前值寄存器是 16 位有符号的整数，用于存储定时器累计的时基增量值(1～32 767)。

定时器位用来描述定时器的延时动作的触点的状态，定时器位为 1 时，梯形图中对应的定时器的常开触点闭合，常闭触点断开；为 0 时则触点的状态相反。

定时器的地址编号范围为 T0～T255，它们的分辨率和定时范围各不相同，用户应根据所用 CPU 型号及时基，正确选用定时器编号。

(9) 计数器(C)

计数器主要用来累计输入脉冲个数，其结构与定时器相似，其设定值在程序中赋予。CPU 提供了 3 种类型的计数器，即加计数器、减计数器和加/减计数器。计数器的当前值为 16 位有符号整数，用来存放累计的脉冲数(1～32 767)。计数器的地址编号范围为 C0～C255。

(10) 累加器(AC)

累加器是用来暂存数据的寄存器，可以同子程序之间传递参数，以及存储计算结果的中间值。S7-200 CPU 中提供了 4 个 32 位累加器 AC0～AC3。累加器支持以字节、字和双字的存取。按字节或字为单位存取时，累加器只使用低 8 位或低 16 位，数据存储长度由所用指令决定。

(11) 高速计数器(HC)

高速计数器用来累计比 CPU 扫描速率更快的事件，计数过程与扫描周期无关。高速计数器的当前值为双字长的符号整数，且为只读值。高速计数器的地址由符号 HC 和编号组成，如 HC0、HC1、…、HC5。

(12) 模拟量输入映像寄存器(AI)

模拟量输入映像寄存器用于接收模拟量输入模块转换后的 16 位数字量，其地址编号为 AIW0、AIW2…模拟量输入映像寄存器 AI 为只读数据。

(13) 模拟量输出映像寄存器(AQ)

模拟量输出映像寄存器用于暂存模拟量输出模块的输入值，该值经过模拟量输出模块(D/A)转换为现场所需要的标准电压或电流信号，其地址编号以偶数表示，如 AQW0、AQW2…模拟量输出值是只写数据，用户不能读取模拟量输出值。

2. 寻址方式

(1) 编址方式

在计算机中使用的数据均为二进制数，二进制数的基本单位是 1 个二进制位，8 个二进制位组成 1 个字节，2 个字节组成 1 个字，2 个字组成 1 个双字。

存储器的单位可以是位、字节、字、双字，编址方式也可以是位、字节、字、双字。存储单元的地址由区域标识符、字节地址和位地址组成。

位编址：寄存器标识符＋字节地址＋位地址，如 I0.0、M1.0、Q0.1 等。

字节编址：寄存器标识符＋字节长度(B)＋字节号，如 IB0、VB100、QB10 等。

字编址:寄存器标识符+字长度(W)+起始字节号,如 VW0 表示 VB0、VBl 这两个字节组成的字。

双字编址:寄存器标识符+双字长度(D)+起始字节号,如 VD100 表示由 VW100、VW101 这两个字组成的双字或由 VB100、VB101、VB102、VB103 这 4 个字节组成的双字。位、字节、字、双字的编址方式如图 1-11 所示。

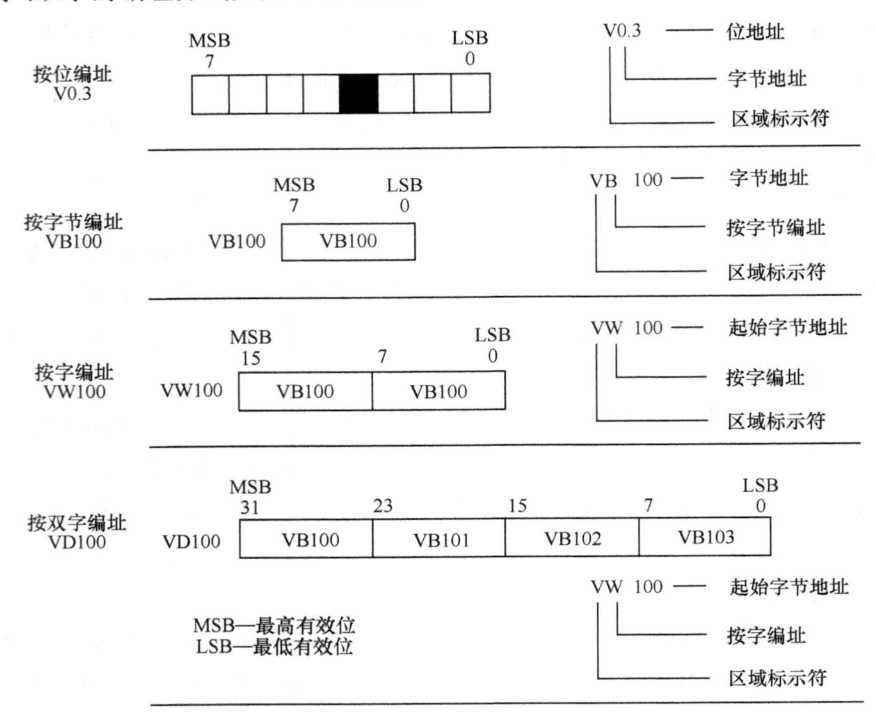

图 1-11 位、字节、字、双字的编址方式

(2) 寻址方式

S7-200 系列 LPC 指令系统的寻址方式有立即寻址、直接寻址和间接寻址。

① 立即寻址

对立即数直接进行读写操作的寻址方式称为立即寻址。立即数寻址的数据在指令中以常数形式出现,常数的大小由数据的长度(二进制数的位数)决定。不同数据的取值范围见表 1-2。

表 1-2 数据大小范围及相关整数范围

数据大小	无符号数范围		有符号数范围	
	十进制	十六进制	十进制	十六进制
字节 (8 位)	0~255	0~FF	−128~+127	80~7F
字 (16 位)	0~65 535	0~FFFF	−32 768~+32 768	8000~7FFF
双字 (32 位)	0~4 294 967 295	0~FFFFFFFF	−2 147 483 648~+2 147 483 647	800 000 000~7FFFFFFF

S7-200 系列 LPC 中，常数值可为字节、字、双字，存储器以二进制方式存储所有常数。指令中可用二进制、十进制、十六进制或 ASCII 码形式来表示常数，其具体格式如下。

二进制格式：在二进制数前加 2＃表示，如 2＃1110。

十进制格式：直接用十进制数表示，如 1 000。

十六进制格式：在十六进制数前加 16＃表示，如 16＃2A6F。

ASCII 码格式：用单引号 ASCII 码文本表示，如'goodbye'。

② 直接寻址

直接寻址是指在指令中直接使用存储器的地址编号，直接到指定的区域读取或写入数据，如 I0.0、MB10、VW100 等。

③ 间接寻址

S7-200 系列 PLC 的 CPU 允许用指针对下述存储区域进行间接寻址：I、Q、V、M、S、AI、AQ、T(仅当前值)和 C(仅当前值)。间接寻址不能用于位地址、HC 或 L 存储区。

在使用间接寻址之前，首先要创建一个指向该位置的指针，指针为双字值，用来存放一个存储器的地址，只能用 V、L 或 AC 做指针。建立指针时必须用双字传送指令(MOVD)将需要间接寻址的存储器地址送到指针中，如"MOVD&VB200，AC1"。指针也可以为子程序传递参数。&VB200 表示 VB200 的地址，而不是 VB200 中的值，该指令的含义是将 VB200 的地址送到累加器 AC1 中。

指针建立好后，可利用指针存取数据。用指针存取数据时，在操作数前加"＊"号，表示该操作数为 1 个指针，如"MOVW＊AC1，AC0"表示将 AC1 中的内容为起始地址的一个字长的数据(VB200、VB201)内容送到累加器 AC0 的低 16 位，传送示意图如图 1-12 所示。

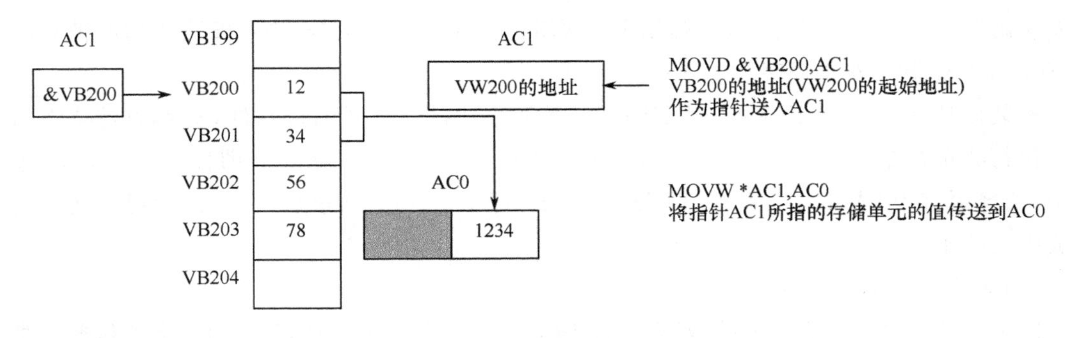

图 1-12　使用指针的间接寻址

连续存取指针所指的数据时，因为指针是 32 位的数据，应使用双字指令来修改指针值，例如双字加法(ADDD)或双字加 1(INCD)指令。修改时记住需要调整的存储器地址的字节数：存取字节时，指针值加 1；存取字时，指针值加 2；存取双字时，指针值加 4。

S7-200 系列 PLC 的存储器寻址范围见表 1-3。

表 1-3　S7-200 系列 PLC 的存储器寻址范围

<table>
<tr><th>寻址方式</th><th>CPU 221</th><th>CPU 222</th><th>CPU 224</th><th>CPU 224XP</th><th>CPU 226</th></tr>
<tr><td rowspan="3">位存取
(字节、位)</td><td colspan="5">I0.0～15.7　Q0.0～15.7　M0.0～31.7　T0～225　C0～225　L0.0～L59.7　S0.0～31.7</td></tr>
<tr><td colspan="2">V0.0～2 047.7</td><td>V0.0～8 191.7</td><td colspan="2">V0.0～10 239.7</td></tr>
<tr><td>SM0.0～SM179.7</td><td>SM0.0～SM199.7</td><td colspan="3">SM0.0～SM549.7</td></tr>
<tr><td rowspan="3">字节存取</td><td colspan="5">IB0～IB15　QB0～QB15　MB0～MB31　SB0～SB31　LB0～LB59　AC0～AC3</td></tr>
<tr><td colspan="2">VB0～2 047</td><td>VB0～8 191</td><td colspan="2">VB0～0 1239</td></tr>
<tr><td>SMB0～179</td><td>SMB0～299</td><td colspan="3">SMB0～549</td></tr>
<tr><td rowspan="4">字存取</td><td colspan="5">IW0～14　QW0～14　MW0～30　SW0～30　T0～225　C0～225　LW0～58　AC0～3</td></tr>
<tr><td colspan="2">VW0～2 046</td><td>VW0～8 190</td><td colspan="2">VW0～10 238</td></tr>
<tr><td>SMW0～178</td><td>SMW0～298</td><td colspan="3">SMW0～548</td></tr>
<tr><td>AIW0～30</td><td>AQW0～30</td><td colspan="3">AIW0～62　AQW0～62</td></tr>
<tr><td rowspan="3">双字存取</td><td colspan="5">ID0～12　QD0～12　MD0～28　SD0～28　LD0～56　AC0～3　HC0～5</td></tr>
<tr><td colspan="2">VD0～2 044</td><td>VD0～8 188</td><td colspan="2">VD0～10 236</td></tr>
<tr><td>SMD0～176</td><td>SMD0～296</td><td colspan="3">SMD0～546</td></tr>
</table>

三、STEP7-Micro/WIN 编程软件介绍

1. 编程软件的安装与项目的组成

(1) 编程软件的安装

安装编程软件的计算机应使用 Windows 操作系统，为了实现 PLC 与计算机的通信，必须配备下列设备中的一种。

① 1 条 PC/PPI 电缆或 PPI 多主站电缆。

② 1 块插在个人计算机中的通信处理器卡和 MPI(多点接口)电缆。

双击光盘中的文件"STEP 7-MicroWIN_V40 演示版 . exe"，开始安装编程软件，使用默认的安装语言(英语)。安装结束后，弹出 InsiallShicld Wizart 对话框，显示安装成功的信息。单击 Finish 按钮退出安装程序。

安装成功后，双击桌面上的 STEP 7_MicroWIN 图标，打开编程软件，看到的是英文的界面。执行菜单命令 Tools→Options，单击出现的对话框左边的 General 图标，在 General 选项卡中，选择语言为 Chinese。退出 STEP 7-MicroWIN 后，再进入该软件，界面和帮助文件均已变成中文的了。

(2) 项目的组成

图 1-13 所示为 STEP-Micro/WIN V4.0 版 PLC 编程软件的界面，项目包括下列基本组件。

① 程序块。程序块由可执行的代码和注释组成，可执行的代码由主程序、可选的子程序和中断程序组成。代码被编译并下载到 PLC，程序注释被忽略。

② 数据块。数据块由数据(变量存储器的初始值)和注释组成。数据被编译并下载到 PLC，注释被忽略。

③ 系统块。系统块用来设置系统参数，如存储器的断电保持范围、密码、STOP 模式时 PLC 的输出状态(输出表)、模拟量与数字量输入滤波值、脉冲捕捉等。系统块中的信息需要下载到 PLC，如果没有特殊的要求，一般可以采用默认的参数值。

④ 符号表。符号表允许用符号来代替存储器的地址，符号便于记忆，使程序更容易理解。程

序编辑后下载到 PLC 时，所有的符号地址被转换为绝对地址，符号表中的信息不会下载到 PLC。

⑤ 状态表。状态表用来监视、修改和强制程序执行时指定的变量的状态，状态表并不下载到 PLC，仅是监控用户程序运行情况的一种工具。

⑥ 交叉引用。交叉引用列举出程序中使用的各编程组件所有的触点、线圈等在哪一个程序块的哪一个网络中出现，以及对应的指令的助记符。还可以查看哪些存储器区域已经被使用，是作为位使用还是作为字节、字或双字使用。在运行模式下编写程序时，可以查看程序当前正在使用的跳变触点的编号。

双击交叉引用某一行，可以显示出该行的操作数和指令对应的程序块中的网络。

双击交叉引用并不下载到 PLC，程序编译后才能看到双击交叉引用的内容。

⑦ 项目中各部分的参数设置。执行菜单命令"工具"→"选项"，在出现的对话框中选择某一选项卡，可以进行有关的参数设置。浏览条的功能与指令树重叠，可以右击浏览条，执行出现的快捷菜单中的"隐藏"命令来关闭浏览条。

2. STEP 7-Micro/WIN 主界面

主界面一般可分为以下几个部分：菜单条、工具条、浏览条、指令树、用户窗口、输出窗口和状态条，如图 1-13 所示。除菜单条外，用户可以根据需要通过查看菜单和窗口菜单决定其他窗口的取舍和样式的设置。

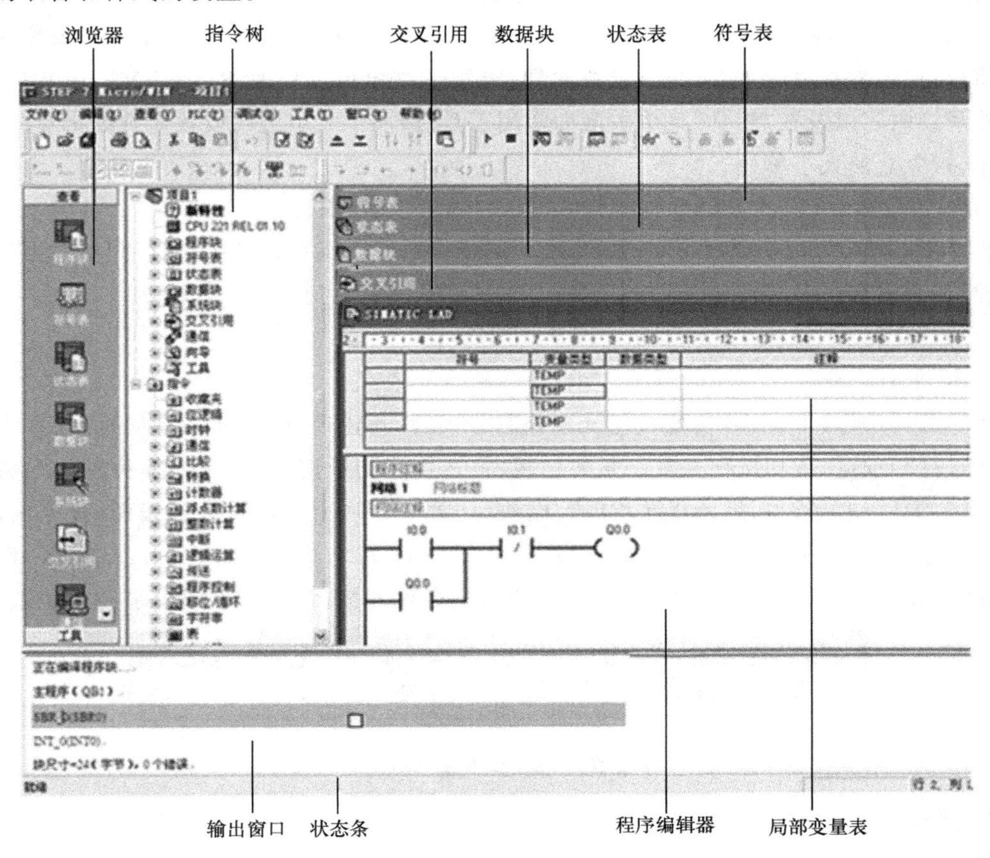

图 1-13　STEP 7-Micro/WIN 编程软件的主界面

(1) 主菜单

主菜单包括文件、编辑、查看、PLC、调试、工具、窗口和帮助 8 个主菜单项，各主菜单项的功能如下。

① 文件菜单：操作项目主要有对文件进行新建、打开、关闭、保存、另存、导入、导出、上载、下载、页面设置、打印、预览、退出等操作。

② 编辑菜单：可以实现剪切/复制/粘贴、插入、查找/替换/转至等操作。

③ 查看菜单：用于选择各种编辑器，如程序编辑器、数据块编辑器、符号表编辑器、状态图编辑器、交叉引用查看以及系统块和通信参数设置等。

查看菜单可以控制程序注解、网络注解以及浏览条、指令树和输出视窗的显示与隐藏，还可以对程序块的属性进行设置。

④ PLC 菜单：用于与 PLC 联机时的操作，如用软件改变 PLC 的运行方式(运行、停止)，对用户程序进行编译，清除 PLC 程序、电源启动重置、查看 PLC 的信息、时钟、存储卡的操作、程序比较、PLC 类型选择的操作。其中对用户程序进行编译可以离线进行。

⑤ 调试菜单：用于连机时的动态调试。调试时可以指定 PLC 对程序执行有限次数扫描(从 1 次扫描到 65 535 次扫描)。通过选择 PLC 运行的扫描次数，可以在程序改变过程变量时对其进行监控。第 1 次扫描时，SM0.1 数值为 1(打开)。

⑥ 工具菜单：提供复杂指令向导(PID、HSC、NETR/NETW 指令)，是复杂指令编程时的工作简化；提供文本显示器 TD200 设置向导；定制子菜单可以更改 STEP7-Micro/WIN 工具条的外观或内容以及在"工具"菜单中增加常用工具；选项子菜单可以设置 3 种编辑器的风格，如字体、指令盒的大小等样式。

⑦ 窗口菜单：可以设置窗口的排放形式，如层叠、水平、垂直。

⑧ 帮助菜单：可以提供 S7-200 系列 PLC 的指令系统及编程软件的所有信息，并提供在线帮助、网上查询和访问等功能。

(2) 工具条

① 标准工具条

标准工具条(图 1-14)各快捷按钮从左到右分别为：新建项目、打开现有项目、保存当前项目、打印、打印预览、剪切选项并复制至剪贴板、将选项复制至剪贴板、在光标位置粘贴剪切板内容、撤销最后一个条目、编译程序块或数据块(任意一个现用窗口)、全部编译(程序块、数据块和系统块)、将项目从 PLC 上载至 STEP7-Micro/WIN、从 STEP7-Micro/WIN 下载至 PLC、符号表名称按照 A～Z 从小至大排序、符号表名称列按 Z～A 从大至小排序、选项。

图 1-14 标准工具条

② 调试工具条

调试工具条(图 1-15)各快捷按钮从左到右分别为：将 PLC 设为运行模式、将 PLC 设为停止模式、在程序状态打开/关闭之间切换、状态图表单次读取、状态图表全部写入、强制 PLC 数据、取消强制 PLC 数据、状态图表全部取消强制、状态图表全部读取强制数值。

图 1-15　调试工具条

③ 公用工具条

公用工具条(图 1-16)各快捷按钮从左到右分别为:插入网络、删除网络、程序注解显示与隐藏之间切换、网络注释、查看/隐藏每个网络的符号表、切换书签、下一个书签、上一个书签、消除全部书签、在项目中应用所有符号、建立表格未定义符号、常量说明符打开/关闭之间切换。

④ LAD 指令工具条

LAD 指令工具条(图 1-17)各快捷按钮从左到右分别为:插入向下直线、插入向上直线、插入左行、插入右行、插入触点、插入线圈、插入指令盒。

图 1-16　公用工具条

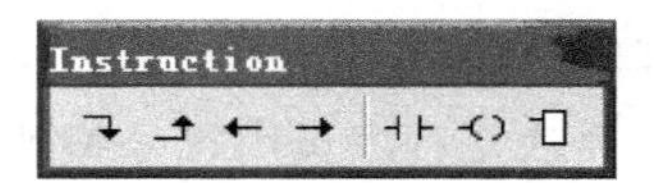

图 1-17　LAD 指令工具条

(3) 浏览条

浏览条为编程提供按钮控制,可以实现窗口的快速切换,即对编程工具执行直接按钮存取,包括程序块、符号表、状态图、数据块、系统块、交叉引用和通信。单击上述任意按钮,则主窗口切换成此按钮对应的窗口。

(4) 指令树

指令树以树形结构提供编程时用到的所有快捷操作命令和 PLC 指令,可分为项目分支和指令分支。项目分支用于组织程序项目,指令分支用于输入程序。

(5) 用户窗口

可同时或分别打开 6 个用户窗口,分别为交叉引用、数据块、状态图、符号表、程序编辑器和局部变量表。

① 交叉引用

在程序编译成功后,可用下面的方法之一打开“交叉引用”窗口。

a. 用菜单命令:“查看”→“交叉引用”。

b. 单击浏览条中的“交叉引用”按钮。

交叉引用列出在程序中使用的各操作数所在的程序组织单元(POU)、网络或行位置,以及每次使用各操作数的语句表指令。通过交叉引用还可以查看哪些内存区域已经被使用,是作为位还是作为字节使用。在运行方式下编辑程序时,交叉引用可以查看程序当前正在使用的跳变信号的地址。交叉引用不能下载到 PLC,在程序编译成功后,才能打开交叉引用。在交叉引用中双击某操作数,可以显示出包含该操作数的那一部分程序。

② 数据块

数据块可以设置和修改变量存储器的初始值和常数值，并加注必要的注释说明。用下面的任意一种方法均可打开“数据块”窗口。

a. 单击浏览条上的“数据块”窗口。

b. 用菜单命令：“查看”→“组件”→“数据块”。

c. 单击指令树中的“数据块”图标。

③ 状态图

将程序下载到 PLC 后，可以建立一个或多个状态图，在联机调试时，进入状态图监控状态，可监视各变量的值和状态。状态图不能下载到 PLC，它只是监视用户程序运行的一种工具。用下面的任意一种方法均可打开“状态图”窗口。

a. 单击浏览条上的“状态图”按钮。

b. 用菜单命令：“查看” →“组件”→“状态图”。

c. 单击指令树中的“状态图”文件夹，然后双击“状态图”图标。

若在项目中有一个以上的状态图，使用位于“状态图”窗口底部的标签在状态图之间切换。

④ 符号表

符号表是程序员用符号编址的一种工具表。在编程时不采用组件的直接地址作为操作数，而用有实际含义的自定义符号名作为编程组件的操作数，这样可使程序更容易理解。符号表则建立了自定义符号名与直接地址编号之间的关系。程序被编译后下载到 PLC 时，所有的符号地址被转换为绝对地址，符号表中的信息不能下载到 PLC。用下面的任意一种方法均可打开“符号表”窗口。

a. 单击浏览条中的“符号表”按钮。

b. 用菜单命令：“查看”→“符号表”。

c. 单击指令树中的“符号表或全局变量表”文件夹，然后双击一个表格图标。

⑤ 程序编辑器

“程序编辑器”窗口的打开方法如下。

a. 单击浏览条中的“程序块”按钮，打开程序编辑器窗口，单击窗口下方的主程序、子程序、中断程序标签，可自由切换程序窗口。

b. 指令树→程序块→双击主程序图标、子程序图标或中断程序图标。

“程序编辑器”的设置方法如下。

a. 菜单命令“工具”→“选项”→“程序编辑器”标签，设置编辑器选项。

b. 使用选项快捷按钮→设置“程序编辑器”选项。

“指令语言”的选择方法如下。

a. 菜单命令“查看”→“LAD、FBD、STL”更改编辑器类型。

b. 菜单命令“工具”→“选项”→“一般”标签，可更改编辑器(LAD、FBD 或 STL)和编程模式(SIMATIC 或 IEC 113—3)。

⑥ 局部变量表

程序中的每个程序块都有自己的局部变量表，局部变量表用来定义局部变量，局部变量只在建立该局部变量的程序块中才有效。在带参数的子程序调用中，参数的传递就是通过局部变量表。将水平分裂条拉至程序编辑器窗口的项部，局部变量表不再显示，但仍然存在。

(6) 输出窗口

用来显示 STEP 7-Micro/WIN 程序编译的结果，如编译结果有无错误、错误编码和位置等。通过菜单命令“查看”→“帧”→“输出窗口”，可打开或关闭输出窗口。

(7) 状态条

提供有关在 STEP 7-Micro/WIN 中操作的信息。

3. STEP 7-Micro/WIN 程序的编写与传送

(1) 编辑的准备工作

① 创建项目或打开已有的项目

在为控制系统编程之前，首先应创建一个项目，通过菜单命令“文件”→“新建”或单击工具条最左边的“新建项目”按钮，生成一个新的项目。执行菜单命令“文件”→“另存为”，可以修改项目的名称和项目文件所在的文件夹。

执行菜单命令“文件”→“打开”，或者单击工具条上对应的打开按钮，可以打开已有的项目，项目存放在扩展名为 mwp 的文件中，可以修改项目的名称和项目文件所在的文件夹。

② 设置 PLC 的型号

在给 PLC 编程之前，应正确地设置其型号，执行菜单命令“PLC”→“型号”在出现的对话框中设置 PLC 的型号。如果已经成功地建立起与 PLC 的通信连接，单击对话框中的“读取PLC”按钮，可以通过通信读出 PLC 的型号与 CPU 的版本号。按“确认”按钮后启用新的型号和版本。

指令树用红色标记“×”表示对选择的 PLC 的型号无效的指令。如果设置的 PLC 型号与实际的 PLC 型号不一致，不能下载系统块。

(2) 编写与传送用户程序

① 编写用户程序

用选择的编程语言编写用户程序。梯形图程序被划分为若干个网络，一个网络中只能有一块独立的电路，如果一个网络中有两块独立的电路，在编译时将会显示“无效网络或网络太复杂无法编辑”。语句表允许将若干个独立的电路对应的语句表放在一个网络中，但是这样的网络不能转换为梯形图。

在生成梯形图程序时，可有以下方法：在指令树中选择需要的指令，拖放到需要的位置；将光标放在需要的位置，在指令树中双击需要的指令；将光标放在需要的位置，单击工具栏指令按钮，打开一个通用指令窗口，选择需要的指令；使用键 F4＝触点，F6＝线圈，F9＝功能块，打开一个通用指令窗口，选择需要的指令。

当编程元件图形（触点或线圈）出现在指定位置后，单击后输入操作数。红色字样显示语法出错，当把不合法的地址或符号改变为合法值时，红色字样消失。数值下面出现红色的波浪线，则表示输入的操作数超出范围或与指令的类型不匹配。

在梯形图编辑器中可对程序进行注释。注释级别共有 4 个：程序注释、网络标题、网络注释和程序属性。

"属性"对话框中有两个标签,"一般"和"保护"。选择"一般"可为子程序、中断程序和主程序块重新编号和重新命名,并为项目指定一个作者。选择"保护"则可以选择一个密码保护程序,可使其他用户无法看到该程序,并在下载时加密。若用密码保护程序,则选择"用密码保护该 POU"复选框,输入一个 4 个字符的密码并核实该密码。

② 对网络的操作

a. 剪切、复制、粘贴或删除多个网络。通过用 Shift 键+鼠标单击,可以选择多个相邻的网络,进行剪切、复制、粘贴或删除行、列、垂直线或水平线的操作,在操作时不能选择网络的一部分,只能选择整个网络。

b. 编辑单元格、指令、地址和网络。用光标选中需要进行编辑的单元,单击右键,弹出快捷菜单,可以进行插入或删除行、列、垂直或水平线的操作。删除垂直线时把方框放在垂直线左边单元上,删除时选"行",或按"Del"键。进行插入编辑时,先将方框光标移至欲插入的位置,然后选"列"。

c. 程序的编辑。程序的编辑操作用于检查程序块、数据块及系统块是否存在错误,程序经过编译后,才能下载到 PLC。单击"编译"按钮或选择菜单命令"PLC"→"编译",编译当前被激活的窗口中的程序块或数据块;单击"全部编译"按钮或选择菜单命令"PLC"→"全部编译",编译全部项目元件(程序块、数据块和系统块)。使用"全部编译"与哪一个窗口是活动窗口无关。编辑的结果显示在主窗口下方的输出窗口中。

③ 程序的上传与下载

a. 下载程序。计算机和 PLC 之间建立了通信连接后,可以将程序下载到 PLC 中去。单击工具栏中的"下载"按钮,或者执行菜单命令"文件"→"下载",将会出现下载对话框,如图 1-18所示。用户可以用多选框选择是否下载程序块、数据块、系统块、配方和数据记录配置。不能下载或上载符号表或状态表。单击"下载"按钮,开始下载数据。

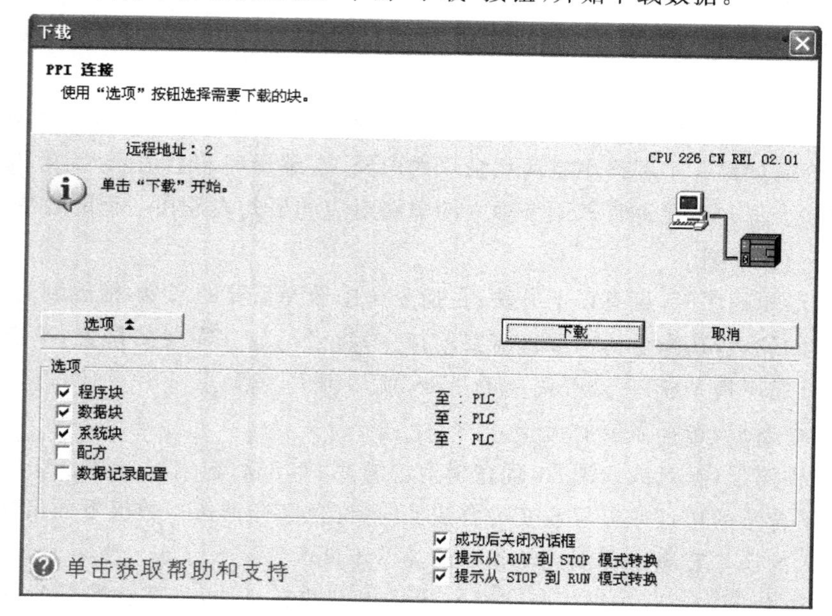

图 1-18　下载对话框

下载应在 STOP 模式下进行，下载时可以将 CPU 自动切换到 STOP 模式，下载结束后可以自动切换到 RUN 模式。可以用多选框选择下载之前从“RUN”模式切换到“STOP”模式，或从“STOP”模式切换到“RUN”模式是否需要提示。

b. 上载程序。上载前应建立起计算机与 PLC 之间的通信连接，在 STEP 7-Micro/WIN 中新建一个空项目用来保存上载的块，项目中原有的内容被上载的内容覆盖。

(3) 程序的运行调试与状态监控

① 程序的运行

下载程序后，将 PLC 的工作模式开关置于 RUN 位置，RUN LED 亮，用户程序开始运行。工作模式开关在 RUN 位置时，可以用编程软件工具条上的 RUN 按钮和 STOP 按钮切换 PLC 的操作模式。

② 程序的调试

在运行模式下，用接在 PLC 输入端子的各开关(如 I0.0 或 I0.1)的通/断状态来观察 PLC 输出端(如 Q0.0 或 Q0.1)的对应的 LED 状态变化是否符合控制要求。

③ 程序状态监控

在运行 STEP 7-Micro/WIN 的计算机与 PLC 之间建立起通信连接，并将程序下载到 PLC 后，执行菜单“调试” → “开始程序状态监控”，或单击工具条中的“程序状态监控”按钮，可以用程序状态监控程序运行情况。

若需要停止程序状态监控，单击工具条中的“暂停程序状态监控”按钮，当前的数据保存在屏幕上，再次单击该按钮，继续执行程序状态监控。

a. 梯形图程序的程序状态监控。在 RUN 模式启动程序状态功能后，将用颜色显示出梯形图中各元件的状态，如图 1-19 所示。左边的垂直“左母线”与它相连的水平“导线”变为蓝色。如果位操作数为 1，其常开触点和线圈变为蓝色，它们中间出现蓝色方块，有“能流”通过的“导线”也变为蓝色。如果有“能流”流入方框指令的使能输入端，且该指令被执行时，方框指令的方框变为蓝色。定时器和计数器的方框为绿色时表示它们包含有效数据。红色方框表示执行指令时出现了错误。灰色表示无“能流”、指令被跳过、未调或 PLC 处于 STOP 模式。

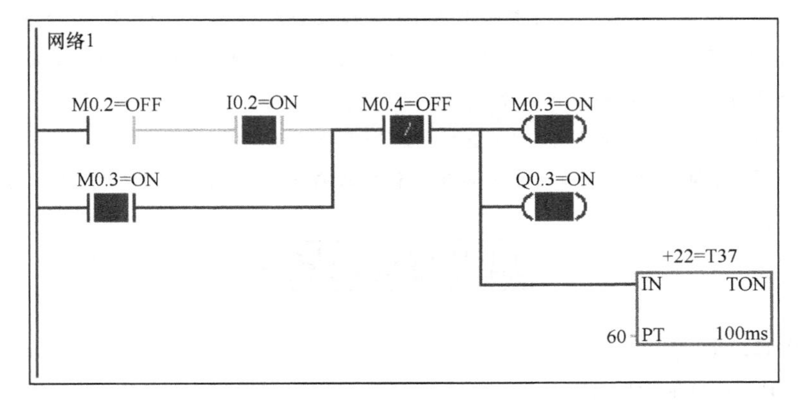

图 1-19　梯形图程序的程序状态监控图

用菜单命令“工具”→“选项”打开“选项”对话框，在“程序编辑器”选项卡中设置梯形图编辑器中栅格（即矩形光标）的宽度、字符的大小、仅显示符号或同时显示符号和地址等。

b. 语句表程序的程序状态监控。语句表和梯形图的程序状态监控功能的方法完全相同。在菜单命令“工具”→“选项”打开的窗口中，选择“程序编辑器”中的“STL 状态”选项卡，可以选择语句表程序状态监控的内容。每条指令最多可以监控 17 个操作数、逻辑栈中 4 个当前值和 1 个指令状态位。

项目小结

本项目主要介绍了 PLC 的产生、发展、性能、分类、特点和应用情况，以及 S7-200 系列 PLC 的内外部结构、性能、编程语言和程序结构，重点介绍了 PLC 的组成、工作原理、内部存储区功能、寻址方法及编程软件的使用。

PLC 的发展是随着计算机技术的发展而不断发展的。它的功能基本可涵盖自动化控制领域，如开关量的控制、模拟量的控制、运动控制、网络通信控制等。

PLC 的组成主要包括：微处理器、存储器、输入/输出接口电路、电源、外部设备接口、I/O 扩展接口等几部分。

PLC 的工作原理是按照集中采样、集中扫描的工作方式工作的。它是按照读取输入、执行用户程序、通信处理、CPU 自诊断测试、改写输出的顺序依次不断循环工作的。也正是由于 PLC 的这种“串行”工作方式，从而大大提高了 PLC 的抗干扰能力。

PLC 的性能主要有：I/O 点数、寄存器容量、编程语言、扫描时间、内部寄存器数量及种类、通信能力等，它们是选择使用 PLC 的依据。

PLC 的种类很多，可按其结构类型、I/O 点数多少和功能的强弱来划分。

PLC 的外部结构主要由输入、输出接线端子、状态指令灯、通信模块和扩展模块等组成。

S7-200 系列 PLC 的 CPU 性能主要是指存储器的容量大小、I/O 点数的多少、扫描速度的快慢、指令系统、扩展模块和通信功能等内容。

S7-200 系列 PLC 内部有不同功能的存储器（分别用不同的符号来表示），即输入映像寄存器（I）、输出映像寄存器（Q）、位存储器（M）、特殊位存储器（SM）、变量存储器（V）、局部变量存储器（L）、定时器（T）、计数器（C）、累加器（AC）、顺序控制继电器（S）、高速计数器（HC）、模拟量输入/输出存储器（AI/AQ）。

PLC 的编程语言主要有 5 种，即顺序控制功能图、梯形图、功能块图、指令表及结构文本。

程序结构包括主程序、子程序和中断程序。

S7-200 系列 PLC 的寻址方式有立即寻址、直接寻址和间接寻址。

利用 STEP 7-Micro/WIN 编程软件可以实现用户程序的编辑、调试、运行过程的程序状态监控等工作。

思考与练习题

1-1　简述 PLC 的定义。

1-2　PLC 具有哪些性能指标及特点？

1-3　PLC 可以用在哪些领域？

1-4　PLC 主要有哪几部分组成，各部分的功能是什么？

1-5　简述 PLC 的扫描工作过程。

1-6　在一个扫描周期中，若正在执行程序期间输入状态发生了变化，则输入映像寄存器的状态是否也随之变化？为什么？

1-7　S7-200 系列 PLC 的外部结构主要由哪几部分组成？

1-8　S7-200 系列 PLC 有几种编程语言？

1-9　PLC 的程序结构主要包括哪几个程序？

1-10　S7-200 系列 PLC 的数据存储区按存储器存储数据的长短可分为几种类型？各是什么存储器？分别用什么符号表示？

1-11　S7-200 系列 PLC 寻址方式有几种？分别如何寻址？

项目二 S7-200系列PLC基本指令应用

项目内容

本项目包括 S7-200 系列 PLC 的基本位操作指令、置位和复位指令、定时器指令、计数器指令等基本指令的格式、功能、原理及应用方法，以及对这些基本指令的编程与实现。

知识要点

1. 触点指令、堆栈指令、立即指令、置位和复位指令、边沿触发指令。
2. 定时器指令、计数器指令。
3. 基本指令的实际应用。

学习目标

1. 掌握 S7-200 系列 PLC 的基本位操作指令、置位和复位指令、定时器指令、计数器指令等基本指令的格式、功能、原理及应用。
2. 在掌握 S7-200 系列 PLC 基本指令的基础上，能够根据梯形图分析其控制要求。
3. 在掌握 S7-200 系列 PLC 基本指令的基础上，够能利用这些基本指令对简单数字量控制系统进行梯形图程序设计。

S7-200 系列 PLC 的 SIMATIC 指令有梯形图(LAD)、语句表(STL)和功能块图(FBD)3种编程语言。本项目以 S7-200 系列 PLC 的 SIMATIC 指令系统为例，主要讲述基本指令和梯形图、语句表的基本编程方法，最后通过实际操作，实现基本指令的编程和控制要求。

任务1　PLC 基本逻辑指令

任务描述

PLC 常用基本逻辑指令包括基本位操作指令、置位与复位指令、边沿触发指令、取反指令和空操作等。

相关知识

一、基本位操作指令

位操作指令是 PLC 常用的基本指令，梯形图指令有触点和线圈两大类，触点又分为常开和常闭两种形式；语句表指令有与、或以及输出等逻辑关系，位操作指令能够实现基本的位逻辑运算和控制。

1. 触点指令

（1）逻辑装载及线圈驱动指令

LD(Load)指令：装载指令，用于常开触点与左母线连接，每一个以常开触点开始的逻辑行都要使用这一指令，对应梯形图在左侧母线或线路分支点处初始装载一个常开触点。

LDN(Load Not)指令：装载指令，用于常闭触点与左母线连接，每一个以常闭触点开始的逻辑行都要使用这一指令，对应梯形图在左侧母线或线路分支点处初始装载一个常闭触点。

=(Out)指令：置位指令，用于线圈输出，对应梯形图的线圈驱动。

（2）触点串联指令

A(And)指令：与操作指令，用于常开触点的串联。

AN(And Not)指令：与操作指令，用于常闭触点的串联。

（3）触点并联指令

O(Or)指令：或操作指令，用于常开触点的并联。

ON(Or Not)：或操作指令，用于常闭触点的并联。

（4）指令格式及功能

指令格式及功能见表2-1。

表2-1　基本位操作指令格式及功能

<table>
<tr><th>梯形图</th><th>语句表</th><th>功　能</th></tr>
<tr><td rowspan="4">bit ┤├　bit ┤/├　bit ─(　)</td><td>LD　BIT　LDN　BIT</td><td>用于网络段起始的常开/常闭触点</td></tr>
<tr><td>A　BIT　AN　BIT</td><td>常开/常闭触点串联，逻辑与/与非指令</td></tr>
<tr><td>O　BIT　ON　BIT</td><td>常开/常闭触点并联，逻辑或/或非指令</td></tr>
<tr><td>=　BIT</td><td>线圈输出，逻辑置位指令</td></tr>
</table>

梯形图的触点代表CPU对存储器的读操作，因为计算机系统读操作的次数不受限制，所以在用户程序中常开、常闭触点使用的次数不受限制。

梯形图的线圈符号代表CPU对存储器的写操作，因为PLC采用自上而下的扫描方式工作，所以在用户程序中同一个线圈只能使用一次，多于一次时，只有最后一次有效。

语句表的基本逻辑指令由指令助记符和操作数两部分组成，操作数由可以进行位操作的寄存器元件及地址组成，如LD I0.0。

（5）位操作指令程序应用

① 写出图2-1(a)所示梯形图的语句表程序，如图2-1(b)所示。

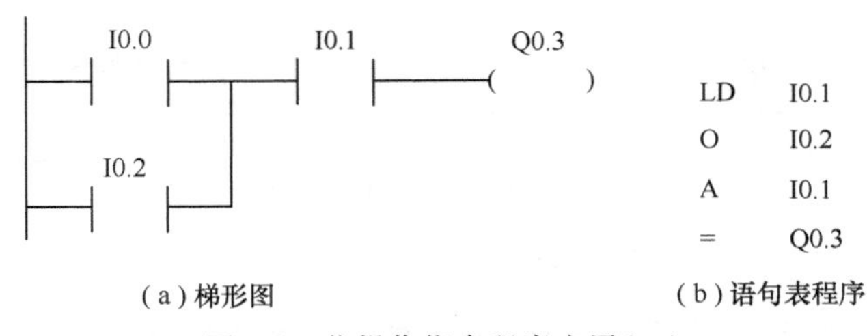

图2-1　位操作指令程序应用(一)

② 写出图 2-2(a)所示梯形图的语句表程序,如图 2-2(b)所示。

(a)梯形图

```
LD   I0.0
O    Q0.1
AN   I0.1
=    Q0.1
=    Q0.2
=    Q0.3
```

(b)语句表程序

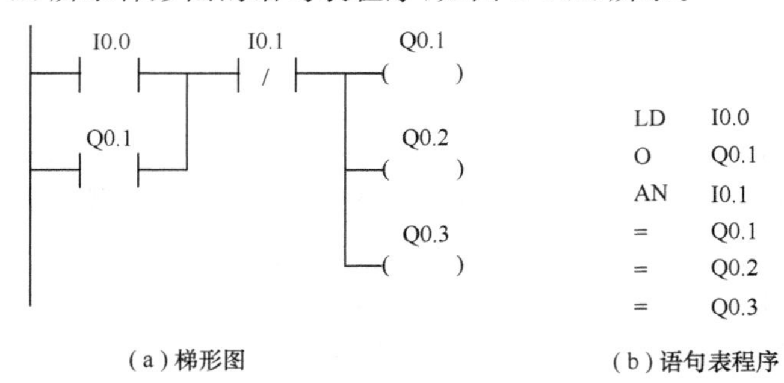

图 2-2　位操作指令程序应用(二)

③ 位操作指令程序的应用如图 2-3 所示,分析其梯形图。

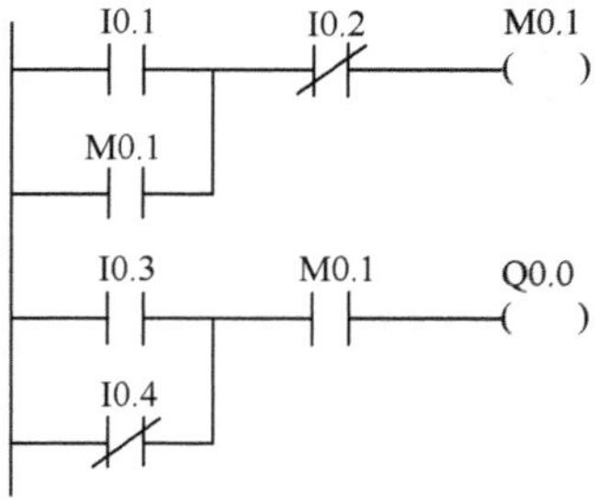

```
Netowrk 1
LD   I0.1   //装入常开触点
O    M0.1   //或常开触点
AN   I0.2   //与常闭触点
=    M0.1   //输出线圈
Network 2
LD   I0.3   //装入常开触点
ON   I0.4   //或常闭触点
A    M0.1   //与常开触点
=    Q0.0   //输出线圈
```

图 2-3　位操作指令程序应用(三)

网络 1:当输入点 I0.1 的状态为 1 时,线圈 M0.1 通电,其常开触点闭合自锁,即使 I0.1 状态为 0 时,M0.1 线圈仍保持通电。当 I0.2 触点断开时,M0.1 线圈断电,电路停止工作。

网络 2 的工作原理请自行分析。

④ 已知图 2-4(c)中 I0.1 的波形,画出图 2-4(a)和图 2-4(b)梯形图中 M1.0 的波形。

(a)梯形图

(b)梯形图

(c)信号波形

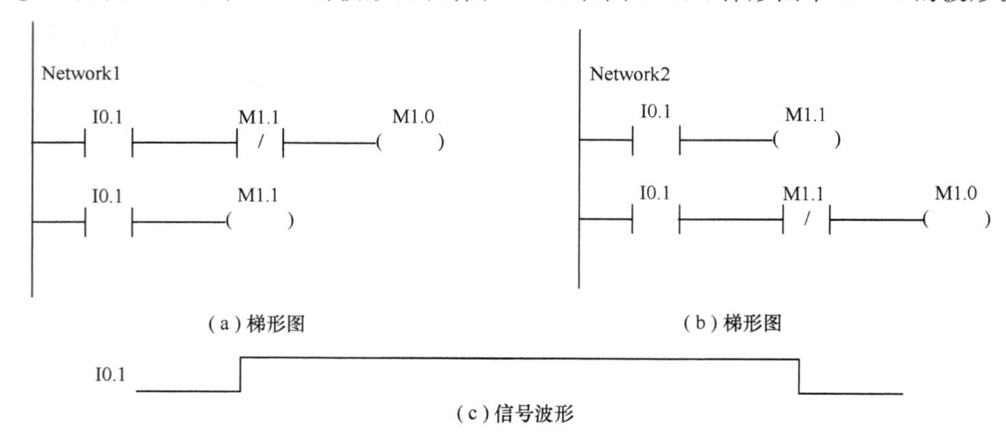

图 2-4　位操作指令程序应用(四)

图 2-4(a)梯形图:在 I0.1 上升沿之前,I0.1 的常开触点断开,M1.0 和 M1.1 均为 OFF,

其波形用低电平表示。在 I0.1 的上升沿，I0.1 变为 ON，CPU 先执行第一行的电路。因为前一周期 M1.1 为 OFF，M1.1 的常闭触点闭合，所以 M1.0 变为 ON。执行第二行电路后，M1.1 变为 ON。从上升沿之后的第二个扫描周期开始，到 I0.1 变为 OFF 为止，M1.1 均为 ON，其常闭触点断开，使 M1.0 为 OFF。因此，M1.0 只是在 I0.1 的上升沿 ON 一个扫描周期。

图 2-4(b)梯形图：在 I0.1 的上升沿，M1.1 的线圈先通电，M1.1 的常闭触点断开，因此 M1.0 的线圈不会通电。由此可知，如果交换相互有关联的两块独立电路(即两个网络)的相对位置，可能会改变某些线圈的工作状态。一般会使线圈通电或断电的时间提前或延后一个扫描周期，对于绝大多数系统，这是无关紧要的。但是在某些特殊情况下，可能会影响系统的正常运行。

2. 堆栈指令

(1) 堆栈的基本概念

S7-200 系列 PLC 有一个 9 位的堆栈，栈顶用来存储逻辑运算的结果，下面的 8 位用来存储中间运算结果(图 2-6)。堆栈中的数据一般按“先进后出”的原则存取。堆栈指令见表 2-2。

表 2-2　与堆栈有关的指令格式及功能

语句	描　　述	语句	描　　述
ALD	栈装载与，电路块串联连接	LRD	逻辑读栈
OLD	栈装载或，电路块并联连接	LPP	逻辑出栈
LPS	逻辑入栈	LDS N	装载堆栈

执行 LD 指令时，将指令指定的位地址中的二进制数据装载入栈顶。执行 A(与)指令时，将指令指定的位地址中的二进制数和栈顶中的二进制数相与，结果存入栈顶。执行 O(或)指令时，将指令指定的位地址中的二进制数和栈顶中的二进制数相或，结果存入栈顶。

执行常闭触点对应的 LDN、AN 和 ON 指令时，取出指令指定的位地址中的二进制数据后，将它取反(0 变为 1，1 变为 0)，然后再做对应的装载、与、或操作。

(2) 栈装载或指令

栈装载或(OLD)指令用于两个或两个以上的触点串联连接的电路之间的并联，称之为串联电路块的并联连接指令。

OLD 指令的应用如图 2-5 所示，要想将图 2-5 中由 Q0.1 和 I0.3 的触点组成的串联电路与它上面的电路并联，首先需要完成两个串联电路块内部的与逻辑运算(即触点的串联)，这两个电路块分别用 LD 和 LDN 指令表示电路块的起始触点。前两条指令执行完后，与运算的结果 $S0=I0.1\cdot\overline{I0.2}$存放在栈顶，第 3、4 条指令执行完后，与运算的结果 $S1=\overline{Q0.1}\cdot I0.3$ 压入栈顶，原来在栈顶的 S0 被推到堆栈的第 2 层，第 2 层的数据被推到第 3 层……栈底的数据丢失。OLD 指令用逻辑或操作对堆栈第 1 层和第 2 层的数据相或，即将两个串联电路块并联，并将运算结果 S2＝S0＋S1 存入堆栈的顶部，第 3～9 层中的数据依次向上移动一位，如图 2-6 所示。

OLD 指令不需要地址，它相当于需要并联的两块电路右端的一段垂直连线。图 2-6 中的

×表示不确定的值。

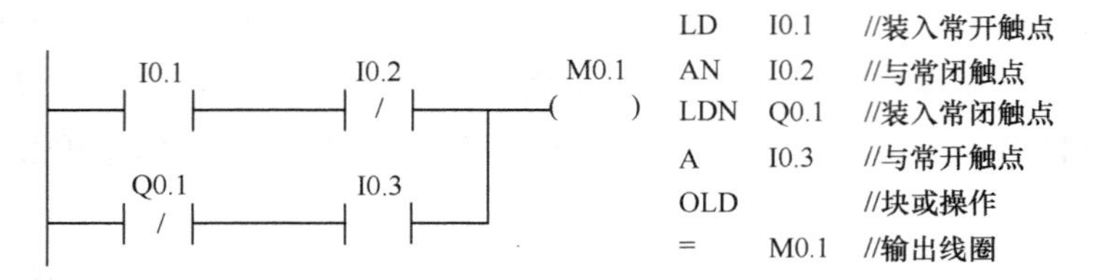

图 2-5 OLD 指令的应用

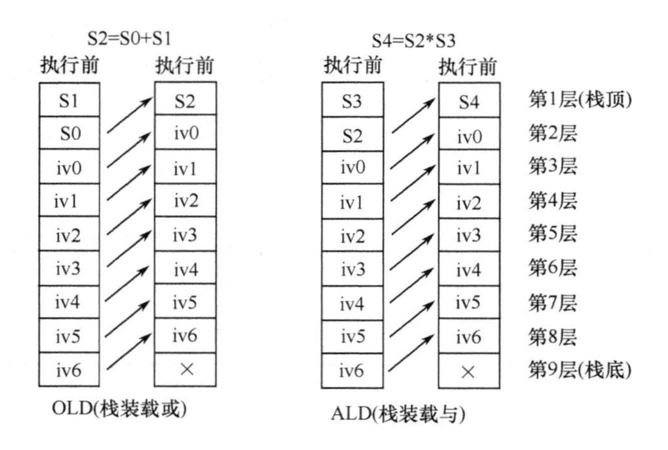

图 2-6 OLD 与 ALD 指令的堆栈操作

(3) 栈装载与指令

栈装载与(ALD)指令,用于两个或两个以上触点并联连接的电路之间的串联,称之为并联电路块的串联连接指令。

ALD 指令的应用如图 2-7 所示。要想将图 2-7 中由 I0.2 和 I0.4 的触点组成的并联电路与它左面的电路串联,首先需要完成两个并联电路块内部的或逻辑运算(即触点的并联),这两个电路块分别用 LD 和 LDN 指令表示电路块的起始触点。前两条指令执行完后,或运算的结果 $S2=I0.1+\overline{I0.3}$存放在栈顶,第 3、4 条指令执行完后,或运算的结果 $S3=\overline{I0.2}+I0.4$ 压入栈顶,原来在栈顶的 S2 被推到堆栈的第 2 层,第 2 层的数据被推到第 3 层……栈底的数据丢失。ALD 指令用逻辑与操作对堆栈第 1 层和第 2 层的数据相与,即将两个电路块串联,并将运算结果 S4=S2·S3 存入堆栈的顶部,第 3~9 层中的数据依次向上移动一位,如图 2-6 所示。

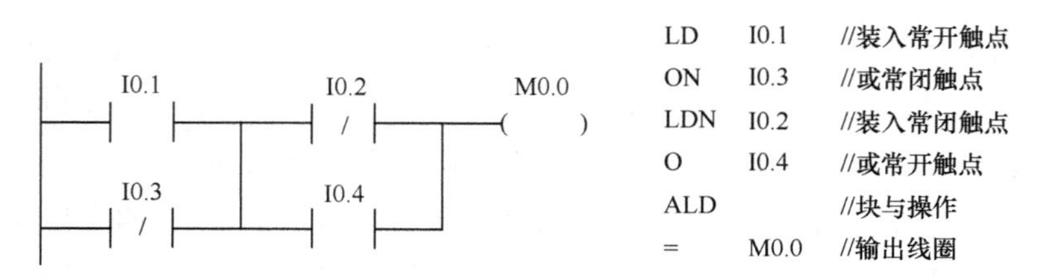

图 2-7 ALD 指令的应用

将电路块串并联时，每增加一个用 LD 或 LDN 指令开始的电路块内部的运算结果，堆栈中增加一个数据，堆栈深度加 1，每执行一条 ALD 或 OLD 指令，堆栈深度减 1。

梯形图和功能块图编辑器自动地插入处理堆栈操作所需要的指令。在语句表中，必须由编程人员加入这些堆栈处理指令。

OLD 和 ALD 的应用举例如图 2-8 和图 2-9 所示。对于较复杂的程序，特别是含有 OLD 和 ALD 指令时，在画梯形图之前，应分析清楚电路的串并联关系后，再开始画梯形图。首先将电路划分为若干块，各电路从含有 LD 的指令（如 LD、LDI 和 LDN 等）开始，在下一条含有 LD 的指令（包括 ALD 和 OLD）之前结束。然后分析各块电路之间的串并联关系。

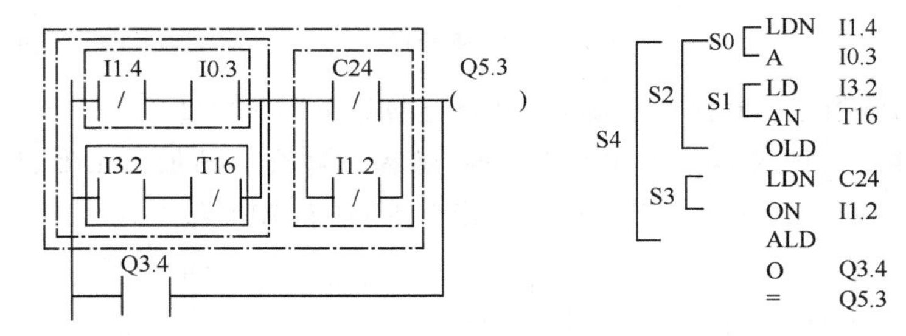

图 2-8　ALD 与 OLD 指令的应用——梯形图转换成语句表

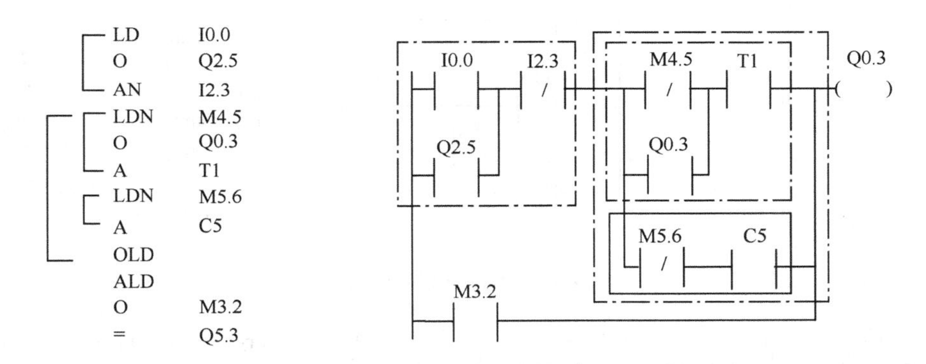

图 2-9　ALD 与 OLD 指令的应用——语句表转换成梯形图

（4）其他堆栈操作指令

逻辑入栈（Logic Push，LPS）指令复制栈顶的值并将其压入栈的下一层，栈中原来的数据依次向下一层推移，栈底值被推出丢失，如图 2-10 所示。

逻辑读栈（Logic Read，LRD）指令将栈中第 2 层的数据复制到栈顶，第 2～7 层的数据不变，但是原栈顶值消失。

逻辑出栈（Logic Pop，LPP）指令使栈中各层的数据向上移动一层，第 2 层的数据成为栈新的栈顶值，栈顶原来的数据从栈内消失。

装载堆栈（Load Stack，n＝1～8，LDS n）指令复制堆栈内第 n 层的值到栈顶。栈中原来的数据依次向下一层推移，栈底值被推出丢失。一般很少使用这条指令。

使用一层栈和使用多层栈的应用举例如图 2-11 和图 2-12 所示。每一条 LPS 指令必须有一条对应的 LPP 指令，中间支路都用 LRD 指令，最后一条支路必须使用 LPP 指令。在一块

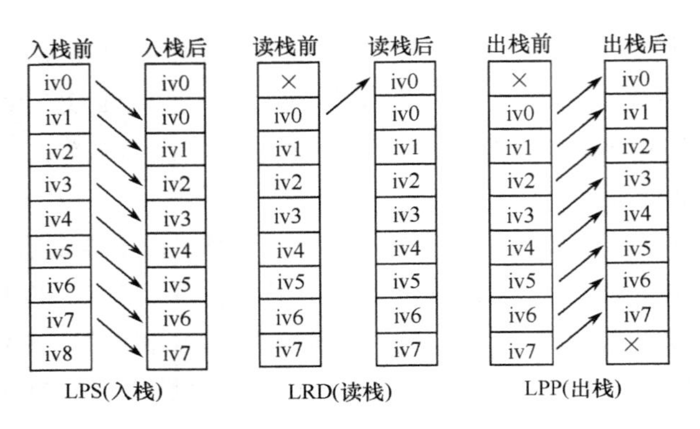

图 2-10　堆栈操作

独立电路中，用 LPS 指令同时保存在栈中的中间运算结果不能超过 8 个。

用编程软件将梯形图转换为语句表程序时，编程软件会自动加入 LPS、LRD 和 LPP 指令。而写入语句表程序时，必须由用户来写入 LPS、LRD 和 LPP 指令。

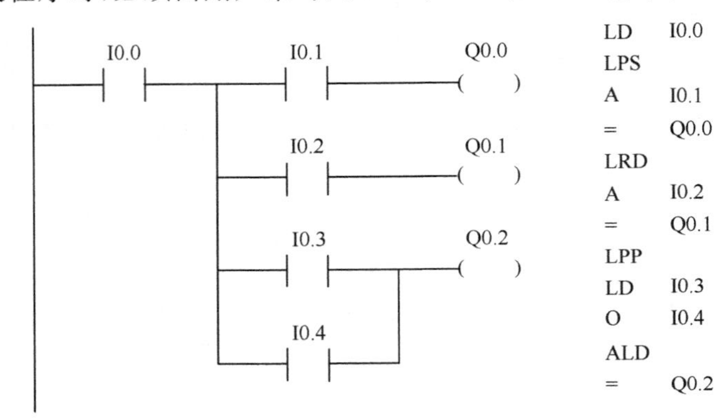

图 2-11　堆栈指令的应用

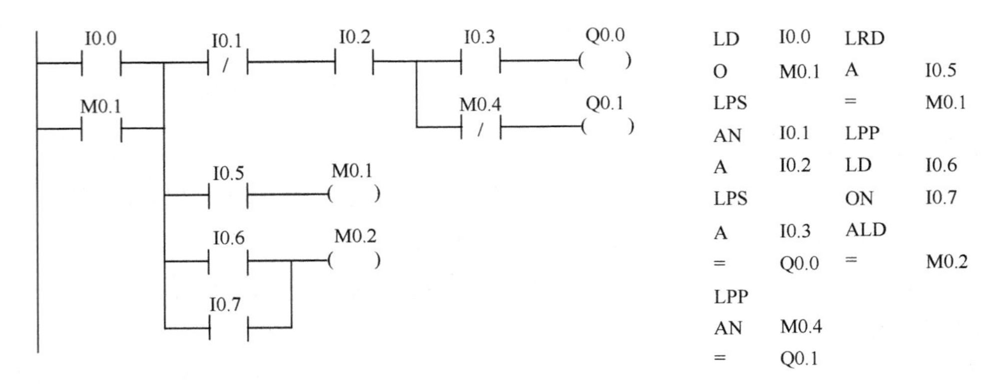

图 2-12　双重堆栈指令的应用

3. 立即指令

(1) 立即触点指令

立即触点指令只能用于输入信号 I，执行立即触点指令时，立即读入 PLC 输入点的值，根据该值决定触点的接通/断开状态，但是并不更新 PLC 输入点对应的输入映像寄存器的值。

在语句表中分别用 LDI、AI、OI 来表示开始、串联和并联的常开立即触点，用 LDNI、ANI、ONI 来表示开始、串联和并联的常闭立即触点，见表 2-3。触点符号中间的“I”和“/I”用来表示立即常开触点和立即常闭触点，如图 2-13 所示。

表 2-3　立即触点指令

语　　句		描　　述
LDI	bit	立即装载，电路开始的常开触点
AI	bit	立即与，串联的常开触点
OI	bit	立即或，并联的常开触点
LDNI	bit	取反后立即装载，电路开始的常闭触点
ANI	bit	取反后立即与，串联的常闭触点
ONI	bit	取反后立即或，并联的常闭触点

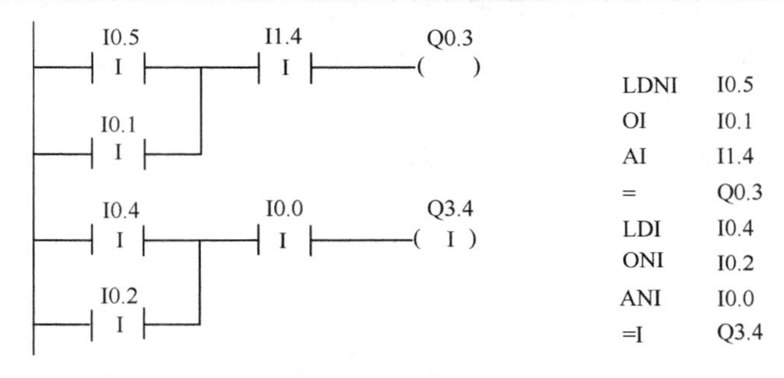

图 2-13　立即触点与立即输出指令

（2）立即输出指令

执行立即输出指令时，将栈顶的值立即写入 PLC 输出位对应的输出映像寄存器。该指令只能用于输出位，线圈符号中的“I”用来表示立即输出，如图 2-13 所示。

二、置位与复位指令

置位与复位指令包含置位/复位指令和立即置位/复位指令，置位与复位指令同样是 PLC 编程中一个非常重要的指令。置位与复位指令将线圈设计成置位线圈和复位线圈两大部分，将存储器的置位、复位功能分离开来。

1．置位与复位指令

S(Set)是置位指令，R(Reset)是复位指令，指令的格式及功能见表 2-4。执行置位指令或复位指令时，从指定的位地址开始的 N 个连续的位地址都被置位（变为 1）或复位（变为 0），N＝1～255。当置位、复位输入同时有效时，复位优先。置位/复位指令的应用如图 2-14 所示，图中 N＝1。

表 2-4　置位/复位指令格式及功能

梯形图	语句表	功能
S-bit —(S) N	S　S-BIT，N	从起始位（S-bit）开始的 N 个元件置 1
S-bit —(R) N	R　S-BIT，N	从起始位（S-bit）开始的 N 个元件置 0

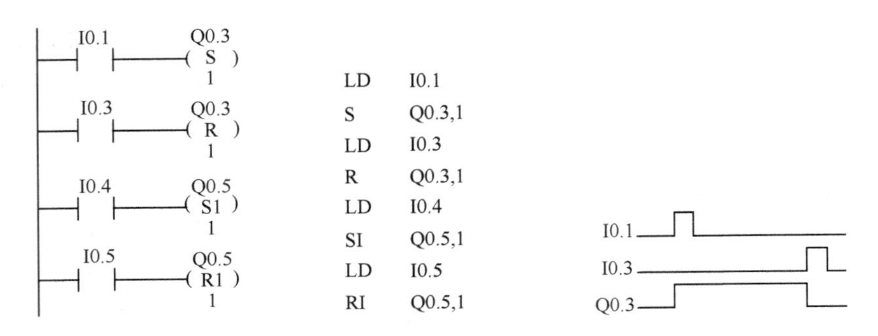

图 2-14 置位指令与复位指令

置位指令与复位指令最主要的特点是有记忆和保持功能。如果图 2-14 中 I0.1 的常开触点接通，Q0.3 变为 1 并保持该状态，即使 I0.1 的常开触点断开，它也仍然保持 1 状态。当 I0.3 的常开触点闭合时，Q0.3 变为 0 状态，并保持该状态，即使 I0.3 的常开触点断开，它也仍然保持 0 状态。

如果被指定复位的是定时器(T)或计数器(C)，将清除定时器/计数器的当前值，它们的位变为 0 状态。

2. 立即置位与复位指令

执行立即置位(SI)与立即复位(RI)指令时，从指定位地址开始的 N 个连续的输出点将被立即置位或复位，N＝128，线圈中的 I 表示立即。该指令只能用于输出位，新值被同时写入输出点和输出映像寄存器，如图 2-14 所示。

三、其他指令

其他指令包含边沿触发指令、取反指令和空操作指令，它们的使用使得 PLC 的编程更加灵活，程序更加简洁明了。

1. 边沿触发指令（跳变触点指令）

边沿触发指令分为正跳变触发(上升沿)和负跳变触发(下降沿)两种类型。正跳变触发是指输入脉冲的上升沿使触点闭合 1 个扫描周期。负跳变触发是指输入脉冲的下降沿使触点闭合 1 个扫描周期，常用作脉冲整形。边沿触发指令格式及功能见表 2-5，应用如图 2-15所示。

表 2-5 边沿触发指令格式及功能

梯 形 图	语 句 表	功 能
─┤P├─	EU(Edge UP)	正跳变，无操作元件
─┤N├─	ED(Edge Down)	负跳变，无操作元件

2. 取反指令

取反(NOT)指令将存放在堆栈顶部的左边电路的逻辑运算结果取反，运算结果若为 1 则变为 0，为 0 则变为 1，该指令没有操作数。在梯形图中，能流到达该触点时即停止；若能流未到达该触点，该触点给右侧供给能流。取反指令格式及功能见表 2-6，应用如图 2-16 所示。

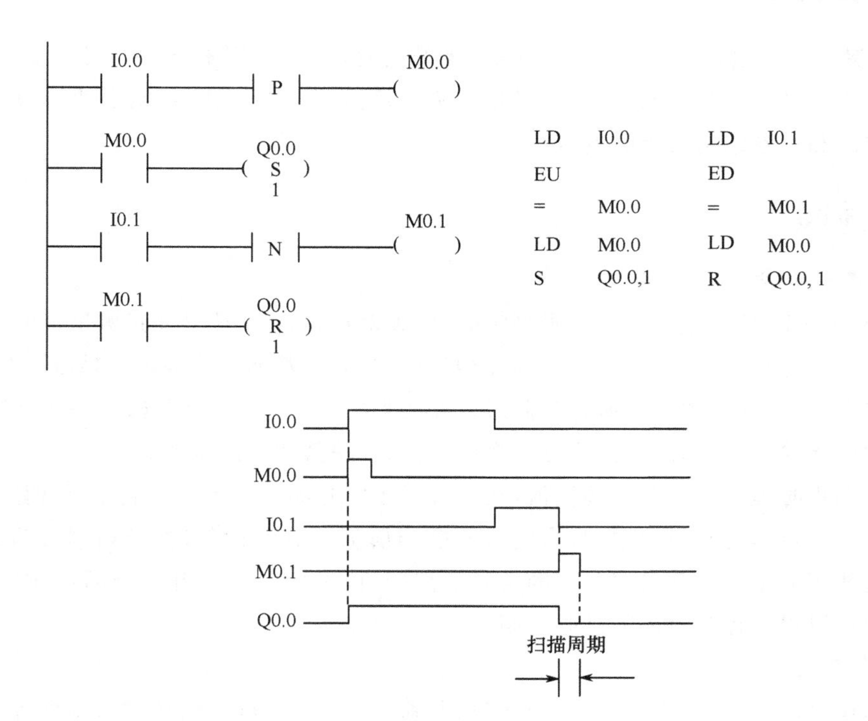

图 2-15　边沿触发指令的应用及时序图

表 2-6　取反和空操作指令格式及功能

梯形图	语句表	功能
─┤NOT├─	NOT	取反指令
N NOP	NOP　N	空操作指令

3. 空操作指令

空操作指令(NOP)起增加程序容量的作用。使能输入有效时,执行空操作指令,将稍微延长扫描期长度,不影响用户程序的执行,不会使能流输出断开。操作数 N 为执行空操作指令的次数,N＝0～255。空操作指令格式及功能见表 2-6,应用如图 2-16 所示。

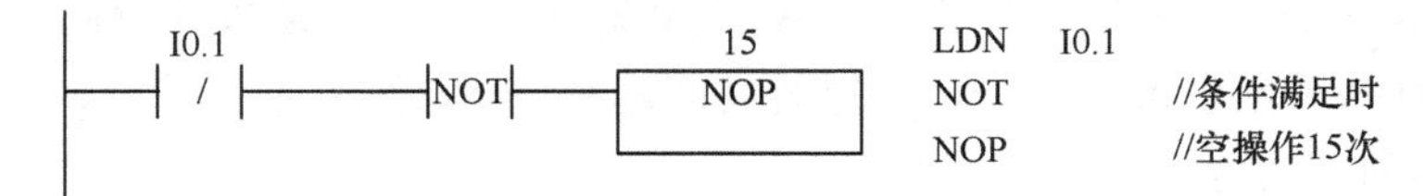

图 2-16　取反指令和空操作指令的应用

任务 2　定时器与计数器指令

任务描述

定时器和计数器指令是 PLC 中一个常用指令,定时器按照工作方式可分为接通延时定时器(TON)、保持型接通延时定时器(TONR)、断开延时定时器(TOF)3 种。计数器根据计数方式的不同分为 3 种，分别是加计数器(CTU)、减计数器(CTD)和加/减计数器(CTUD)，计数器的使用方法和基本结构与定时器基本相同。

相关知识

一、定时器指令

S7-200 系列 PLC 的定时器为增量型定时器，即对内部时钟累积时间增量计时，用于实现时间控制，可以按照工作方式和时间基准(时基)分类，时间基准又称为定时精度或分辨率。每个定时器均有一个 16 位的当前值寄存器用以存放当前值(16 位符号整数)；一个 16 位的预设值寄存器用以存放时间的设定值；还有一个状态位，反映其触点的状态。

定时器编程时提前输入时间预设值，在运行时当定时器的输入条件满足时开始计时，当前值从 0 开始按一定的时间单位增加，当定时器的当前值达到预设值时，定时器发生动作，PLC 响应而做出相应的动作。此时它对应的常开触点闭合，常闭触点断开。利用定时器的输入与输出触点就可以得到控制所需的延时时间。

1. 工作方式

按照工作方式，定时器可分为接通延时定时器(TON)、保持型接通延时定时器(TONR)、断开延时定时器(TOF)3 种。接通延时定时器用于单一间隔的定时；保持型接通延时定时器用于累积许多时间间隔；断开延时定时器用于故障事件后的时间延迟。

2. 时间基准

按照时间基准，定时器又分为 1 ms、10 ms、100 ms 3 种类型，不同的时间基准，定时范围和定时器的刷新方式不同。

(1) 定时精度

定时器的工作原理是定时器使能输入有效后，当前值寄存器对 PLC 内部的时基脉冲增 1 计数，最小计时单位为时基脉冲的宽度。故时间基准代表着定时器的定时精度，又称为定时器的分辨。

(2) 定时范围

定时器使能输入有效后，当前值寄存器对时基脉冲递增计数，当计数值大于或等于定时器的设定值后，状态位置 1。从定时器输入有效，到状态位输出有效经过的时间为定时时间。定时时间 T 等于时基乘预设值，时基越大，定时时间越长，但精度越差。

(3) 定时器的刷新方式

1 ms 定时器每隔 1 ms 定时器刷新一次，定时器刷新与扫描周期和程序处理无关。扫描周期较长时，定时器一个周期内可能多次被刷新(多次改变当前值)。

10 ms 定时器在每个扫描周期开始时刷新，每个扫描周期之内，当前值不变。

100 ms 定时器是定时器指令执行时被刷新，下一条执行的指令即可使用刷新后的结果，但应当注意，如果该定时器的指令不是每个周期都执行(如条件跳转时)，定时器就不能及时刷新，可能会导致出错。

CPU 22X 系列 PLC 的 256 个定时器分为 TON(TOF)和 TONR 工作方式，以及 3 种时间基准，TOF 与 TON 共享同一组定时器，不能重复使用。定时器的分辨率和编号范围见表 2-7。使用定时器时应参照表 2-7 的时间基准和工作方式合理选择定时器编号，同时要考虑刷新方式对程序执行的影响。

定时器指令格式及功能见表 2-8。IN 是使能输入端，编程范围 T0～T255；PT 是预设值输入端，最大预设值为 32 767；PT 的数据类型：INT；PT 操作数有 IW、QW、MW、SMW、T、C、VW、SW、AC、常数。

表 2-7　定时器工作方式及类型

工作方式	用毫秒(ms)表示的分辨率	用秒(s)表示的最大当前值	定时器号
TONR	1	32.767	T0，T64
	10	327.67	T1～T4，T65～T68
	100	3 276.7	T5～T31，T69～T95
TON/TOF	1	32.767	T32，T96
	10	327.67	T33～T36，T97～T100
	100	3 276.7	T37～T63，T101～T255

表 2-8　定时器指令格式及功能

梯形图	语句表	功能
IN TON PT	TON	接通延时型
IN TONR PT	TONR	保持型
IN TOF PT	TOF	断开延时型

3．定时器指令工作原理

（1）接通延时定时器

当使能端输入有效（接通）时，定时器开始计时，当前值从 0 开始递增，大于或等于预设值时，定时器输出状态位置为 1（输出触点有效）。若使能端输入继续有效，当前值继续增加，不影响状态位，但当前值的最大值为 32 767。使能输入端无效（断开）时，定时器复位（当前值清零，输出状态位置为 0）。如果使能输入接通时间未到达预设值就断开，定时器立即复位，输出状态位保持为 0，没有输出。接通延时型定时器的工作原理及应用程序如图 2-17 所示。

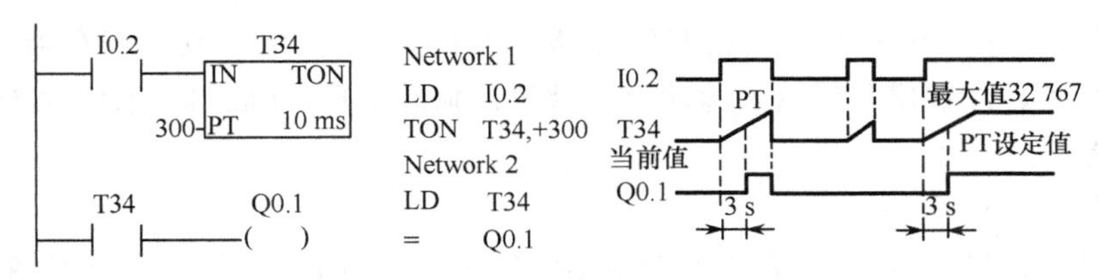

图 2-17　接通延时定时器工作原理及应用程序

(2) 保持型接通延时定时器

使能端输入有效时,定时器开始计时,当前值递增,当前值大于或等于预设值时,输出状态位置为 1。使能端输入无效(断开)时,当前值保持(记忆),使能端再次接通有效时,在原记忆值的基础上递增计时。TONR 采用线圈的复位指令进行复位操作,当复位线圈有效时,定时器当前值清零,输出状态位置为 0。保持型接通延时定时器的工作原理及应用程序如图 2-18 所示。

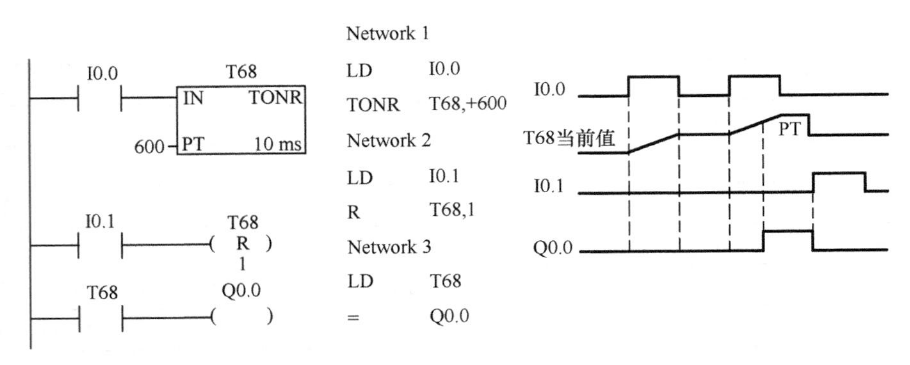

图 2-18　保持型接通延时定时器工作原理及应用程序

(3) 断开延时定时器

断开延时定时器用来在输入断开,延时一段时间后,才断开输出。使能端输入有效时,定时器输出状态位立即置 1,当前值复位为 0。使能端断开时,开始计时,当前值从 0 递增,当前值达到预设值时,定时器状态位复位置 0,并停止计时,当前值保持。如果输入断开的时间小于预设时间,定时器就仍保持接通。使能端再接通时,定时器当前值仍为 0。断开延时定时器的工作原理及应用程序如图 2-19 所示。

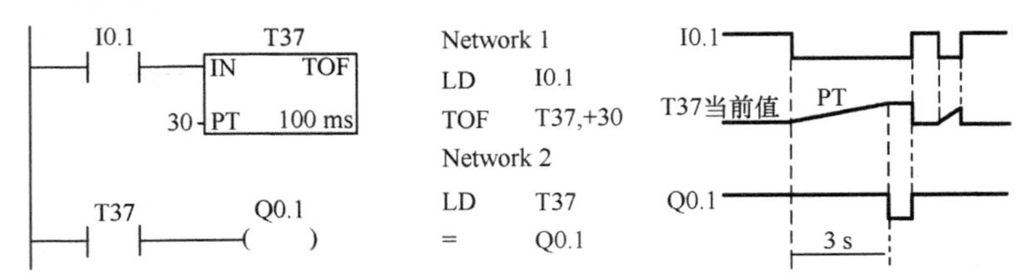

图 2-19　断开延时定时器工作原理及应用程序

二、计数器指令

S7-200 系列 PLC 有加计数器(CTU)、减计数器(CTD)、加/减计数器(CTUD)3 种计数器指令。计数器的使用方法和基本结构与定时器基本相同,主要由预设值寄存器、当前值寄存器、状态位等组成。计数器利用输入脉冲上升沿累计脉冲个数,计数器当前值大于或等于预设值时,状态位置 1。

1. 指令格式

计数器的梯形图指令符号为指令盒形式,指令格式及功能见表 2-9。梯形图指令符号中 CU 为加计数脉冲输入端;CD 为减计数脉冲输入端;R 为复位脉冲输入端;LD 为减计数器的复位脉冲输入端;编程范围为 C0～C255;PV 预设值最大范围为 32 767;PV 数据类型:INT。

不同类型的计数器不能共用同一计数器号。

表 2-9　计数器指令格式及功能

梯形图	语句表	功　能
① CU CTU / R / PV　② CD CTD / LD / PV　③ CU CTUD / CD / R / PV	① CTU ② CTD ③ CTUD	① 加计数器 ② 减计数器 ③ 加/减计数器

2. 工作原理

(1) 加计数器指令

当加计数器的复位输入端电路断开，而计数输入端(CU)有脉冲信号输入时(即在 CU 信号的上升沿)，计数器的当前值加 1 计数。当前值大于或等于预设值时，计数器状态位置 1，当前值累加的最大值为 32 767。当计数器的复位输入端电路接通时，计数器的状态位复位(置 0)，当前计数值为零，加计数器的工作原理及应用程序如图 2-20 所示。

在语句表中，栈顶值是复位输入 R，加计数脉冲输入 CU 放在栈顶下面一层。

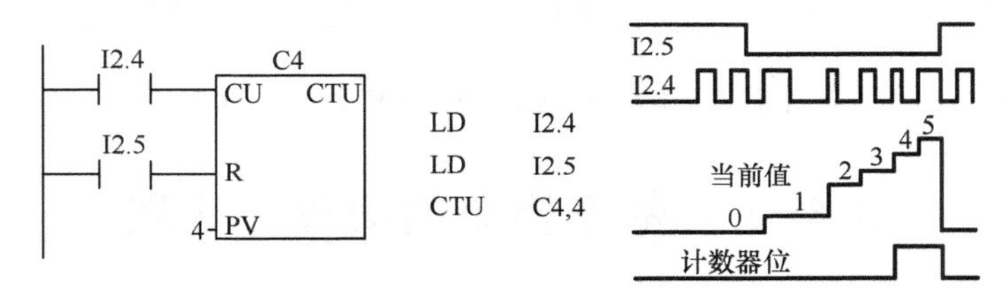

图 2-20　加计数器工作原理及应用程序

(2) 减计数器指令

在减计数器 CD 脉冲输入信号的上升沿(从 OFF 变为 ON)，从预设值开始，计数器的当前值减 1，当前值等于 0 时，停止计数，计数器位被置 1。当减计数器的装载输入端有效时，计数器把预设值装入当前值存储器，计数器状态位复位(置 0)，减计数器的工作原理及应用程序如图 2-21 所示。

在语句表中，栈顶值是装载输入 LD，减计数脉冲输入 CD 放在栈顶下面一层。

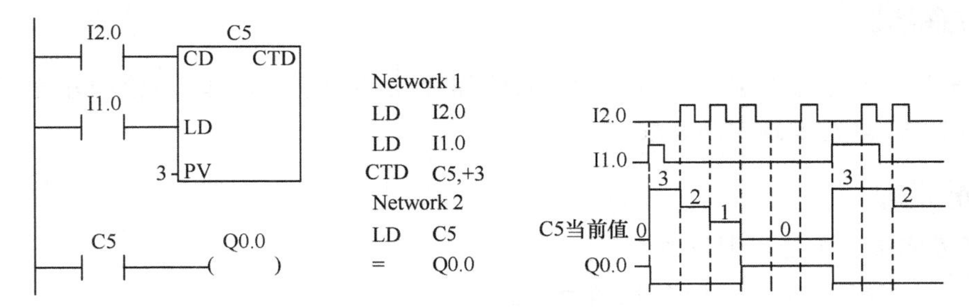

图 2-21　加计数器工作原理及应用程序

减计数器在计数脉冲 I2.0 的上升沿减 1 计数，当前值从预设值开始减至 0 时，计数器输出状态位置 1，Q0.0 通电(置 1)，在装载输入脉冲 I1.0 的上升沿，定时器状态位复位(置 0)，当前值等于预设值，为下次计数工作做好准备。

(3) 加/减计数器指令

加/减计数器有两个脉冲输入端，其中 CU 用于加计数，CD 用于减计数，执行加/减计数时，CU/CD 的计数脉冲上升沿加 1/减 1 计数。当前值大于或等于计数器预设值时，计数器状态位置位。复位输入有效或执行复位指令时，计数器状态位复位，当前值清零。达到计数最大值(32 767)后，下一个 CU 输入上升沿将使计数值变为最小值(-32 768)。同样，达到最小值后，下一个 CD 输入上升沿将使计数值变为最大值。加/减计数器的工作原理及应用程序如图 2-22 所示。

在语句表中，栈顶值是复位输入 R，减计数输入 CD 在堆栈的第二层，加计数输入 CU 在堆栈的第三层。

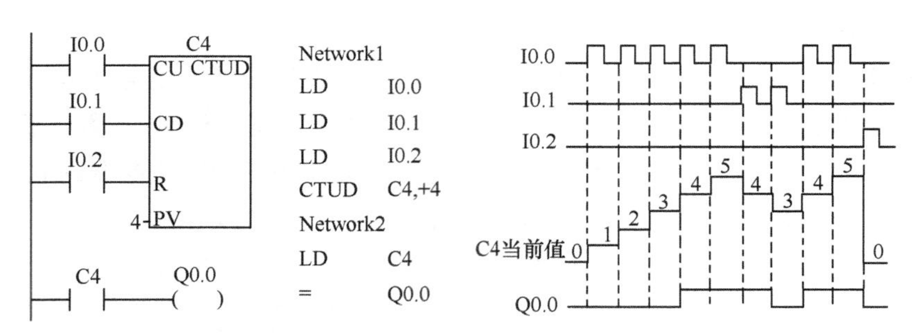

图 2-22 加/减计数器工作原理及应用程序

任务 3 基本指令的编程与实现

任务描述

本任务是通过与、或、非、与非、或非、定时器指令、计数器指令等基本指令的编程练习，熟悉 PLC 的硬件结构，能进行 PLC 与计算机的通信连接，能进行 PLC 编程软件的安装，利用编程软件编写与、或、非、与非、或非、定时器、计数器相关指令，实现所要求的控制目标。通过本任务的实施，在熟悉 PLC 硬件结构和软件环境的同时，对于 S7-200 系列 PLC 的基本位操作指令和定时器、计数器的工作原理及应用具有更加深刻的理解。

相关知识

本任务以基本指令的编程为例，进行 PLC 编程软件的基本操作、通信的建立、程序的下载、运行和监控，最终实现控制要求。

任务实施

1. 任务实施所需的实训设备

(1) 西门子 S7-200 系列 PLC 控制台一套。

(2) 安装了 SIEP7-Micro/WIN_V4.0 编程软件的计算机一台。

(3) PC/PPI 编程电缆一根。

(4) 导线若干。

2. 实训步骤及要求

(1) 利用编程电缆将 PLC 与计算机进行连接。

(2) 进行程序的编写、编辑和编译。

(3) 完成通信建立并进行程序的上传和下载。

(4) 进行 PLC 的外部接线。

(5) 上机调试,运行程序,并进行程序状态的监控。

参考梯形图

参考梯形图如图 2-23 所示。

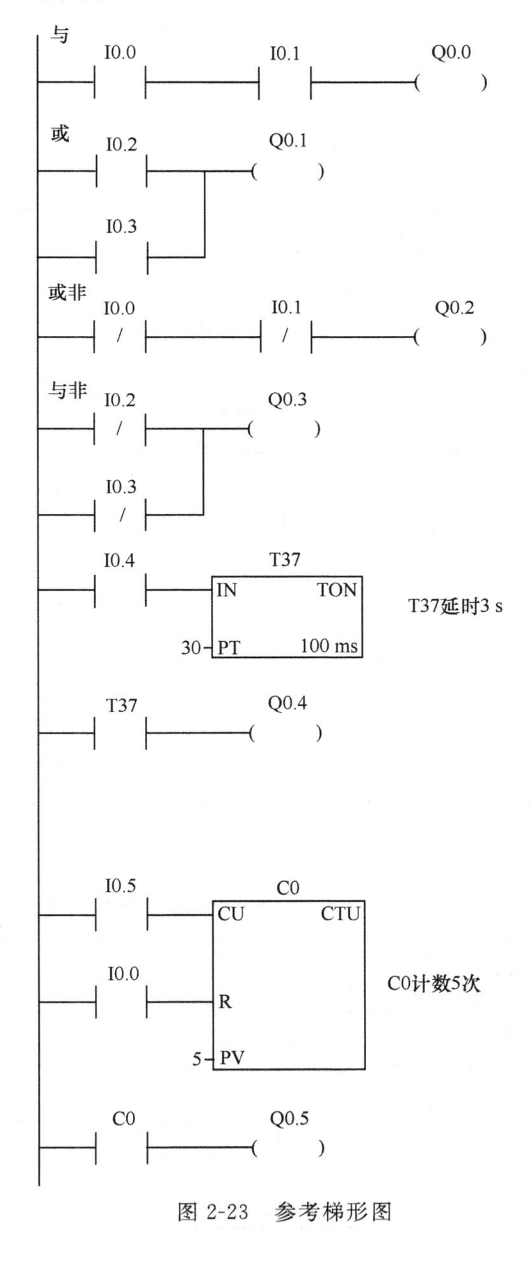

图 2-23　参考梯形图

任务名称：基本指令的编程与实现				
实训台号	班级	学号	姓名	日期

一、任务分析

1. 熟悉 PLC 实验装置及实验挂箱，S7-200 系列可编程控制器的外部接线方法。
2. 了解编程软件 STEP7 的编程环境，软件的使用方法。
3. 掌握与、或、非逻辑功能的编程方法。
4. 掌握定时器、计数器的逻辑功能与编程方法。

二、控制要求

1. 实现逻辑与、或、或非、与非、非的功能。
2. 实现定时器和计数器的功能。

三、基本指令系统控制程序的编制

1. 输入/输出(I/O)地址分配。

名称	输入点编号	名称	输出点编号

2. 根据控制要求画出梯形图(可另附纸，后同)。

3. 根据控制要求写出指令语句表。

四、安装与调试

五、实训成绩

序号	评价指标	评价内容	分值	学生自评	小组评价	教师评价
1	调试	检查电路接线是否正确	10			
		检查梯形图是否正确	30			
		通电后正确、试验成功	20			
2	安全规范与提问	是否符合安全操作规范	10			
		回答问题是否准确	10			
3	实训任务单	书写正确、工整	20			
总分			100			
问题记录和解决方法			记录任务实施中出现的问题和采取的解决方法(可附页)			

拓展训练

由于 PLC 的定时器和计数器都有一定的定时范围和计数范围，如果需要的设定值超过这个范围，可以通过几个定时器和计数器的串联组合来扩充设定值的范围。定时器扩展梯形图如图 2-24 所示，计数器的扩展方法与定时器类似，不再详述。

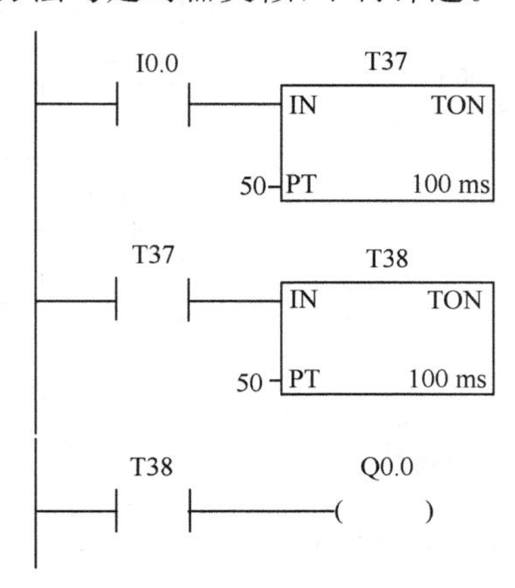

图 2-24　定时器扩展梯形图

项目小结

本项目主要介绍了 S7-200 系列 PLC 的基本指令的格式、功能、原理及应用方法。

基本逻辑指令包括位操作、置位/复位、边沿触发指令、定时器、计数器等指令，是梯形图中最常用的指令类型。

定时器指令有 3 种类型：接通延时定时器（TON）、保持型接通延时定时器（TONR）、断开延时定时器（TOF）。定时器分辨率有 1 ms、10 ms、100 ms 三种。

计数器指令有 3 种类型：加计数器（CTU）、减计数器（CTD）、加/减计数器（CTUD），可对输入脉冲进行加/减计数。

本项目在理解 S7-200 系列 PLC 的基本指令的功能、原理与应用的基础上，通过实际操作，实现了基本指令的编程和控制要求。

思考与练习题

2-1　填空。

（1）接通延时定时器（TON）的输入（IN）电路__________时开始定时，当前值大于等于预设值时其定时器位变为__________，其常开触点__________，常闭触点__________。

（2）接通延时定时器（TON）的输入（IN）电路__________时被复位，复位后其常开触点__________，常闭触点__________，当前值等于__________。

（3）若加计数器的计数输入电路（CU）______、复位输入电路（R）______，计数器的当前值加 1。当前值大于等于设定值（PV）时，其常开触点_________，常闭触点________。复位输入电路__________时，计数器被复位，复位后其常开触点__________，常闭触点__________，当前值为__________。

(4) 输出指令(=)不能用于__________过程映像寄存器。

(5) TON T37,+300 延时时间是__________。

2-2 写出图 2-25 所示梯形图的语句表程序。

2-3 写出图 2-26 所示梯形图的语句表程序。

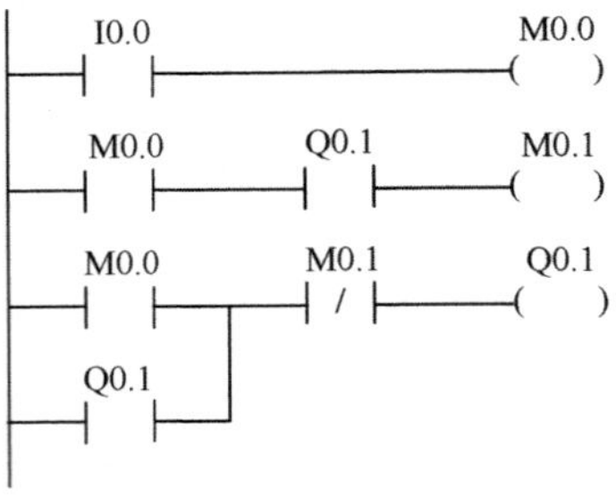

I0.0 M0.0
M0.0 Q0.1 M0.1
M0.0 M0.1 Q0.1
Q0.1

图 2-25 题 2-2 图

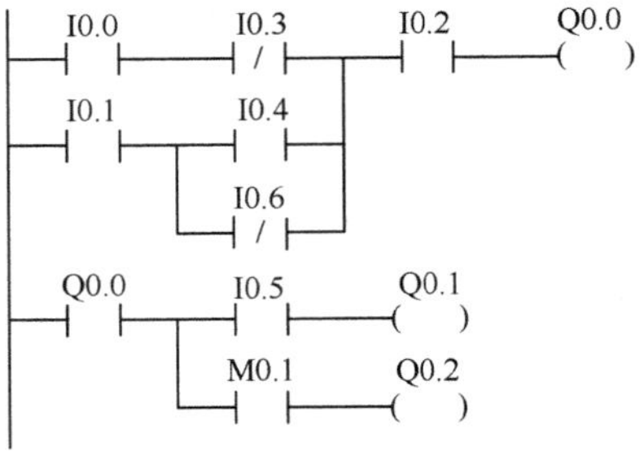

I0.0 I0.3 I0.2 Q0.0
I0.1 I0.4
I0.6
Q0.0 I0.5 Q0.1
M0.1 Q0.2

图 2-26 题 2-3 图

2-4 写出图 2-27 所示梯形图的语句表程序。

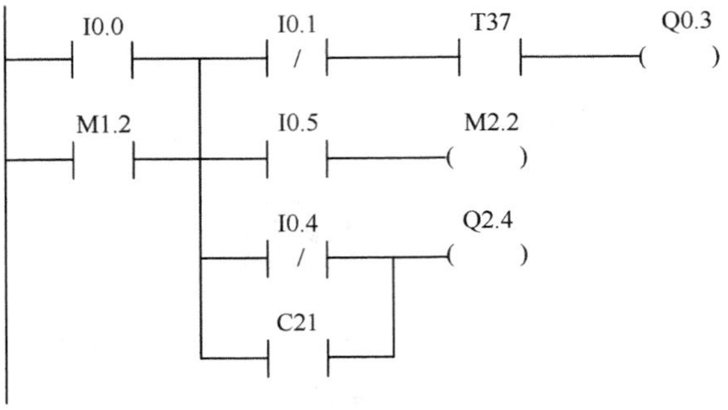

I0.0 I0.1 T37 Q0.3
M1.2 I0.5 M2.2
I0.4 Q2.4
C21

图 2-27 题 2-4 图

2-5 指出图 2-28 中的错误。

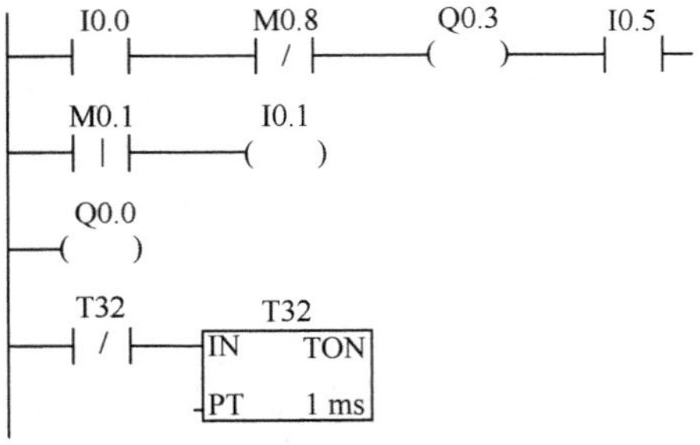

I0.0 M0.8 Q0.3 I0.5
M0.1 I0.1
Q0.0
T32 T32
IN TON
PT 1 ms

图 2-28 题 2-5 图

2-6 根据下列指令表程序,写出梯形图程序。

LD	I0.0	A	I0.5
A	I0.1	=	M3.7
LPS		LPP	
AN	I0.3	AN	I0.4
=	Q0.2	=	Q0.4
LRD			

2-7 根据下列指令表程序，写出梯形图程序。

```
LD   I0.1          =    M0.1
EU                 LD   M0.0
=    M0.0          O    Q0.0
LD   M0.0          AN   M0.1
A    Q0.0          =    Q0.0
```

2-8 使用置位、复位指令，编写两台电动机的控制程序，控制要求如下。

(1) 启动时，电动机 M1 先启动，电动机 M2 方可启动，停止时，电动机 M1、M2 同时停止。

(2) 启动时，电动机 M1、M2 同时启动，停止时，只有在电动机 M2 停止后，电动机 M1 才能停止。

2-9 用接在 I0.0 输入端的光电开关检测传送带上通过的产品，有产品通过时 I0.0 接通，如果在 10 s 内没有产品通过，由 Q0.0 发出报警信号，用 I0.1 输入端外接的开关解除报警信号。画出梯形图，并写出对应的指令表程序。

2-10 在按钮 I0.0 按下后 Q0.0 接通并自保持，如图 2-29 所示。当 I0.1 输入 3 个脉冲后(用 C1 计数)，T37 开始定时，5 s 后 Q0.0 断开，同时 C1 复位，在 PLC 刚开始执行用户程序时，C1 也被复位，试设计梯形图程序。

2-11 画出图 2-30 中 Q0.1 的波形图。

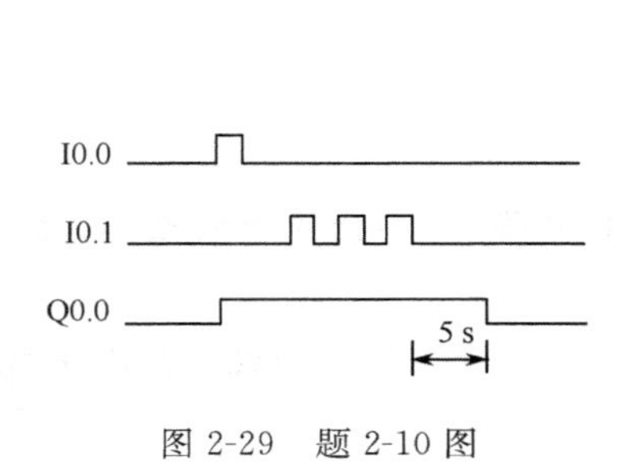

图 2-29 题 2-10 图

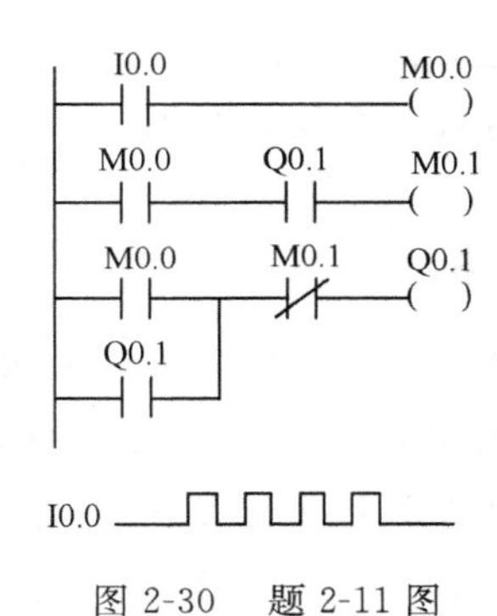

图 2-30 题 2-11 图

项目三 PLC程序设计方法——梯形图经验设计法

项目内容

本项目包括梯形图经验设计法中的基本电路，三相异步电动机Y-△降压启动控制，直流电动机正、反转控制，自动运料小车控制。

知识要点

1. 起保停控制电路，电动机正、反转控制电路，定时器和计数器的应用电路。
2. 三相异步电动机Y-△降压启动控制系统。
3. 直流电动机正、反转控制系统。
4. 自动运料小车控制系统。

学习目标

1. 掌握并能熟练应用一些PLC中常用的控制电路，如起保停控制电路，电动机正、反转控制电路，定时器扩展电路，闪烁电路等。

2. 在掌握基本电路的基础上，利用经验设计法对三相异步电动机Y-△降压启动控制系统进行梯形图的设计，通过实践操作，达到控制目的。

3. 在掌握基本电路的基础上，利用经验设计法对直流电动机正、反转控制系统进行梯形图的设计，通过实践操作，达到控制目的。

4. 在掌握基本电路的基础上，利用经验设计法对自动运料小车控制系统进行梯形图的设计，通过实践操作，达到控制目的。

经验设计法是沿用传统继电器-接触器控制系统电气原理图的设计方法来设计比较简单的数字量控制系统梯形图的一种设计方法。这种方法是在一些典型电路的基础上，根据被控对象对控制系统的具体要求，通过不断地修改和完善梯形图，以达到最终的控制要求。有时需要多次反复调试和修改梯形图，增加很多辅助触点和中间编程元件，最后才能得到一个较为满意的结果。

经验设计法没有普遍的规律可以遵循，具有很大的试探性和随意性，同一个控制要求对应的设计方法也不是唯一的，设计所用的时间和质量与设计者的经验有很大的关系，对同一个控制要求而言，经验丰富的工程师编写的程序可能更加简单易懂，因此这种方法称之为经验设计法。

本项目通过对一些基本电路的学习后，能够在此基础上，利用经验设计法对一些简单数字量控制系统（如三相异步电动机Y-△降压启动控制系统、直流电动机正、反转控制系统、运料小车控制系统）进行设计，通过实践操作，达到控制目标。

任务1　梯形图经验设计法中的基本电路

任务描述

梯形图经验设计法中的基本电路有启保停电路、电动机正反转电路以及定时器和计数器等一些常用电路，经验设计法就是在这些基本电路的基础上，根据被控对象对控制系统的具体要求，通过不断地修改和完善梯形图，最终达到控制目标。

相关知识

一、启动、保持、停止控制电路

启动、保持、停止电路（简称起保停电路）是具有记忆功能的电路，在梯形图的应用中范围广泛，是经验设计法中经常采用的控制电路，如图 3-1(a)所示。控制要求为：按下启动按钮 I0.0，线圈 Q0.0 通电并保持，直到按下停止按钮 I0.1，线圈才断电。

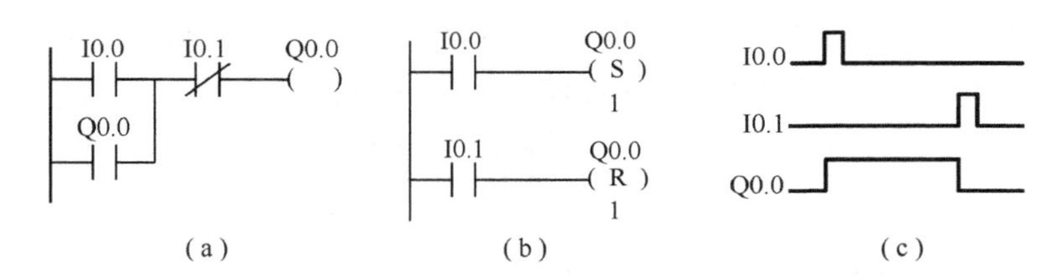

图 3-1　起保停控制电路

按下启动按钮 I0.0，其常开触点接通，如果这时未按停止按钮 I0.1，I0.1 的常闭触点接通，线圈 Q0.0 通电，同时它的常开触点接通。放开启动按钮 I0.0，它的常开触点断开，能流经 Q0.0 的常开触点和 I0.1 的常闭触点流过线圈 Q0.0，线圈仍然保持接通，这就是所谓的自保或自保持功能。即只要按下启动按钮 I0.0 而没有按下停止按钮 I0.1，线圈 Q0.0 就将通电并保持。按下停止按钮 I0.1，其常闭触点断开，线圈 Q0.0 断电，其常开触点断开，以后即使放开停止按钮 I0.1，它的常闭触点恢复接通状态，但是启动按钮 I0.0 和线圈 Q0.0 的常开触点都处于断开状态，线圈 Q0.0 仍然为断电状态。利用置位指令 S 和复位指令 R 也可以实现起保停控制电路所实现的记忆功能，其梯形图如图 3-1(b)所示，二者的波形图是相同的，如图 3-1(c)所示。

在实际电路中，启动信号和停止信号可能是由多个触点组成的串、并联电路所提供。

下面利用经验设计法，设计一个控制电路，使其既能实现连续控制，又能实现点动控制。

点动控制也是生产控制过程中的一种常用控制，即按下按钮 I0.2 后，线圈 Q0.0 通电，放开按钮 I0.2 后，线圈 Q0.0 断电，如图 3-2 所示。

直接将起保停控制电路和点动控制电路并联就可以得到既实现点动控制又实现连续控制电路的梯形图，如图 3-3(a)所示。按下连续启动按钮 I0.0，线圈 Q0.0 通电并自保，系统进入连续控制阶段，直到按下停止按钮 I0.1，线圈 Q0.0 断电，控制结束。按下点动按钮 I0.2，线圈 Q0.0 通电，放开 I0.2，线圈 Q0.0 断电，此时为点动控制阶段。

图 3-2 点动控制电路

那么，系统在连续控制时能否自动转换为点动控制？

当系统在连续控制时，线圈 Q0.0 接通并保持，如果按下点动按钮 I0.2，其常开触点接通，线圈 Q0.0 接通。放开点动按钮 I0.2，其常开触点断开，图 3-3(a)中第二条网络断开，但是第一条网络因为自保的电路作用线圈 Q0.0 依然保持并接通。可见，这种控制方法无法实现系统由连续控制进入点动控制。

将图 3-3(a)经过修改和完善后如图 3-3(b)所示，在此图中，添加了中间存储器 M0.0。当按下连续启动按钮 I0.0，中间存储器 M0.0 通电并保持，其常开触点也将接通并保持，对应的线圈 Q0.0 将通电并保持，系统进入连续控制阶段，直到按下停止按钮 I0.1，中间存储器 M0.0 断电，其常开触点断开，线圈 Q0.0 断电，控制结束。按下点动按钮 I0.2，其常开触点接通，线圈 Q0.0 通电，放开 I0.2，其常开触点断开，线圈 Q0.0 断电，此时为点动控制阶段。当系统在连续控制时，如果按下点动控制按钮 I0.2，I0.2 的常闭触点断开，中间存储器 M0.0 断电，同时 I0.2 的常开触点闭合，线圈 Q0.0 通电；当放开点动控制按钮 I0.2 时，I0.2 的常开触点断开，中间存储器 M0.0 因为在 I0.2 按下时就已经断电，M0.0 的常开触点也是断开状态，此时线圈 Q0.0 断电。可见，此时系统能够由连续控制自动进入点动控制。

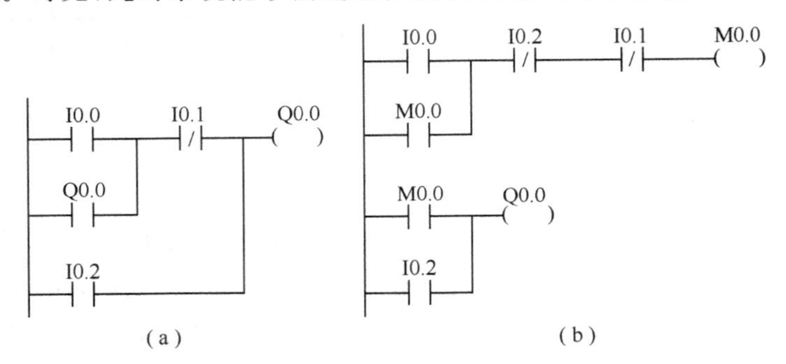

图 3-3 既能点动控制又能连续控制的电路梯形图

由以上介绍可知，用经验设计法设计是在一些基本电路的基础上，经过修改和完善梯形图，并通常添加一些中间编程元件和触点，以实现所要求的控制目标。

二、电动机正反转控制电路

图 3-4(a)为电动机正反转控制电路的外部硬件接线图。图中 SB1 为正转启动按钮，SB2 为反转启动按钮，SB3 为停止按钮，KM1 为正转接触器，KM2 为反转接触器。实现电动机正反转功能的梯形图如图 3-4(b)所示。该梯形图是由两个启动、保持、停止的梯形图，再加上二者之间的互锁触点构成。

按下正转启动按钮 I0.0，其常开触点接通，如果这时未按反转开始按钮 I0.1 和停止按钮 I0.2，I0.1、I0.2 的常闭触点接通，正转时，线圈没有反转，线圈 Q0.1 断电，Q0.1 的常闭触点

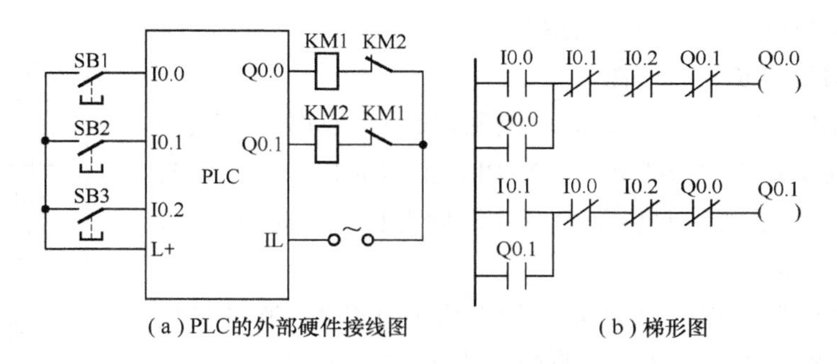

(a) PLC的外部硬件接线图　　(b) 梯形图

图 3-4　电动机正反转控制电路

接通，此时线圈 Q0.0 通电，同时它的常开触点接通，自保电路接通。放开正转启动按钮 I0.0，它的常开触点断开，能流经 Q0.0 的常开触点和 I0.1、I0.2、Q0.1 的常闭触点流过线圈 Q0.0，线圈仍然保持接通，直到按下反转启动按钮 I0.1 或停止按钮 I0.2，其对应的常闭触点断开，线圈 Q0.0 断电，其常开触点同时断开，自保电路断开，电动机停止正转。电动机的反转过程与正转过程类似，不再赘述。

说明：图 3-4 虽然在梯形图中已经有了内部软继电器的互锁触点（Q0.0 与 Q0.1），但在外部硬件输出电路中还必须使用 KM1、KM2 的常闭触点进行互锁。这是因为 PLC 内部软继电器互锁只相差一个扫描周期，而外部硬件接触器触点的断开时间往往大于扫描周期，来不及响应。例如 Q0.0 虽然断开，可能 KM1 的触点还未断开，在没有外部硬件互锁的情况下，KM2 的触点可能接通，引起主电路短路，因此必须采用软硬件的双重互锁。

三、定时器和计数器的应用电路

1. 用定时器设计延时接通/延时断开电路

当按下按钮 I0.0 后，线圈 Q0.1 延时 9 s 通电并保持，当放开按钮 I0.0 后，线圈 Q0.1 延时 7 s 断电。控制要求如图 3-5(a)所示，其梯形图如图 3-5(b)所示。

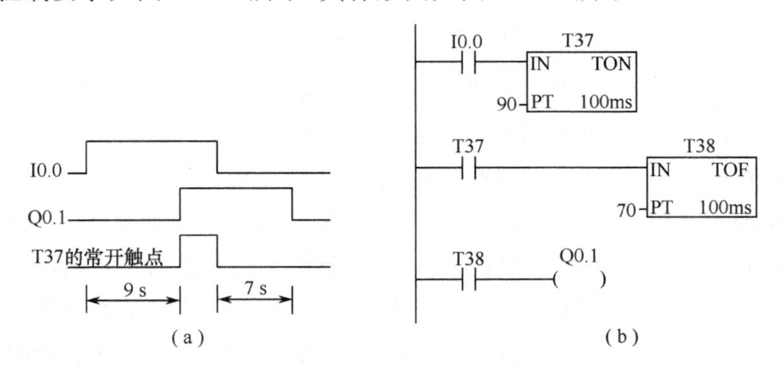

(a)　　(b)

图 3-5　延时接通/延时断开电路

当 I0.0 的常开触点闭合时（I0.0 的状态由 0 变为 1），接通延时定时器 T37 开始定时，9 s 后 T37 的常开触点闭合，使断开延时定时器 T38 的线圈通电，T38 的常开触点闭合，使 Q0.1 的线圈通电（Q0.1 为 1 状态）。当 I0.0 触点断开时（I0.0 的状态由 1 变为 0），T37 线圈断电，T37 常开触点断开，断开延时定时器 T38 开始定时，7 s 后 T38 的定时时间到，其常开触点断开，使 Q0.1 线圈断电（Q0.1 为 0 状态）。

2. 用计数器设计长延时电路

在生产控制中，经常需要长时间的控制，如一个小时、一天、一个月、一年的控制，等等，而 S7-200 系列 PLC 的定时器最长的定时时间为 3 276.7 s，本任务的目标是为系统提供更长的定时时间，其梯形图如图 3-6 所示。

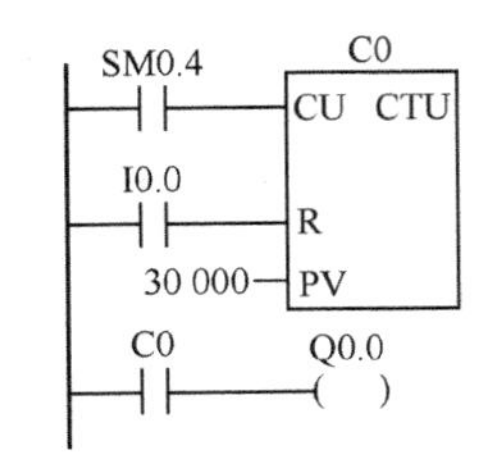

图 3-6 计数器和 SM0.4 组成的长延时电路

图中特殊存储器位 SM0.4 的常开触点为加计数器 C0 提供周期为 1 min 的时钟脉冲。当计数器复位输入 I0.0 断开，C0 开始计数延时，图中延时时间为 30 000 min。设 C0 的设定值为 K_C，此系统延时时间(min)为：

$$T=K_C \tag{3-1}$$

3. 用定时器与计数器的组合设计长延时电路

用定时器与计数器的组合为系统提供更长的定时时间，其梯形图如图 3-7 所示。

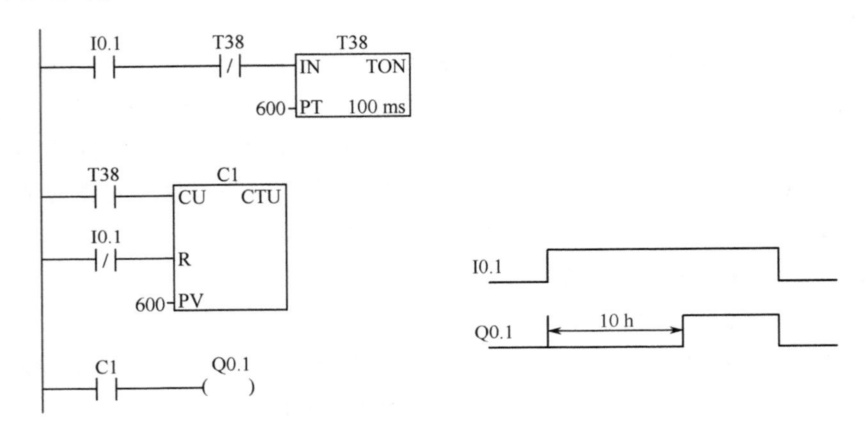

图 3-7 定时器与计数器组合的长延时电路

当 I0.1 为断开状态时（I0.1 的状态为 0），100 ms 定时器 T38 和加计数器 C1 处于复位状态，不能工作。当 I0.1 为接通状态时（I0.1 的状态为 1），其常开触点接通，T38 开始定时，当当前值等于设定值 60 s 时，T38 的定时时间到，T38 的常开触点闭合，使计数器当前值加 1，同时 T38 的常闭触点断开，使它自己复位，复位后 T38 的当前值变为 0，它的常闭触点再次接通，使 T38 的线圈重新通电，又开始定时。T38 一直这样周而复始的工作，直到 I0.1 再次断开（I0.1 的状态为 0）。由此可知，梯形图的网络 1 是一个脉冲信号发生器电路，脉冲周期等于 T38 的设定值（60 s）。这种定时器自复位的电路只能用于 100 ms 的定时器，如果需要用 1 ms 或 10 ms 的定时器来产生周期性的脉冲，应使用如图 3-8 所示的梯形图。

图 3-7 中 T38 产生的脉冲送给 C1 计数，计满 600 个数（即 10 h）后，C1 的当前值等于设定值，C1 的常开触点闭合，Q0.1 有输出。设 T38 和 C1 的设定值分别为 K_T 和 K_C，对于 100 ms 的定时器，总的定时时间(s)为：

$$T=0.1K_TK_C \tag{3-2}$$

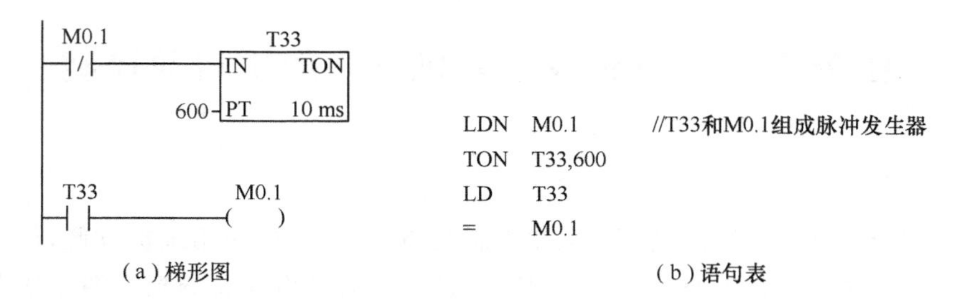

图 3-8 利用分辨率为 1 ms 或 10 ms 定时器构建的周期性脉冲产生电路

4. 用定时器设计输出脉冲的周期和占空比可调的振荡电路(闪烁电路)

当常开触点 I0.0 接通后,线圈 Q0.0 周期性地通电和断电,表现出指示灯的闪烁现象。控制要求如图 3-9(a)所示波形图,其梯形图如图 3-9(b)所示。

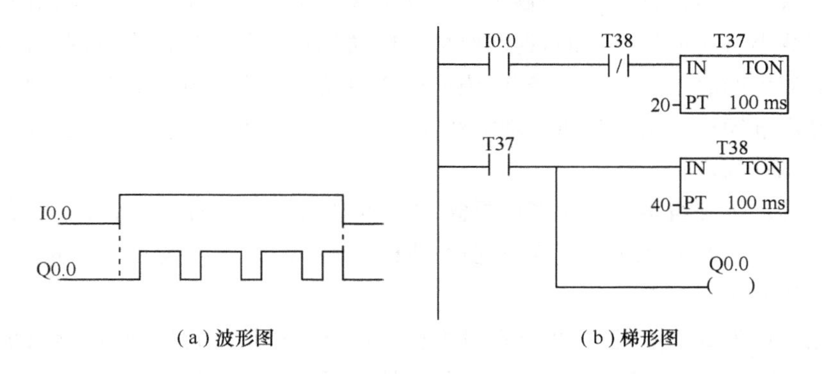

图 3-9 闪烁电路

当 I0.0 的常开触点接通时(I0.0 的状态由 0 变为 1),T37 开始定时,2 s 后定时时间到,T37 的常开触点闭合,线圈 Q0.0 通电(Q0.0 为 1 状态),同时 T38 开始定时。4 s 后 T38 的定时时间到,它的常闭触点断开,T37 输入电路断开而被复位,此时 T37 常开触点断开,线圈 Q0.0 断电(Q0.0 为 0 状态),同时 T38 输入电路断开而被复位。复位后 T38 常闭触点接通,T37 又开始定时。以后线圈 Q0.0 就这样周期性地通电和断电,直到 I0.0 断开(I0.0 的状态由 1 变为 0)。线圈 Q0.0 通电和断电的时间分别等于 T38 和 T37 的设定值。

闪烁电路实际上是一个具有正反馈的振荡电路,T37 和 T38 的输出信号通过它们的触点分别控制对方的线圈,形成了正反馈。

特殊存储器位 SM0.5 的常开触点提供周期为 1 s,占空比为 0.5 s 的脉冲信号,可以用它来驱动需要闪烁的指示灯,如图 3-10 所示。

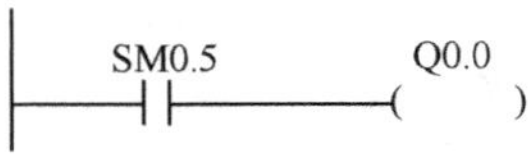

SM0.5 Q0.0

图 3-10 利用特殊存储器位提供的闪烁电路

任务 2　三相异步电动机Y-△降压启动控制

任务描述

对三相交流异步电动机直接启动，虽然控制线路结构简单，使用维护方便，但异步电动机的启动电流很大(约为正常工作电流 4～7 倍)。过大的启动电流将导致电源变压器输出大幅度下降，不仅会减小电动机本身的启动转矩，而且还将影响接在同一电网上的其他用电设备的正常工作，甚至使它们停转或无法启动。因此较大容量的电动机需要采用降压启动，有时为了减小和限制启动时对机械设备的冲击，即使允许直接启动的电动机，也往往采用降压启动。

降压启动是指利用启动设备将电压适当降低后加到电动机的定子绕组上进行启动，待电动机启动运转后，再使其电压恢复到额定值正常运转。由于电流随电压的降低而减小，所以降压启动达到了减小启动电流的目的，但同时由于电动机转矩与电压的平方成正比，所以降压启动也将导致电动机的启动转矩大为降低，因此降压启动需要在空载或轻载下进行。

鼠笼式异步电动机常用的降压启动方法主要有：定子串电阻(电抗)降压启动、自耦变压器降压启动、Y-△降压启动等。

正常运行时定子绕组接成三角形的鼠笼式异步电动机，可采用Y-△的降压启动来达到限制启动电流的目的。Y 系列的鼠笼型异步电动机 4.0 kW 以上者均可为三角形连接，都可以采用Y-△启动的方法。

本任务是利用 PLC 对三相异步电动机进行Y-△降压启动进行控制，梯形图采用经验设计法进行设计，系统的面板如图 3-11 所示。在该控制系统中，共有 3 个输入信号(I0.0、I0.1、I0.2)，2 个输出信号(Q0.1、Q0.2、Q0.3)。接触器 KM1 的主触点(Q0.1)控制电动机的电源，

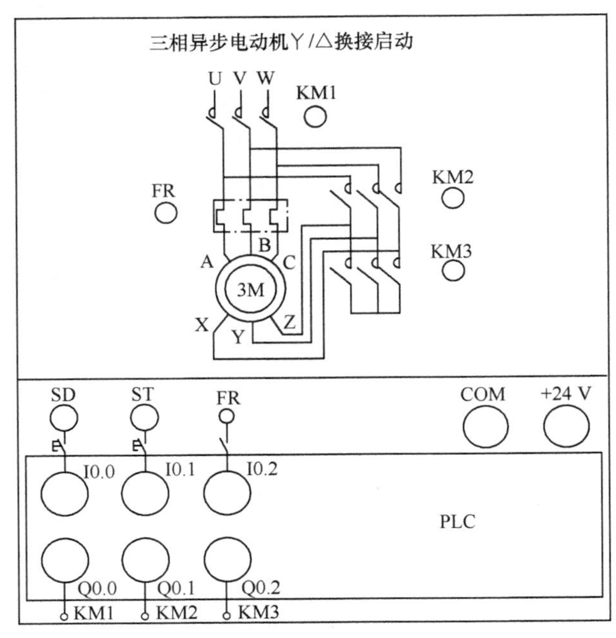

图 3-11　三相异步电动机Y-△降压启动控制系统面板

接触器 KM3(Q0.3)用做星形连接,KM2(Q0.2)用做三角形连接,热继电器 FR(I0.2)用做过载保护,按钮 SD(I0.0)用做启动控制,按钮 ST(I0.1)用做停止控制。

任务解析

启动时,定子绕组首先接成星形降压启动,待转速上升到接近额定转速时,将定子绕组的接线由星形换接成三角形,电动机便进入全电压正常运行状态。

本任务研究的是利用定时器自动切换三相异步电动机Y-△降压启动控制电路。控制过程如下:按下启动按钮 SD(I0.0)→线圈 KM1(Q0.1)、线圈 KM3(Q0.3)得电→KM1 主触点、KM3 主触点闭合→电动机 M 接成星形降压启动→同时定时器 T37 开始定时→当电动机 M 转速上升到一定值时,定时器 T37 定时结束(6 s)→线圈 KM1(Q0.1)、线圈 KM2(Q0.2)得电→KM1 主触点、KM2 主触点闭合→电动机 M 接成三角形全压运转。停止时按下停止按钮 ST(I0.1)即可。当电路过载时,热继电器 FR(I0.2)发生动作,电路停止工作。

相关知识

一、常用的低压控制电器

1. 按钮

按钮是用人力操作,具有储能(弹簧)复位的主令电器。它的结构虽然简单,却是应用很广泛的一种电器,主要用于远距离操作接触器、继电器等电磁装置,以切换自动控制电路。

按钮的一般结构示意图及图形、文字符号如图 3-12 所示。操作时,当按钮帽的动触点向下运动时,先与常闭静触点分开,再与常开静触点闭合;当操作人员将手指放开后,在复位弹簧的作用下,动触点向上运动,恢复初始位置。在复位的过程中,先是常开触点断开,然后是常闭触点闭合。

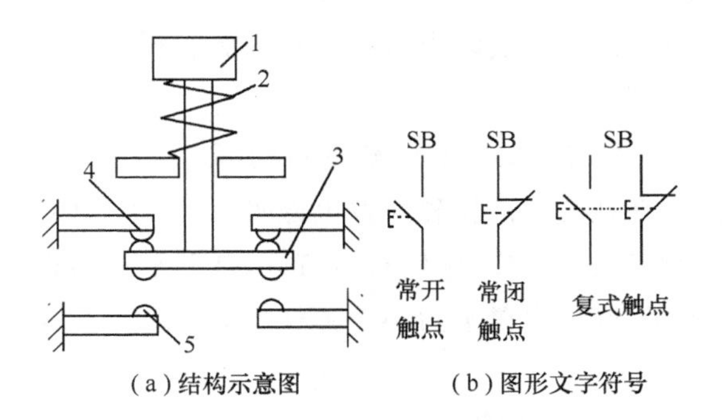

图 3-12 按钮结构示意图及图形、文字符号

1—按钮帽;2—复位弹簧;3—动触点;4—常闭静触点;5—常开静触点。

2. 接触器

接触器是一种应用广泛的开关电器。它主要用于频繁接通或断开交、直流主电路和大容量的控制电路,可远距离操作,配合继电器可以实现定时操作,联锁控制及各种定量控制和失压及欠压保护。接触器广泛应用于自动控制电路,其主要控制对象是电动机,也可用于控制其他电力负载，如电热器、照明、电焊机、电容器组等。接触器按流过其主触点的电流的性质分为交流接触器和直流接触器两类。

（1）交流接触器的结构及工作原理

交流接触器是用于远距离控制电压为 380 V、电流为 600 A 的交流电路，以及频繁启动和控制交流电动机的控制电器。它主要由电磁机构、触点系统、灭弧装置（图中未画出）等部分组成。交流接触器的结构如图 3-13(a)所示，电气符号如图 3-13(b)所示。

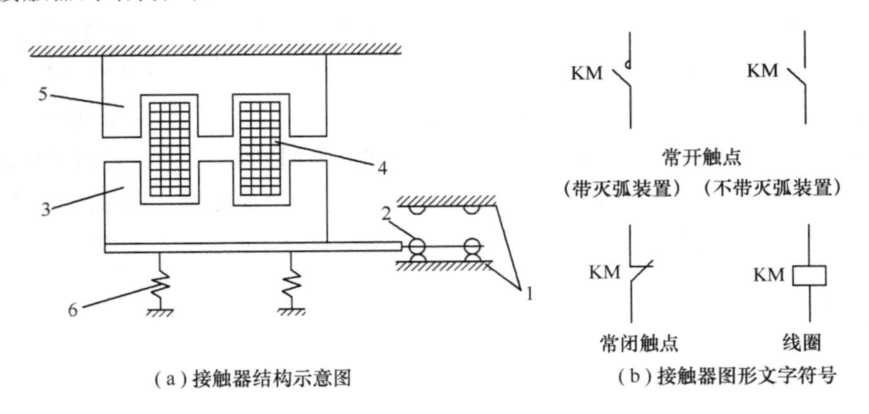

(a)接触器结构示意图　　(b)接触器图形文字符号

图 3-13　接触器的结构示意图和图形文字符号

1—静触点；2—动触点；3—衔铁；4—线圈；5—铁芯；6—弹簧。

① 电磁机构：电磁系统包括电磁线圈、铁心和衔铁，是接触器的重要组成部分，依靠它带动触点实现闭合与断开。

② 触点系统：触点是接触器的执行部分，包括主触点和辅助触点。主触点的作用是接通和分断主回路，控制较大的电流，而辅助触点接在控制回路中，以满足各种控制方式的要求。

③ 灭弧装置：灭弧装置用来保证触点断开电路时，产生的电弧可靠的熄灭，减少电弧对触点的损伤。为了迅速熄灭断开时的电弧，通常接触器都装有灭弧装置，一般采用半封式纵缝陶土灭弧罩，并配有强磁吹弧回路。

④ 其他部分：有绝缘外壳、弹簧、短路环、传动机构等。

当接触器线圈通电后，在铁心中产生磁通及电磁吸力(图 3-13(a))。此电磁吸力克服弹簧反力使得衔铁吸合，带动触点机构动作，常闭触点打开，常开触点闭合，互锁或接通线路。线圈失电或线圈两端电压显著降低时，电磁吸力小于弹簧反力，使得衔铁释放，触点机构复位，断开线路或解除互锁。

（2）直流接触器的结构及工作原理

直流接触器用于控制直流供电负载和各种直流电动机，额定电压直流 400 V 及以下，额定电流 40～600 A，分为六个电流等级。直流接触器的结构与工作原理基本上与交流接触器相同，即由线圈、铁心、衔铁、触点、灭弧装置组成。所不同的是除触点电流和线圈电压为直流外，其触点大都采用滚动接触的指形触点，辅助触点则采用点接触的桥式触点。铁心由整块钢或铸铁制成，线圈制成长而薄的圆筒形，并且为保证衔铁可靠地释放，常在铁心与衔铁之间垫有非磁性垫片。

由于直流电弧不像交流电弧有自然过零点，所以更难熄灭，因此直流接触器常采用磁吹式灭弧装置。

3. 热继电器

热继电器是利用电流热效应原理工作的电器，主要用于三相异步电动机的过载、缺相及三相电流不平衡的保护。

热继电器的形式有多种，其中以双金属片式应用最多。双金属片式热继电器主要由发热元件、主双金属片和触点三部分组成，如图 3-14(a)所示。主双金属片是热继电器的感测元件，由两种膨胀系数不同的金属片辗压而成。当串联在电动机定子绕组中的热元件有电流流过时，热元件产生的热量使双金属片伸长，由于膨胀系数不同，致使双金属片发生弯曲。电动机正常运行时，双金属片的弯曲程度不足以使热继电器动作。但是当电动机过载时，流过热元件的电流增大，加上时间效应，就会加大双金属片的弯曲程度，最终使双金属片推动导板使热继电器的触点动作，切断电动机的控制电路。

热继电器动作后一般不能自动复位，要等双金属片冷却后按下复位按钮才能复位。热继电器动作电流的调节可以借助旋转凸轮于不同位置来实现。

由于热惯性，当电路短路时热继电器不能立即动作使电路断开，因此不能用作短路保护。同理，在电动机启动或短时过载时，热继电器也不会马上动作，这可避免电动机不必要的停车。

热继电器的图形符号如图 3-14(b)所示。

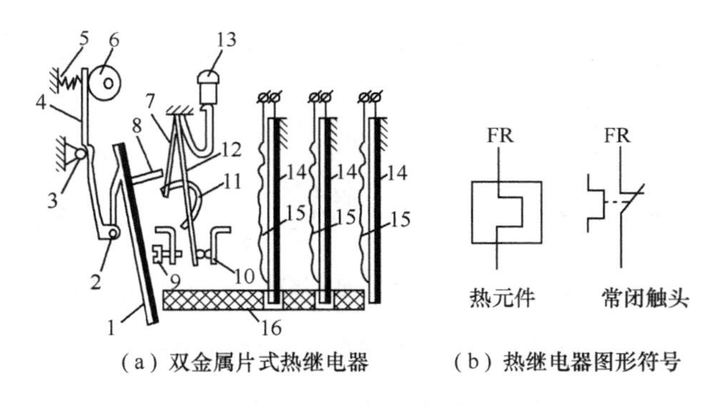

(a) 双金属片式热继电器 (b) 热继电器图形符号

图 3-14 热继电器结构示意图和图形文字符号

1—补偿双金属片；2—销子；3—支承；4—杠杆；5—弹簧；6—凸轮；7，12—片簧；8—推杆；9—调节螺丝；10—触点；11—弓簧；13—复位按钮；14—主双金属片；15—发热元件；16—导板。

4. 时间继电器

在自动控制系统中，有时需要继电器得到信号后不立即动作，而是要顺延一段时间后再动作并输出控制信号，以达到按时间顺序进行控制的目的。时间继电器就能实现这种功能。

时间继电器是在电路中起着控制动作时间的继电器，当它的感测系统接受输入信号以后，需经过一定时间，它的执行系统才会动作并输出信号，进而操作控制电路。时间继电器的种类很多，常用的时间继电器主要有电磁式时间继电器、空气阻尼式时间继电器、晶体管式时间继电器、电动式时间继电器等几种。时间继电器的图形符号及文字符号如图 3-15 所示。

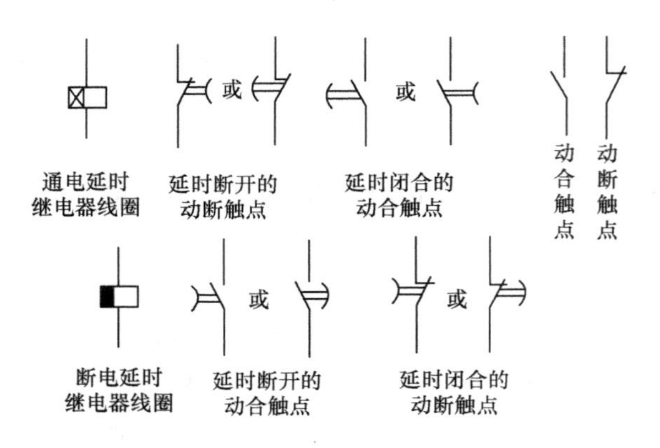

图 3-15 时间继电器的图形符号及文字符号

二、Y-△降压启动控制电路

Y-△降压启动是指电动机启动时，把定子绕组接成星形，以降低启动电压，限制启动电流，待电动机启动后，再把定子绕组改接为三角形，使其全压运行。

Y-△降压启动适用于正常运行时定子绕组为三角形联结的电动机。Y形接法降压启动时，加在每相定子绕组上的启动电压只有三角形接法的$\frac{1}{\sqrt{3}}$，启动电流为三角形接法的$\frac{1}{3}$，启动转矩也只有三角形接法的$\frac{1}{3}$。Y-△降压启动的优点是启动设备简单，成本低，运行比较可靠，维护方便，所以被广为应用，电动机绕组Y-△接线示意图如图 3-16 所示。

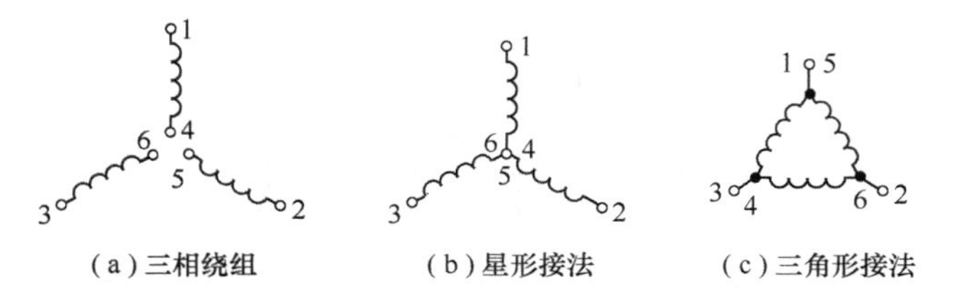

图 3-16 电动机绕组Y-△接线示意图

Y-△降压启动控制线路已经很成熟，并已做成专用的启动设备，如 QX3 系列。启动时，定子绕组首先接成星形，待转速上升到接近额定转速时，再将定子绕组接成三角形，使电动机进入正常运行状态。

图 3-17 为 QX3-13 型Y-△降压启动器的控制电路。该电路使用了 3 个接触器和 1 个时间继电器，可分为主电路和控制电路两部分。主电路中接触器 KMl 和 KM3 的主触点闭合时定子绕组为星形联结(启动)；KM1、KM2 主触点闭合时定子绕组为三角形联结(运行)。控制电路按照时间控制原则实现自动切换。

电路工作过程如图 3-18 所示。

注意控制回路中 KM2、KM3 之间设有互锁，以防止 KM2、KM3 主触点同时闭合造成电动机主电路短路，保证电路的可靠工作。电路还具有短路、过载和零压、欠压等保护功能。

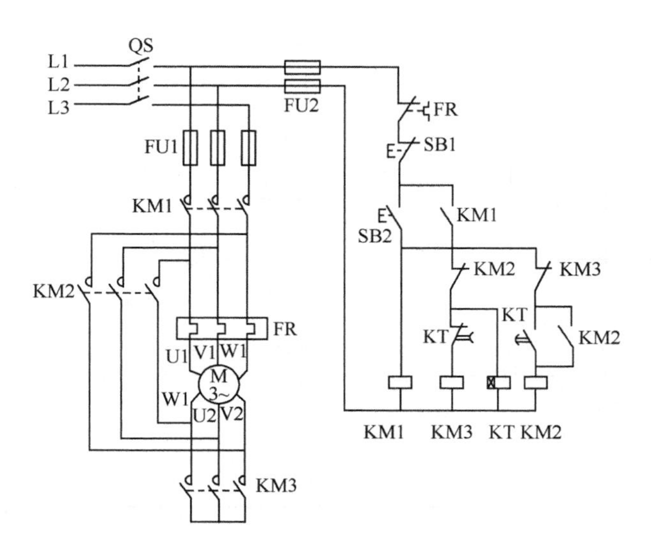

图 3-17　Y-△降压启动控制电路

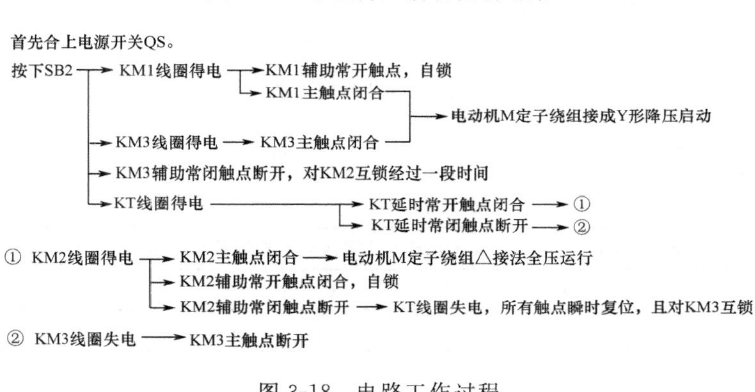

图 3-18　电路工作过程

任务实施

1. 任务实施所需的实训设备

(1) 西门子 S7-200 系列 PLC 控制台一套。

(2) 安装了 SIEP7-Micro/WIN_V4.0 编程软件的计算机一台。

(3) PC/PPI 编程电缆一根。

(4) 导线若干。

2. 实训步骤及要求

(1) 熟悉电气原理图(图 3-18)，分析Y-△降压启动控制电路的控制关系。

(2) 利用经验设计法，根据任务要求编写梯形图程序。

(3) 进行 PLC 的 I/O 地址分配与接线。

(4) 上机调试，运行程序。

参考梯形图

参考梯形图如图 3-19 所示。

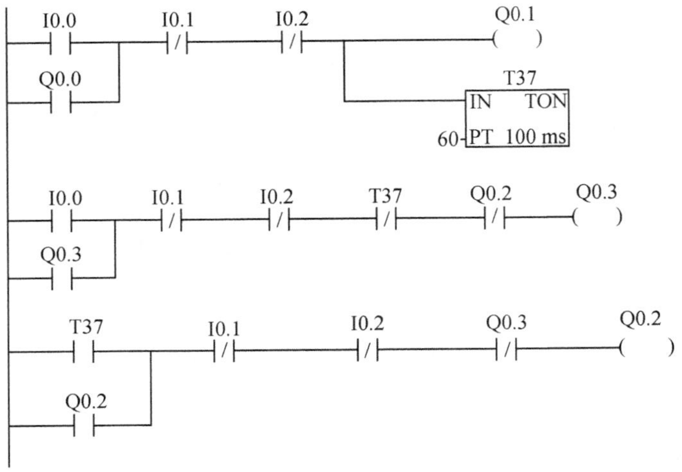

I0.0 I0.1 I0.2 Q0.1
Q0.0
T37
IN TON
60 PT 100 ms
I0.0 I0.1 I0.2 T37 Q0.2 Q0.3
Q0.3
T37 I0.1 I0.2 Q0.3 Q0.2
Q0.2

图 3-19 参考梯形图

实训任务单

任务名称：三相交流异步电动机Y-△降压启动控制系统的编程与实现				
实训台号	班级	学号	姓名	日期

一、任务分析

正常运转时定子绕组为接成三角形联结的三相交流异步电动机，在需要降压启动时，可采用Y-△降压启动的方法进行空载或轻载启动。其方法是启动时先将定子绕组接成星形联结，进行降压启动，当电动机的转速接近额定转速时，再将定子绕组改接成三角形联结，电动机全压运行。由于此方法简便、经济，所以得到普遍应用。本任务主要用 PLC 的定时器指令来实现三相交流异步电动机Y-△降压启动控制。

二、实训目标

1. 学会 PLC 定时器的使用。

2. 某台设备的电动机容量为 5.5 kW，需用 PLC 控制进行Y-△降压启动。参考继电器控制电路的降压启动，对本项目进行设计、安装和调试。

◆ 三相交流异步电动机Y-△降压启动控制电路的控制要求。

1. 能用按钮控制电动机的启动和停止。

2. 电动机启动时定子绕组接成星形联结，延时一段时间(6 s)以后，自动将电动机的定子绕组换接成三角形联结。

3. 具有短路保护和过载保护等必要的保护措施。

续表

◆ 三相交流异步电动机Y-△降压启动控制电路。

三相交流异步电动机Y-△降压启动控制电路如图3-20所示。

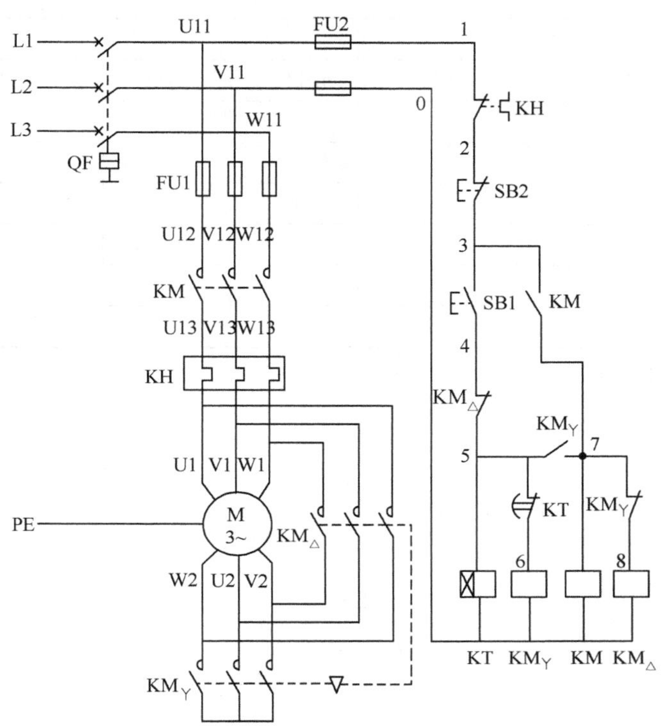

图3-20 三相交流异步电动机Y-△降压启动控制电路

◆ 简述该控制电路的工作原理。

续表

三、三相交流异步电动机Y-△降压启动控制程序的编制

1. 输入/输出(I/O)地址分配。

输　入		输　出		
元件代号	功能	元件代号	功能	输出继电器

2. 输入/输出(I/O)接线图绘制。

3. 根据控制要求编写 PLC 程序。

(1) PLC 编程控制要求分析。

按下启动按钮时,电源控制接触器和星形控制接触器得电吸合,电动机星形启动。延时 6 s 后,星形接触器断开,三角形控制接触器得电吸合,电动机转入正常三角形运行。当按下停止按钮或热继电器触点动作时,电动机停止运转。要再次启动电动机直接按下启动按钮即可。

(2) 根据控制要求绘制梯形图。

四、安装与调试

五、实训成绩

任务评价

序号	评价指标	评 价 内 容	分值	学生自评	小组评价	教师评价
1	调试	检查电路接线是否正确	10			
		检查梯形图是否正确	30			
		通电后正确、试验成功	20			
2	安全规范与提问	是否符合安全操作规范	10			
		回答问题是否准确	10			
3	实训任务单	书写正确、工整	20			
总分			100			
问题记录和解决方法			记录任务实施中出现的问题和采取的解决方法(可附页)			

任务3　直流电动机正、反转控制

任务描述

在实际生产中,许多情况都要求直流电动机既能正转又能反转。在电动机进行正反向的转动换接时,有可能因为电动机容量较大或操作不当等原因造成电动机及所连接设备的损坏,用PLC来控制电动机的启动停止则可避免这一问题。

本任务是利用PLC对直流电动机的正反转进行控制,梯形图采用经验设计法进行设计,系统的面板如图3-21所示。在该控制系统中,共有5个输入信号(I0.0～I0.4),2个输出信号

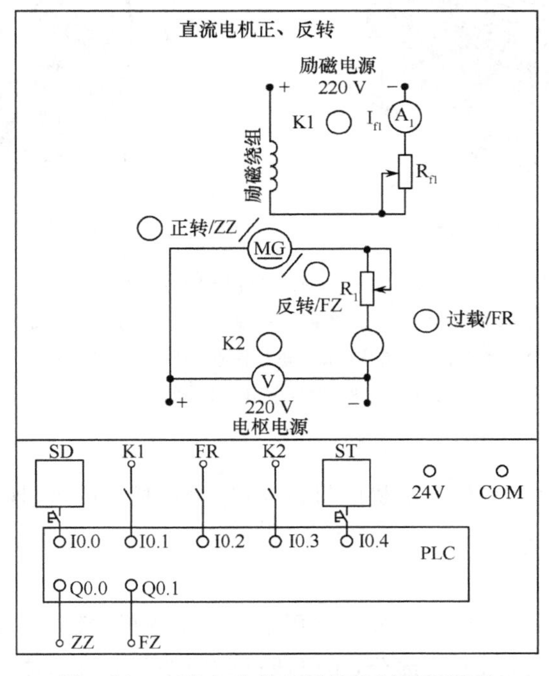

图3-21　直流电动机正反转控制系统面板

(Q0.0、Q0.1)。Q0.0 控制电动机的正转,Q0.1 控制电动机的反转,I0.1 控制励磁电源,I0.3 控制电枢电源,热继电器 FR(I0.2)用做过载保护,按钮 SD(I0.0)用做启动控制,按钮 ST(I0.4)用做停止控制。

任务解析

本任务采用 PLC 软件模拟直流电动机的正反转控制。控制过程如下:合上启动按钮 SD 后,直流电动机先作正向运转(用 ZZ 发光二极管来模拟)。改变励磁电源或电枢电源的极性(分别用纽子开关 K1 和 K2 来模拟),可以使直流电机进行反方向运转(用 FZ 发光二极管来模拟)。电机从正向转到反向运转,需要延时 6 s,以防止因转矩变化过大而损坏电动机。停止时按下停止按钮 ST 即可。当电路过载时,热继电器 FR 发生动作,电路停止工作。

相关知识

一、直流电机的结构

直流电机都由固定不动的定子和旋转的转子两部分组成,这两部分之间的间隙称为气隙。直流电机的结构如图 3-22 所示。下面分别介绍直流电机各部分的构成。

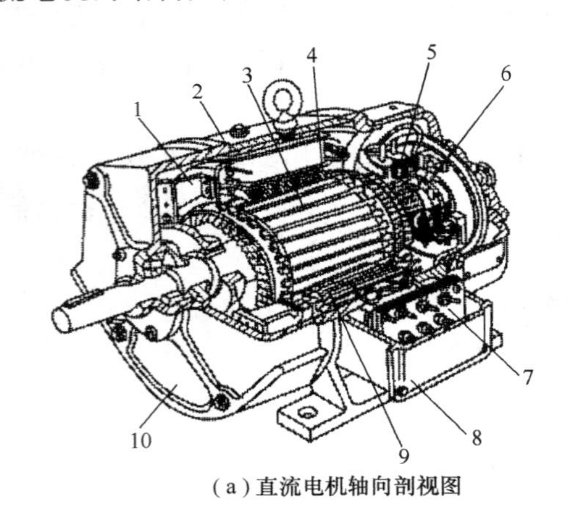

(a)直流电机轴向剖视图

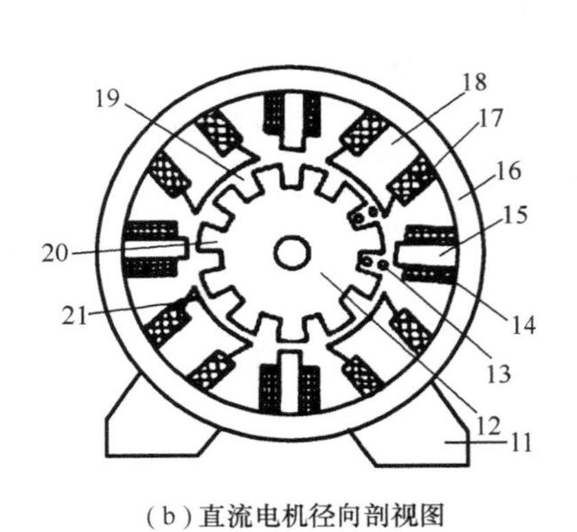

(b)直流电机径向剖视图

图 3-22 直流电机结构示意图

1—风扇;2,16—机座;3—电枢;4—主磁极;5—刷架;6—换向器;7—接线板;8—出线盒;9—换向磁极;10—端盖;11—底脚;12—电枢铁心;13—电枢绕组;14—换向极绕组;15—换向极铁心;17—主极铁心;18—励磁绕组;19—电枢槽;20—电枢齿;21—极靴。

1. 定子

定子的作用是产生磁场和作为电机的机械支撑,它包括主磁极、换向极、机座、端盖、轴承、电刷装置等,如图 3-23 所示。

(1) 机座

机座一般用铸钢或厚钢板焊接而成。它用来固定主磁极、换向极和端盖,借助底脚将电机固定于基础上。机座还是磁路的一部分,用以通过磁通的部分称为磁轭。

(2) 主磁极

主磁极的作用是产生主磁通。它由主磁极铁心和励磁绕组组成，如图3-24所示。主磁极铁心一般由1～1.5 mm厚的钢板冲片叠压紧固而成。励磁绕组由绝缘铜线绕制而成。直流电机中的主磁极总是成对的，相邻主磁极的极性按N极和S极交替排列。改变励磁电流的方向，就可改变主磁极的极性，也就改变了磁场方向。

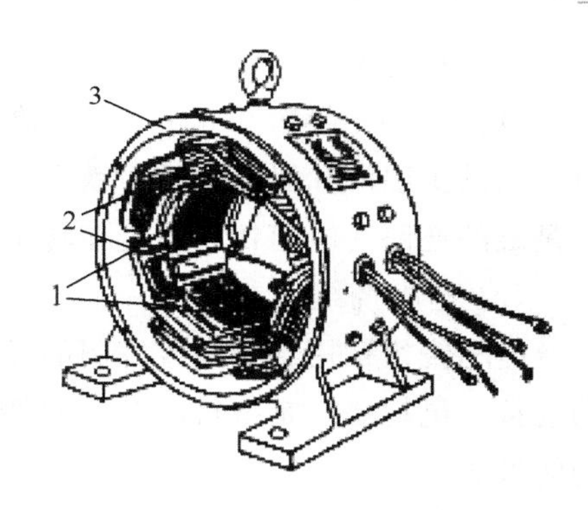

图3-23　直流电机的定子

1—主磁极；2—换向极；3—机座。

(3) 换向极

在两个相邻的主磁极之间的中性面内有一个小磁极，这就是换向器。它的构造与主磁极相似，由铁心和绕组构成。中小容量直流电机的换向极铁心是用整块钢制成的，大容量直流电机和换向要求高的电机，换向极铁心用薄钢片叠成。换向极绕组要与电枢绕组串联，因通过的电流大，导线截面较大，匝数较少。换向极的作用是产生附加磁场，改善电机的换向，减少电刷与换向器之间的火花。

(4) 电刷装置

电刷装置由电刷、刷握、压紧弹簧和刷杆座等组成，如图3-25所示。电刷是用碳——石墨等制成的导电块，电刷装在刷握的刷盒内，用压紧弹簧把它压紧在换向器表面上。压紧弹簧的压力可以调整，保证电刷与换向器表面有良好的滑动接触。刷握固定在刷杆上，刷杆装在刷杆座上，彼此之间都绝缘。刷杆座装在端盖或轴承盖上，位置可以移动，用以调整电刷位置。电刷数一般等于主磁极数，各同极性的电刷经软线汇合在一起，再引到接线盒内的接线板上。电刷的作用是使外电路与电枢绕组接通。

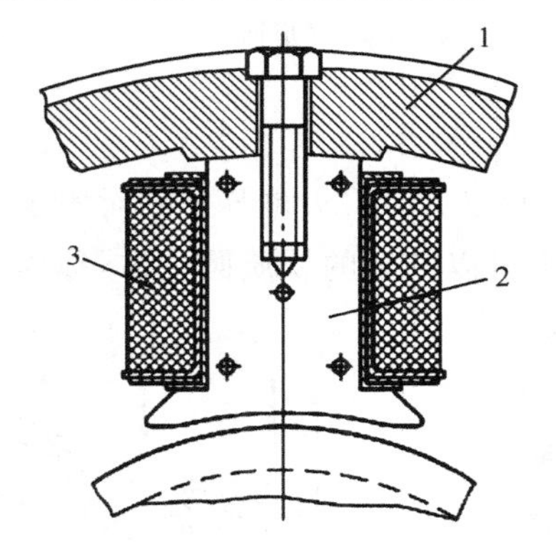

图3-24　直流电机的主磁极

1—机座；2—主极铁心；3—励磁绕组。

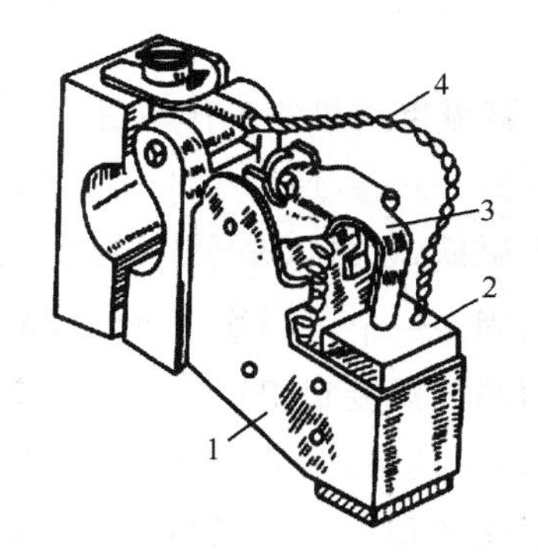

图3-25　直流电机的电刷装置

1—刷盒；2—电刷；3—压紧弹簧；4—铜丝辫。

2. 转子

转子又称电枢，是用来产生感应电动势而实现能量转换的关键部分。它包括电枢铁心、电枢绕组、换向器、转轴、风扇等，结构如图3-26所示。

（1）电枢铁心

电枢铁心一般用 0.5 mm 厚的涂有绝缘层的硅钢片叠装而成，这样铁心在主磁场中运动时可以减少磁滞和涡流损耗。铁心表面有均匀分布的齿和槽，槽中嵌放电枢绕组。电枢铁心又是磁的通路。电枢铁心固定在转子支架或转轴上。

（2）电枢绕组

电枢绕组是用绝缘铜线绕制的线圈按一定规律嵌放到电枢铁心槽中，并与换向器作相应的连接。电枢绕组是电机的核心部件，电机工作时在其中产生感应电势和电磁转矩，实现能量的转换。

（3）换向器

换向器是由许多带有燕尾的楔形铜片组成的一个圆筒，铜片之间用云母片绝缘，用套筒、V 形钢环和螺旋压圈紧固成一个整体。电枢绕组中不同线圈上的两个端头接在一个换向片上。金属套筒式换向器如图 3-27 所示。换向器的作用是与电刷一起，起转换电势和电流的作用。

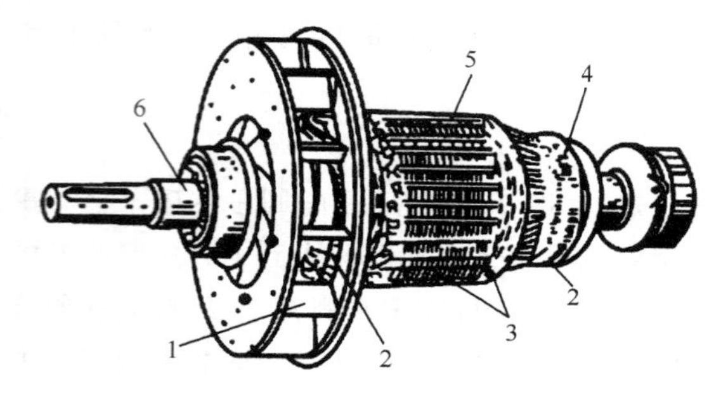

图 3-26　直流电机的电枢

1—风扇；2—电枢绕组；3—镀锌钢丝；4—换向器；5—中枢铁心；6—转轴。

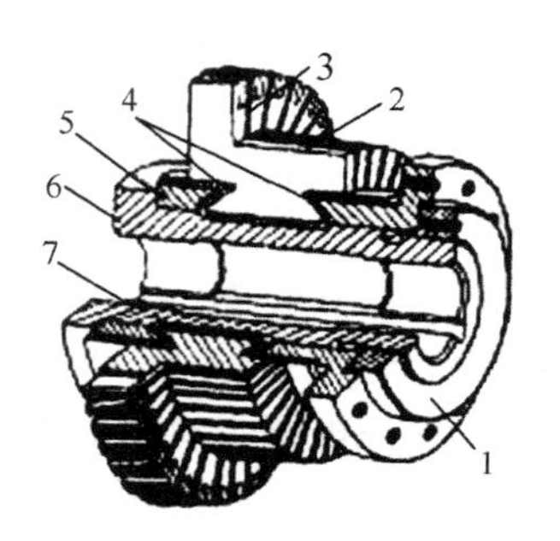

图 3-27　金属套筒式换向器剖面图

1—螺旋压圈；2—换向片；3—云母片；4—V 形云母环；5—V 形钢环；6—铜套；7—绝缘套筒。

二、直流电动机的工作原理

图 3-28 是一台最简单的直流电动机的原理图。图 3-28 中 N 和 S 是一对固定的磁极，它可以是电磁铁，也可以是永久磁铁。磁极之间有一个可以转动的铁质圆柱体，称为电枢铁心。铁心表面固定一个由绝缘导体构成的电枢线圈 $abcd$，线圈的两端分别接到相互绝缘的两个弧形铜片 1 和 2 上，铜片称为换向片，它们的组合体称为换向器。换向器固定在转轴上且与转轴绝缘。在换向器上放置固定不动而与换向片滑动接触的电刷 A 和 B，线圈 $abcd$ 通过换向器和电刷与外电路连接。

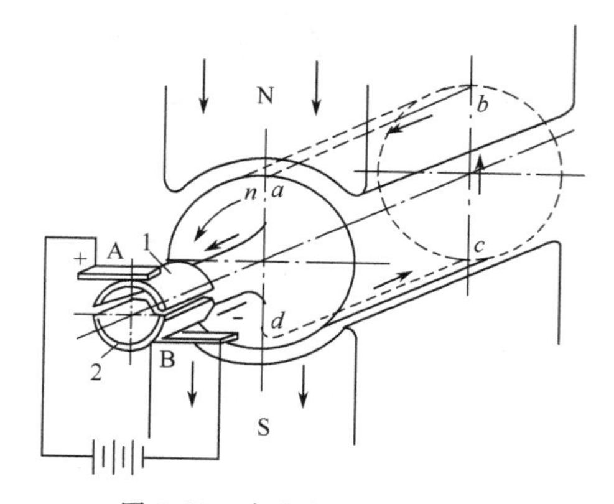

图 3-28　直流电动机原理

直流电动机工作时，如 A 刷接电源正极，则 B 刷接电源负极。电流从 A 刷流入，经线圈 $abcd$，由 B 刷流出。图 3-28 所示之瞬间，在 N 极下的导体 ab 中电流是由 a 到 b；在 S 极下的导体 cd 中电流方向由 c 到

d。根据电磁力定律知道，载流导体在磁场中要受力，其方向可由左手定则判定。导体 ab 受力的方向向左，导体 cd 受力的方向向右。两个电磁力对转轴所形成的电磁转矩为逆时针方向，电磁转矩使电枢逆时针方向旋转。

当线圈转过 180°，换向片转至与 A 刷接触，换向片 1 转至与 B 刷接触。电流由正极经换向片 2 流入，导体 dc 中电流由 d 流向 c，导体 ba 中电流由 b 流向 a，由换向片 1 经 B 刷流回负极。用左手定则判定，电磁转矩仍为逆时针方向，这样可使电动机沿一个方向连续旋转下去。

由此可知，加在直流电动机上的直流电源，通过换向器和电刷，在电枢线圈中流过的电流方向是交变的，而每一极性下的导体中的电流方向始终不变，因而产生单方向的电磁转矩，使电枢向一个方向旋转，这就是直流电动机的基本工作原理。

任务实施

1. 任务实施所需的实训设备

(1) 西门子 S7-200 系列 PLC 控制台一套。

(2) 安装了 SIEP7-Micro/WIN_V4.0 编程软件的计算机一台。

(3) PC/PPI 编程电缆一根。

(4) 导线若干。

2. 实训步骤及要求

(1) 利用经验设计法，根据任务要求编写梯形图程序。

(2) 进行 PLC 的 I/O 地址分配与接线。

(3) 上机调试，运行程序。

参考梯形图

参考梯形图如图 3-29 所示。

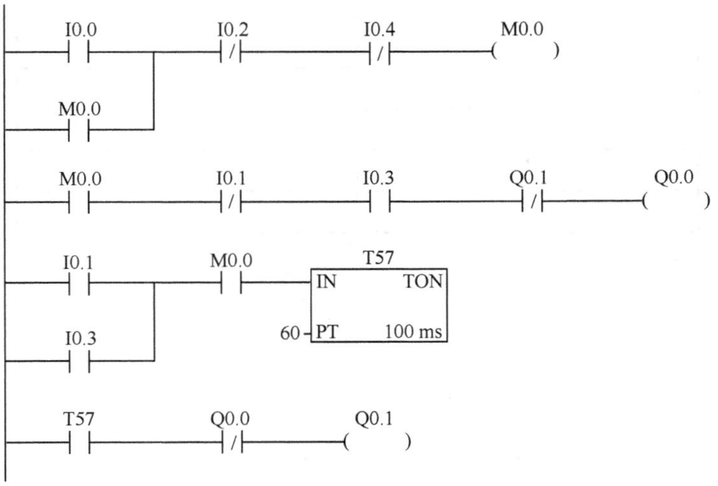

I0.0　I0.2　I0.4　M0.0
M0.0
M0.0　I0.1　I0.3　Q0.1　Q0.0
I0.1　M0.0　T57 IN TON
I0.3　60 PT 100 ms
T57　Q0.0　Q0.1

图 3-29　参考梯形图

任务名称：直流电动机正反转控制系统的编程与实现				
实训台号	班级	学号	姓名	日期

一、任务分析

在实际生产中，许多情况都要求直流电动机既能正转又能反转。其方法是改变励磁电源或电枢电源的极性，从而改变电动机的转向。注意：电动机从正向运转到反向运转，需要延时一段时间（6 s），以防止转矩变化过大而损坏电动机。

控制要求：

1. 能够用按钮控制直流电动机的正、反转启动和停止。
2. 具有短路保护和过载保护等必要的保护措施。

二、任务目标

1. 设计直流电动机的正反转 PLC 控制电路；并要求具有短路保护和过载保护的功能。
2. 安装和调试 PLC 控制电路。

任务流程图如图 3-30 所示。

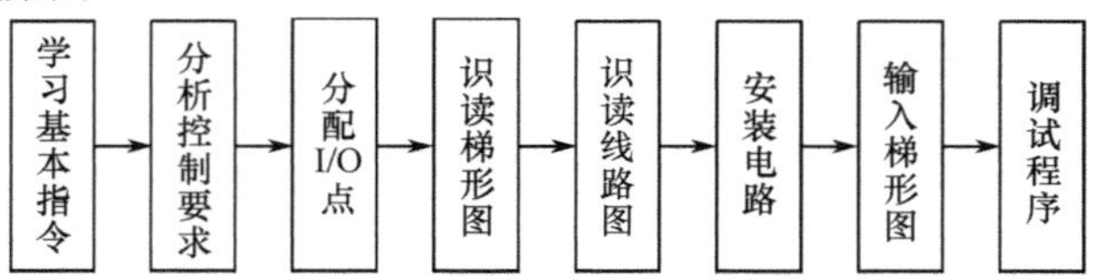

图 3-30　任务流程图

三、直流电动机正反转控制程序的编制

1. 输入/输出（I/O）地址分配。

输　　入		输　　出	
元件代号	功能	元件代号	功能

2. 输入/输出（I/O）接线图绘制。

续表

3. 根据控制要求编写梯形图。

(1) PLC编程控制要求分析：

按下启动按钮时，直流电动机先作正向运转。改变励磁电源或电枢电源的极性，可以使直流电机进行反方向运转。电机从正向转到反向运转，需要延时6 s，以防止因转矩变化过大而损坏电动机。当按下停止按钮或热继电器触点动作时，电动机停止运转。要再次启动电动机直接按下启动按钮即可。

(2) 根据控制要求绘制梯形图。

四、安装与调试

五、实训成绩

任务评价

序号	评价指标	评价内容	分值	学生自评	小组评价	教师评价
1	调试	检查电路接线是否正确	10			
		检查梯形图是否正确	30			
		通电后正确、试验成功	20			
2	安全规范与提问	是否符合安全操作规范	10			
		回答问题是否准确	10			
3	实训任务单	书写正确、工整	20			
总分			100			
问题记录和解决方法			记录任务实施中出现的问题和采取的解决方法(可附页)			

拓展训练

设计一个直流电动机正反转控制系统，控制要求如下：按下启动按钮，电动机正转，之后，只要改变励磁电源或电枢电源的极性，直流电动机将在正转和反转之间进行切换。注意：电动机在正转和反转切换时，需要延时一段时间(6 s)，以防止转矩变化过大而损坏电动机。利用经验设计法编写梯形图，并进行调试运行。

任务 4　自动运料小车控制

任务描述

本任务是利用 PLC 对运料小车进行自动控制，梯形图采用经验设计法进行设计，系统的面板如图 3-31 所示。在该控制系统中，共有 6 个输入信号(I0.0～I0.5)，8 个输出信号(Q0.0～Q0.7)。SQ1(I0.2)、SQ2(I0.3)为运料小车左右终点的行程开关，RX(I0.4)、LX(I0.5)为小车右行和左行开关，SD(I0.0)、ST(I0.1)为小车运料开始按钮和停止按钮。V1(Q0.0)、V2(Q0.1)分别表示小车装料和卸料，R1(Q0.2)、R2(Q0.3)、R3(Q0.4)表示小车依次右行，L1(Q0.5)、L2(Q0.6)、L3(Q0.7)表示小车依次左行。

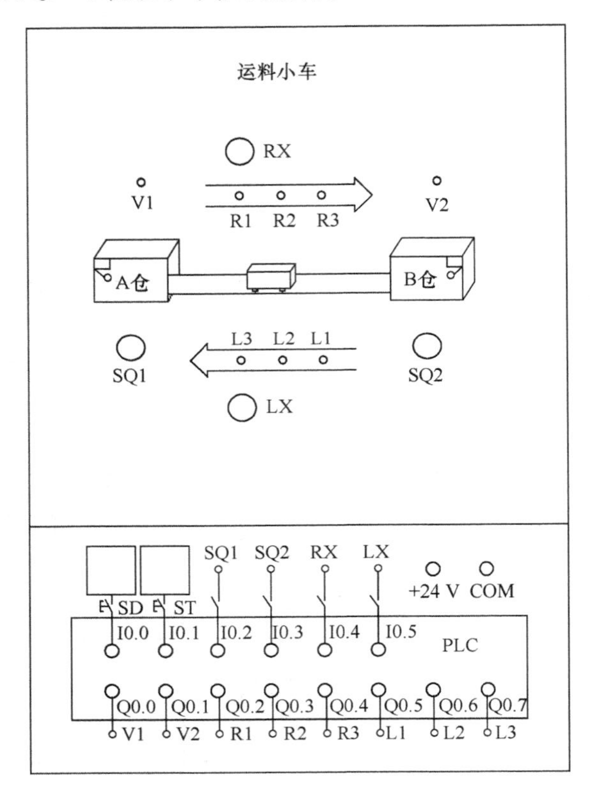

图 3-31　自动运料小车控制系统面板

任务解析

本任务采用 PLC 软件模拟小车的自动运料过程。控制过程如下：合上启动按钮 SD 后，行程开关 SQ1 处于接通状态，小车停在原位(A 仓)，装料指示灯 V1 点亮，开始向小车装料。延时 5 s 后 V1 熄灭，装料完毕。打开右行开关 RX，小车开始右行，R1、R2、R3 顺序点亮。到达 B 仓后，行程开关 SQ2 接通，卸料指示灯 V2 点亮，小车开始卸料。延时 5 s 后 V2 熄灭，卸料完毕。打开左行开关 LX，小车开始左行，L1、L2、L3 顺序点亮。到达 A 仓后，行程开关 SQ1

接通，小车回到原位。按下停止按钮 ST，小车停止运料。小车再次运料时，需按下启动按钮 SD 进行运料。

相关知识

常闭触点输入信号的处理

为了使梯形图和继电器电路图中触点的类型相同，建议尽可能地用常开触点作为 PLC 的输入信号。如果某些信号只能用常闭触点输入，可以按输入全部为常开触点来设计梯形图，这样可以将继电器电路图直接翻译为梯形图。然后将梯形图中外接常闭触点的输入位的触点改为相反的触点，即常开触点改为常闭触点，常闭触点改为常开触点。

任务实施

1. 任务实施所需的实训设备

（1）西门子 S7-200 系列 PLC 控制台一套。

（2）安装了 SIEP7-Micro/WIN_V4.0 编程软件的计算机一台。

（3）PC/PPI 编程电缆一根。

（4）导线若干。

2. 实训步骤及要求

（1）利用经验设计法，根据任务要求编写梯形图程序。

（2）进行 PLC 的 I/O 地址分配与接线。

（3）上机调试，运行程序。

参考梯形图

参考梯形图如图 3-32 所示。

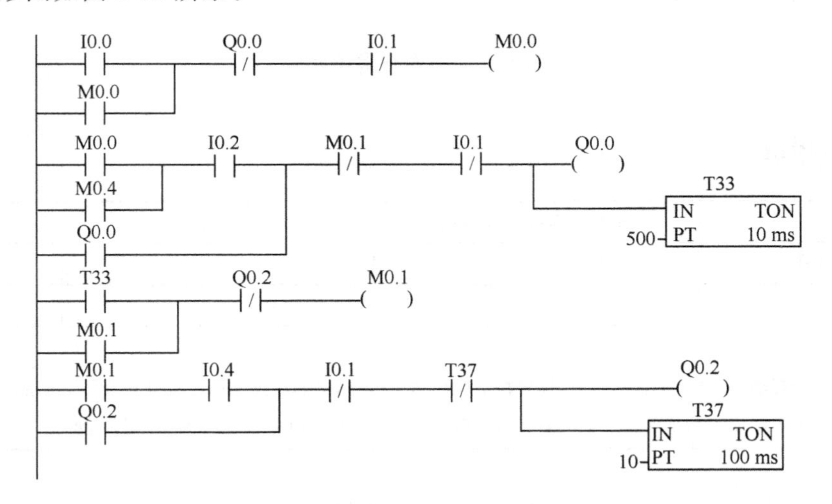

图 3-32　参考梯形图

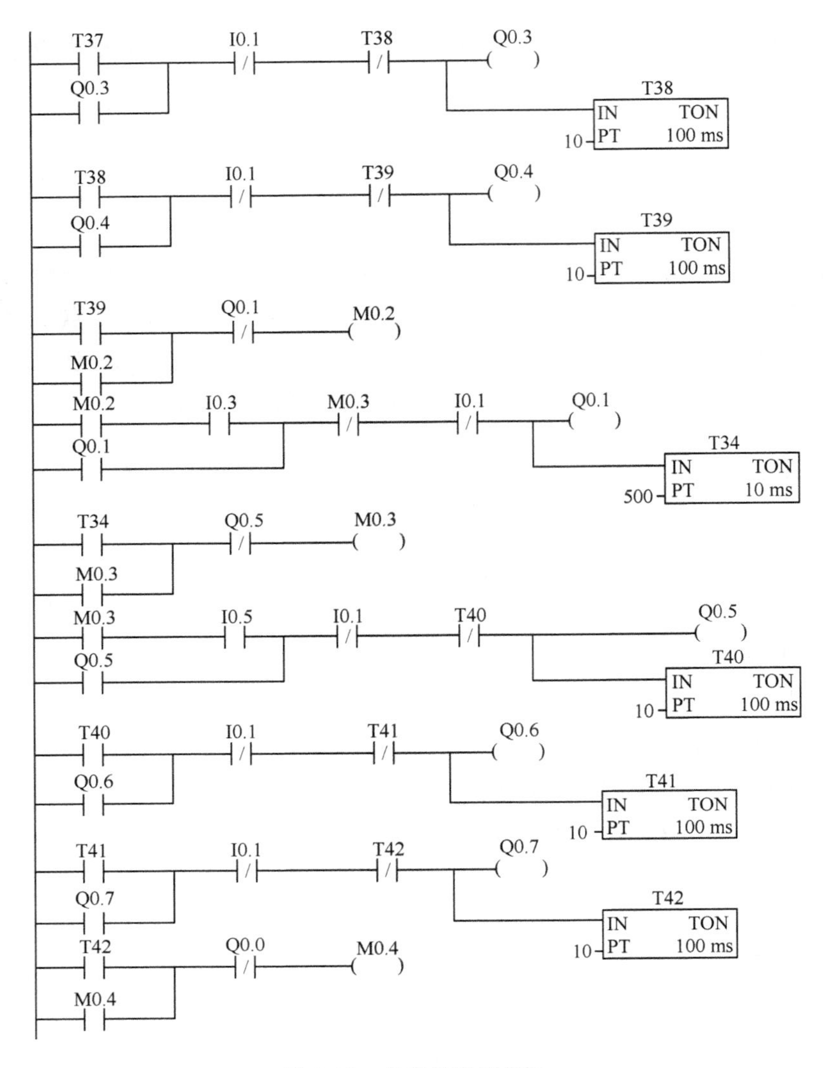

图 3-32 参考梯形图(续)

实训任务单

<table>
<tr><td colspan="5">任务名称:自动运料小车控制系统的编程与实现</td></tr>
<tr><td>实训台号</td><td>班级</td><td>学号</td><td>姓名</td><td>日期</td></tr>
<tr><td></td><td></td><td></td><td></td><td></td></tr>
<tr><td colspan="5">一、任务分析
在实际的生产现场,运料小车自动装料、卸料控制应用非常广泛,比如在焦化厂自动装煤运煤,在港口自动装货卸货等。这种按照一定的顺序根据预先设计好的轨迹行进的控制,可以根据 PLC 程序的设计得以实现。</td></tr>
<tr><td colspan="5">二、任务目标
1. 通过自动运料小车控制系统的建立,掌握应用 PLC 技术设计传动控制系统的思想和方法。
2. 自动运料小车控制系统编程与实现。</td></tr>
</table>

续表

三、自动运料小车控制系统程序的编制

1. 输入/输出(I/O)地址分配。

输　　入		输　　出	
元件代号	功能	元件代号	功能

2. 输入/输出(I/O)接线图绘制。

3. 根据控制要求编写PLC程序。

(1)PLC编程控制要求分析。

① 初始状态。行程开关SQ1处于接通状态,小车停在原位(A仓)。

② 自动运料控制系统。

- 按下启动按钮SD后,装料指示灯V1点亮,开始向小车装料。
- 延时5 s后V1熄灭,装料完毕。
- 打开右行开关RX,小车开始右行,R1、R2、R3顺序点亮。
- 到达B仓后,行程开关SQ2接通,卸料指示灯V2点亮,小车开始卸料。
- 延时5 s后V2熄灭,卸料完毕。
- 打开左行开关LX,小车开始左行,L1、L2、L3顺序点亮。
- 到达A仓后,行程开关SQ1接通,小车回到原位,进行下一次的自动运料控制。

③ 停机控制系统。按下停止按钮ST,整个系统终止运行。

(2)根据控制要求绘制梯形图。

四、安装与调试

五、实训成绩

任务评价

序号	评价指标	评价内容	分值	学生自评	小组评价	教师评价
1	调试	检查电路接线是否正确	10			
		检查梯形图是否正确	30			
		通电后正确、试验成功	20			
2	安全规范与提问	是否符合安全操作规范	10			
		回答问题是否准确	10			
3	实训任务单	书写正确、工整	20			
总分			100			
问题记录和解决方法			记录任务实施中出现的问题和采取的解决方法(可附页)			

项目小结

本项目主要介绍了 PLC 程序设计法中的经验设计法，经验设计法没有规律可循，具有很大的试探性和随意性，最后的结果因人而异，不是唯一的。它是在一些典型单元电路(如起保停电路、正反转电路、定时器长延时电路、闪烁电路等)的基础上，再根据被控对象对控制系统的具体要求，不断地修改和完善梯形图才能得到满意结果，常用于简单电路的设计。

本项目通过三相异步电动机Y-△降压启动控制、直流电动机正反转控制和自动运料小车控制的具体任务实际操练，使学生对于梯形图的经验设计法有了更深的认识和体会，使其能够利用经验设计法对简单数字量控制系统进行梯形图程序设计。

思考与练习题

3-1　用经验设计法设计满足图 3-33 所示波形图对应的梯形图。

3-2　用经验设计法设计满足图 3-34 所示波形图对应的梯形图。

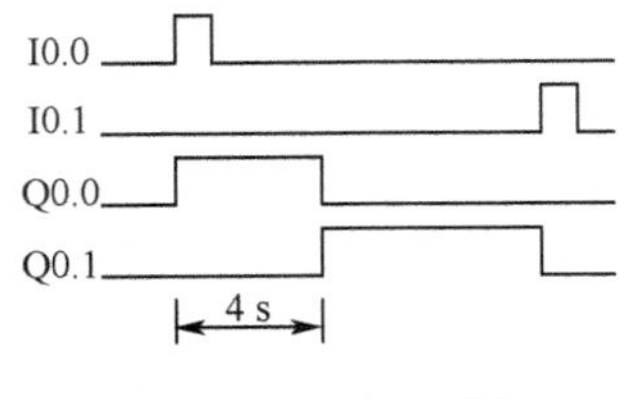

图 3-33　题 3-1 图

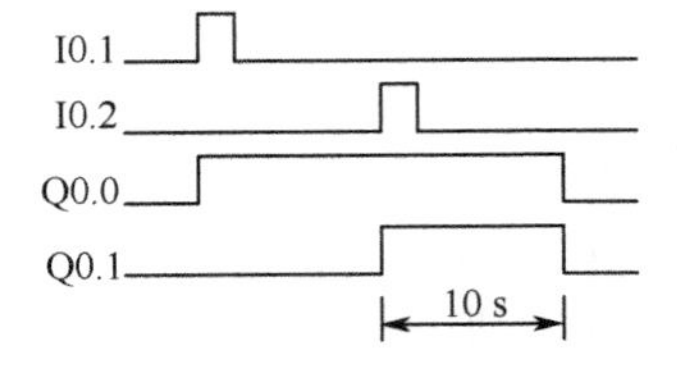

图 3-34　题 3-2 图

3-3　用经验设计法设计梯形图满足以下控制要求。

电动机启动后正向运行，以后每隔 15 s 自动换向运行，当按下停止按钮时电动机停止。设启动按钮输入地址为 I0.0，停止按钮输入地址为 I0.1，正反向输出分别为 Q0.0，Q0.1。

项目四 PLC程序设计方法——顺序设计法

项目内容

本项目包括顺序设计法与顺序功能图的绘制，液体自动混合控制，机械手动作控制，十字路口交通灯控制。

知识要点

1. 顺序设计法，顺序功能图。
2. 液体自动混合控制系统。
3. 机械手动作控制系统。
4. 十字路口交通灯控制系统。

学习目标

1. 掌握顺序设计法的设计思想，顺序功能图的组成、基本结构以及顺序功能图中转换实现的基本原则，并能将顺序功能图转换为梯形图。

2. 在掌握使用起保停电路的顺序控制梯形图的编程方法基础上，实现液体自动混合的控制。

3. 在掌握采用以转换为中心的顺序控制梯形图的编程方法基础上，实现机械手动作的控制。

4. 在熟悉使用SCR指令的顺序控制梯形图的编程方法基础上，实现十字路口交通灯的控制。

用经验设计法设计梯形图时，没有一套固定的方法和步骤可以遵循，具有很大的试探性和随意性，对于不同的控制系统，没有一种通用的容易掌握的设计方法。因此在复杂的控制系统中一般采用顺序设计法设计。

根据顺序功能图设计梯形图时，可以用位存储器来代表各步。当某一步为活动步时，对应的存储器位为1状态，当某一转换条件满足时，该转换的后续步变为活动步，而前级步变为不活动步。由顺序功能图转换为梯形图的方法有使用起保停电路、以转换为中心和使用SCR指令3种方法。

本项目在掌握了顺序功能图的组成、基本结构以及顺序功能图中转换实现的基本原则后，能够根据实际控制要求绘制顺序功能图，并能将顺序功能图转换为梯形图。使用起保停电路的顺序控制梯形图的编程方法对液体自动混合控制系统进行设计，采用以转换为中心的顺序控制梯形图的编程方法对机械手动作控制系统进行设计，使用 SCR 指令的顺序控制梯形图的编程方法对十字路口交通灯控制系统进行设计，通过实践操作，实现控制目标。

任务 1　顺序设计法与顺序功能图的绘制

任务描述

由项目三可知，用经验设计法设计梯形图时，没有一套固定的方法和步骤可以遵循，具有很大的试探性和随意性，对于不同的控制系统，没有一种通用的容易掌握的设计方法。在设计复杂系统的梯形图时，用大量的中间单元来完成记忆、联锁和互锁等功能，由于需要考虑的因素很多，它们往往又交织在一起，分析起来非常困难，并且很容易遗漏一些应该考虑的问题。修改某一局部电路时，很可能会“牵一发而动全身”，对系统的其他部分产生意想不到的影响，因此梯形图的修改很麻烦，往往花了很长的时间还得不到一个满意的结果。同时，用经验法设计出的梯形图往往很难阅读，给系统的维修和改进带来了很大的困难。因此在复杂的控制系统中一般采用顺序设计法设计。

相关知识

一、顺序设计法

所谓顺序控制，就是按照生产工艺预先规定的顺序，在各个输入信号的作用下，根据内部状态和时间的顺序，在生产过程中各个执行机构自动地有秩序地进行操作。使用顺序控制设计法时首先根据系统的工艺过程，画出顺序功能图，然后根据顺序功能图设计出梯形图。有的 PLC 为用户提供了顺序功能图语言，在编程软件中生成顺序功能图后便完成了编程工作。这是一种先进的设计方法，很容易被初学者接受，对于有经验的工程师，也会提高设计的效率，程序的调试、修改和阅读也很方便。例如，某厂有经验的电气工程师用经验设计法设计某控制系统的梯形图，花了两周的时间，同一系统改用顺序控制设计法，只用了不到半天的时间，就完成了梯形图的设计和模拟调试，现场试车一次成功。

顺序功能图(Sequential Function Chart)是描述控制系统的控制过程、功能和特性的一种图形，也是设计 PLC 的顺序控制程序的有力工具。顺序功能图并不涉及所描述的控制功能的具体技术，它是一种通用的技术语言，可以供进一步设计和不同专业的人员之间进行技术交流之用。

在 IEC 的 PLC 编程语言标准中，顺序功能图被确定为 PLC 位居首位的编程语言。我国也在 1986 年颁布了顺序功能图的国家标准。顺序功能图主要由步、有向连线、转换、转换条件和动作组成。S7-300/400 系列 PLC 的 S7 Graph 是典型的顺序功能图语言。现在还有相当多的 PLC(包括 S7-200 系列)没有配备顺序功能图语言，但是可以用顺序功能图来描述系统的功能，根据它来设计梯形图程序。

二、顺序功能图的组成

顺序功能图是一种用于描述顺序控制系统控制过程的一种图形。它具有简单、直观等特点，是设计 PLC 顺序控制程序的一种有力工具。它主要由步、转换、转换条件、有向连线和动作组成。

1. 步

顺序设计法最基本的思想是将系统的一个工作周期划分为若干个顺序相连的阶段，这些阶段称为步(Step)，并用编程元件(例如位存储器 M 和顺序控制继电器 S)来代表各步。步是根据输出量的状态变化来划分的，在任何一步之内，各输出量 ON/OFF 状态不变，但是相邻两步输出量的状态是不同的。步的这种划分方法使代表各步的编程元件的状态与各输出量的状态之间有着极为简单的逻辑关系。顺序设计法用转换条件控制代表各步的编程元件，让它们的状态按一定的顺序变化，然后用代表各步的编程元件去控制 PLC 的各输出位。

步是控制过程中的一个特定状态，用矩形方框表示。方框中可以用数字表示该步的编号，也可以用代表该步的编程元件(如 M0.0、M0.1 等)的地址作为步的编号。

图 4-1 中的波形图给出了控制锅炉的鼓风机和引风机的要求。按了启动按钮 I0.0 后，应先开引风机，延时 12 s 后再开鼓风机。按了停止按钮 I0.1 后，应先停鼓风机，10 s 后再停引风机。

根据 Q0.0 和 Q0.1 ON/OFF 状态的变化，显然一个工作周期可以分为 3 步，分别用 M0.1～M0.3 来代表这 3 步，另外还应设置一个等待启动的初始步。图 4-2 是描述该系统的顺序功能图，图中用矩形方框表示步，方框中可以用数字表示该步的编号，也可以用代表该步的编程元件作为步的编号，例如 M0.0 等，这样在根据顺序功能图设计梯形图时较为方便。

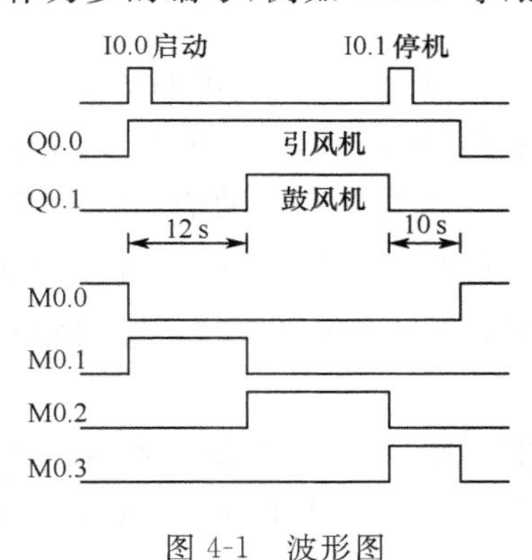

图 4-1　波形图

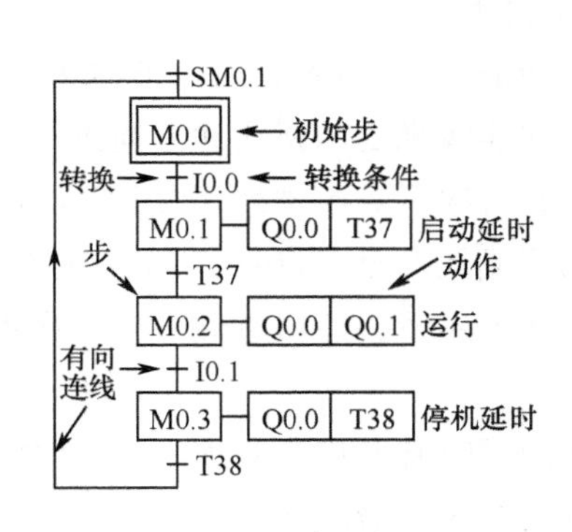

图 4-2　顺序功能图

2. 初始步

初始步表示一个控制系统的初始状态，初始状态一般是系统等待启动命令的相对静止的状态，没有具体要完成的动作。每一个顺序功能图至少应该有一个初始步，初始步用双矩形方框表示，图 4-2 中 M0.0 为初始步。

3. 动作

动作用矩形框中的文字或符号表示，该矩形框应与相应步的符号相连，图 4-2 中 Q0.0、Q0.1、T37、T38 为与相应步对应的动作。若某一步有几个动作时，其表示方法如图 4-3 所示，这两种表示方法并不隐含这些动作之间的任何顺序。设计梯形图时，应注意各存储器是存储型的还是非存储型的。存储型的存储器，当该步为活动步时，它执行右边方框的动作，为不活动步时，它仍然执行右边方框的动作；而非存储型的存储器，当该步为活动步时，它执行右边方框的动作，不活动步时，它不执行右边方框的动作。例如某步的存储型命令“打开阀门并保持”，是指该步活动时阀门打开，该步不活动时阀门继续打开；非存储型命令“打开阀门”，是指该步活动时阀门打开，不活动时阀门关闭。

由图 4-2 可知，在连续的 3 步内输出位 Q0.0 均为 1 状态，为了简化顺序功能图和梯形图，可以在第 2 步将 Q0.0 置位，返回初始步后将 Q0.0 复位（图 4-4）。

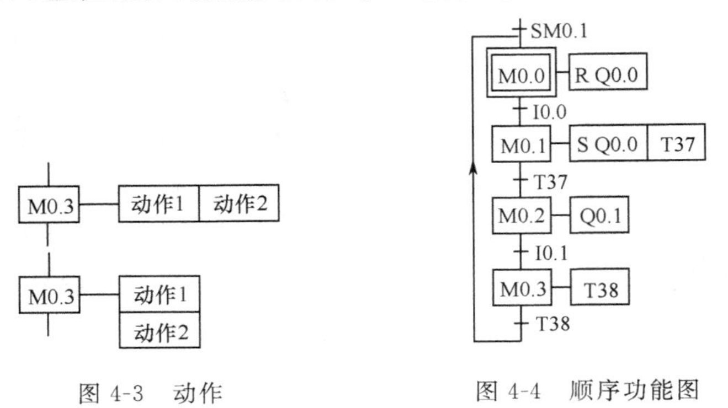

图 4-3　动作

图 4-4　顺序功能图

4. 活动步

当系统正处于某一步所在的阶段时，该步处于活动状态，称该步为活动步。步处于活动步状态时，相应的动作被执行；处于不活动步时，相应的非存储型的动作被停止执行。

5. 有向连线

在顺序功能图中，随着时间的推移和转换条件的实现，将会发生步的活动状态的进展，这种进展按有向连线规定的路线和方向进行。在画顺序功能图时，将代表各步的方框按它们成为活动步的先后次序顺序排列，并用有向连线将它们连接起来。步的活动状态习惯的进展方向是从上到下或从左至右，在这两个方向有向连线上的箭头可以省略。如果不是上述的方向，应在有向连线上用箭头注明进展方向。在可以省略箭头的有向连线上，为了更易于理解也可以加箭头。

如果在画图时有向连线必须中断（例如在复杂的图中，或用几个图来表示一个顺序功能图时），应在有向连线中断之处标明下一步的标号和所在的页数，例如步 83、12 页。

6. 转换

转换用与有向连线垂直的短划线来表示，转换将相邻两步分隔开。步的活动状态的进展是由转换的实现来完成的，并与过程的进展相对应。

7. 转换条件

使系统由当前步进入下一步的信号称为转换条件（即转换旁边的符号表示转换的条件），转换条件可以是外部的输入信号，如按钮、主令开关、限位开关的接通/断开等；也可以是 PLC 内部产生的信号，如定时器、计数器常开触点的接通等；还可能是若干个信号的与、或、非逻辑组合。

图 4-2 中的启动按钮 I0.0 和停止按钮 I0.1 的常开触点、定时器延时接通的常开触点是各步之间的转换条件。图中有两个 T37，它们的意义完全不同。与步 M0.1 对应的方框相连的动作框中的 T37 表示 T37 的线圈应在步 M0.1 所在的阶段通电，在梯形图中，T37 的指令框

与 M0.1 的线圈并联。转换旁边的 T37 对应于 T37 延时接通的常开触点，它被用来作为步 M0.1 和 M0.2 之间的转换条件。

转换条件是与转换相关的逻辑命题，转换条件可以用文字语言、布尔代数表达式或图形符号标注在表示转换的短线旁边，使用得最多的是布尔代数表达式。

在顺序功能图中，只有当某一步的前级步是活动步时，该步才有可能变成活动步。如果用没有断电保持功能的编程元件代表各步，进入 RUN 工作方式时，它们均处于 0 状态，必须用开机时接通一个扫描周期的初始化脉冲 SM0.1 的常开触点作为转换条件，将初始步预置为活动步（图 4-2），否则因顺序功能图中没有活动步，系统将无法工作。

顺序功能图的设计举例：图 4-5 为某组合机床动力头进给运动示意图和顺序功能图。设动力头在初始状态时停在左边，限位开关 I0.1 为 ON。当按下启动按钮 I0.0 后，Q0.0 和 Q0.1 为 1 状态，动力头向右快速进给（简称快进），当碰到限位开关 I0.2 时变为工作进给（简称工进），Q0.0 为 1 状态，碰到限位开关 I0.3 后，暂停 10 s。10 s 后 Q0.2 和 Q0.3 为 1 状态，动力头快速退回（简称快退），返回到初始位置后停止运动。

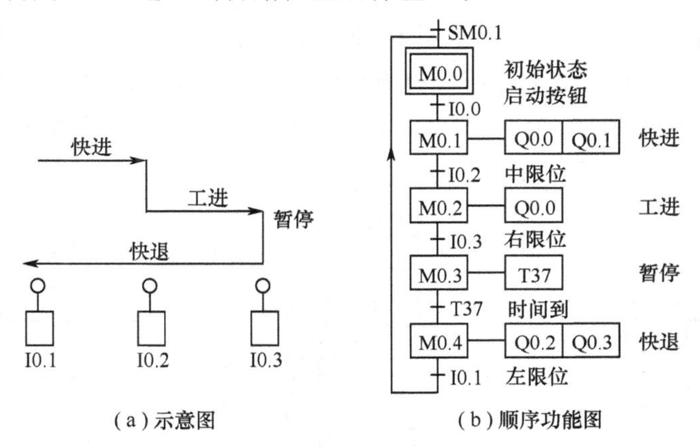

图 4-5　组合机床动力头进给运动示意图和顺序功能图

三、顺序功能图的基本结构

根据步与步之间进展的不同情况，顺序功能图可以分为单序列、选择序列和并行序列 3 种结构，下面依次介绍。

1. 单序列

单序列是由一系列相继激活的步组成，每一步的后面仅有一个转换，每一个转换的后面只有一个步，如图 4-6(a)所示。单序列没有选择序列和并行序列中的分支与合并。

2. 选择序列

一个活动步之后，紧接着有几个后续步可供选择的结构形式称为选择序列。选择序列的各个分支都有各自的转换条件，转换条件只能标在水平线之下，选择序列的开始称为分支，如图 4-6(b)所示。当步 1 为活动步时，后面出现了 3 条支路供其选择，若转换条件 I0.1 先满足（即 I0.1=1），则由步 1→2→3→8 的路线进展；若转换条件 I0.4 先满足，则由步 1→4→5→8 的路线进展；若转换条件 I0.7 先满足，则由步 1→6→7→8 的路线进展。一般只允许同时选择一个序列。

选择序列的结束称为合并，如图 4-6(b)所示。几个选择序列合并到一个公共序列时，用需要重新组合的序列相同数量的转换符号和水平连线来表示，转换符号只允许标在水平连线之上。如果步 3 是活动步，并且转换条件 I0.3=1，则发生由步 3→步 8 的进展；如果步 5 是活动步，并且 I0.6=1，则发生由步 5→步 8 的进展；如果步 7 是活动步，并且转换条件 I1.1=1，则发生由步 7→步 8 的进展。

3. 并行序列

并行序列用来表示系统的几个同时工作的独立部分的工作情况。当转换的实现导致几个分支同时激活时，这些序列称为并行序列。并行序列的开始称为分支，如图 4-6(c)所示。当步 2 为活动步时，并且转换条件 I0.1 满足，同时将步 3、步 5 和步 7 变为活动步，同时步 2 变为不活动步。为了表示转换的同步实现，水平连线用双水平线表示。步 3、步 5 和步 7 被同时激活后，每个序列中活动步的进展是独立的。转换条件只能标在双水平线之上，且只允许有一个转换条件。

并行序列的结束称为合并，在表示同步的双水平线之下，只允许有一个转换条件，如图 4-6(c)所示。当直接连在双水平线上的所有前级步(步 4、步 6 与步 7)均处于活动步时，并且转换条件满足(I0.4=1)才会使步 8 为活动步。若步 4、步 6 与步 7 均为不活动步或只有一个(如步 4)为活动步时，则步 8 也不能为活动步。

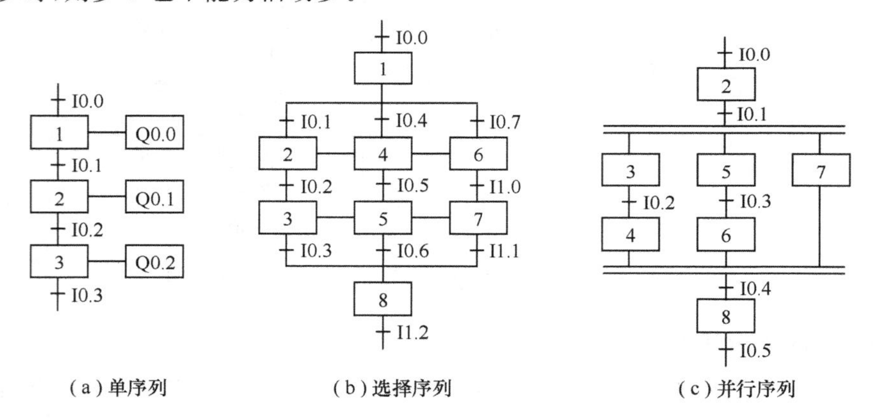

图 4-6　顺序功能图分类

四、顺序功能图中转换实现的基本原则

顺序功能图中转换实现的基本原则包括转换实现的条件、转换实现应完成的操作、绘制顺序功能图时的注意事项等几个方面。

1. 转换实现的条件

在顺序功能图中，步的活动状态的进展是由转换的实现来完成的，转换的实现必须同时满足 2 个条件。

① 该转换所有的前级步均是活动步。

② 相应的转换条件得到满足。

这 2 个条件是缺一不可的。如果转换的前级步或后续步不止一个，转换的实现称为同步实现，如图 4-7 所示。为了强调同步实现，有向连线的水平部分用双线表示。

2. 转换实现应完成的操作

转换实现应完成 2 个操作。

① 使所有由有向连线与相应转换条件相连的后续步都变为活动步。

② 使所有由有向连线与相应转换条件相连的前级步都变为不活动步。

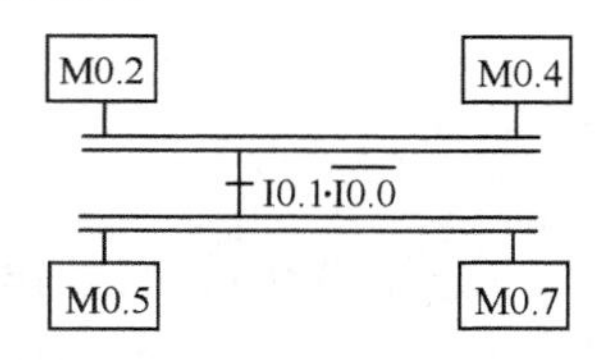

图 4-7　转换的同步实现

转换实现的基本原则是根据顺序功能图设计梯形图的基础，它适用于顺序功能图中的各种基本结构和本项目中后 3 个任务将要介绍的各种顺序控制梯形图的编程方法。

在梯形图中，用编程元件(例如 M 和 S)代表步，当某步为活动步时，该步对应的编程元件为 ON。当该步之后的转换条件满足时，转换条件对应的触点或电路接通，因此可以将该触点或电路与代表所有前级步的编程元件的常开触点串联，作为与转换实现的两个条件同时满足对应的电路。

图 4-7 中的转换条件为 I0.1・$\overline{\text{I0.0}}$，步 M0.2 和步 M0.4 是该转换的前级步，应将 I0.1、M0.2、M0.4 的常开触点和 I0.0 的常闭触点串联，作为转换实现的两个条件同时满足对应的电路。在梯形图中，该电路接通时，应使所有代表前级步的编程元件(步 M0.2 和步 M0.4)复位(变为 0 状态并保持)，同时使所有代表后续步的编程元件(步 M0.5 和步 M0.7)置位(变为 1 状态并保持)，完成以上任务的电路将在项本目后 3 个任务中介绍。

3. 绘制顺序功能图时的注意事项

① 2 个步绝对不能直接相连，必须用转换将它们隔开。

② 转换与转换之间也不能直接相连，必须用步将它们隔开。这两条可以作为检查顺序功能图是否正确的依据。

③ 顺序功能图中的初始步一般对应于系统的初始状态，这一步可能没有什么输出处于 ON 状态，所以初学者绘制功能图时很容易遗漏这一步。初始步是必不可少的，一方面因为该步与它的相邻步相比，从总体上说输出变量的状态各不相同；另一方面如果没有该步，无法表示初始状态，系统也无法返回等待启动的停止状态。

④ 自动控制系统应能多次重复执行同一工艺过程，因此在顺序功能图中一般应有由步和有向连线组成的闭环，即在完成一次工艺过程的全部操作之后，应从最后一步返回初始步，系统停留在初始状态(图 4-2、图 4-5)。换句话说，在顺序功能图中不能有“到此为止”的死胡同。

4. 顺序设计法的本质

经验设计法是用输入信号直接控制输出信号，如图 4-8(a)所示，若无法直接控制，或者为了实现记忆、联锁、互锁等功能，只好被动的增加一些辅助元件或辅助触点。由于不同系统的输出量与输入量之间的关系各不相同，以及它们对联锁、互锁的要求千变万化，不可能找出一种最简单通用的设计方法。

顺序设计法则是用输入信号控制代表各步的编程元件(例如内部位存储器 M)，再用它们去控制输出信号，如图 4-8(b)所示。因为步是根据输出信号划分的，而 M 与输出量之间仅有很简单的“与”或相等的逻辑关系，所以输出电路的设计很简单。

图 4-8　经验设计法与顺序设计法的区别

由上分析可知,顺序设计法具有简单、规范、通用的优点,用这种方法基本上解决了经验设计法中记忆、联锁等问题,任何复杂的控制系统均可以采用顺序设计法来设计,很容易被掌握。

5. 复杂的顺序功能图的设计举例

图 4-9(a)是某专用钻床示意图,用 2 只钻头同时钻 2 个孔。开始之前 2 个钻头在最上面,上限位开关 I0.0 和 I0.2 为 ON。操作人员按下启动按钮 I1.0,工件被夹紧,夹紧后 2 只钻头同时开始下钻,钻到由下限位开关 I0.1 和 I0.3 设定的深度时分别上行,上行到由限位开关 I0.0 和 I0.2 设定的起始位置时分别停止上行。2 个都到位后,工件被松开。松开到位后,加工结束,系统返回到初始状态。

该系统的顺序功能图用存储器 M0.0～M1.0 代表各步,2 只钻头和各自的限位开关组成了 2 个子系统,这 2 个子系统在钻孔过程中同时工作,因此采用并行序列,如图 4-9(b)所示。

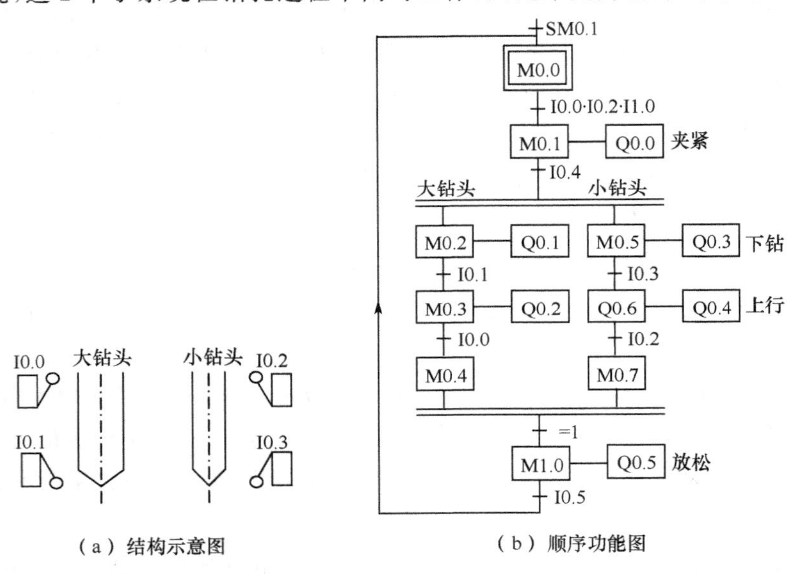

图 4-9　专用钻床顺序控制系统的结构示意图与顺序功能图

任务 2　液体自动混合控制

任务描述

本任务通过液体自动混合控制系统的建立,掌握通过顺序设计法设计实际生产控制系统的思想和方法,系统的面板如图 4-10 所示。在该控制系统中,共有 5 个输入信号(I0.0～I0.4)和 4 个输出信号(Q0.0～Q0.3)。SD(I0.0)、ST(I0.1)分别为液体自动混合控制系统的开始按钮和停止按钮,SL1(I0.2)、SL2(I0.3)、SL3(I0.4)分别为上限位、中限位和下限位液位传感器，其被淹没时为 1 状态。V1(Q0.0)、V2(Q0.1)、V3(Q0.2)分别表示系统的 3 个阀门(液体 A 阀门、液体 B 阀门和混合液体阀门)，M(Q0.3)为搅拌液体的电动机。

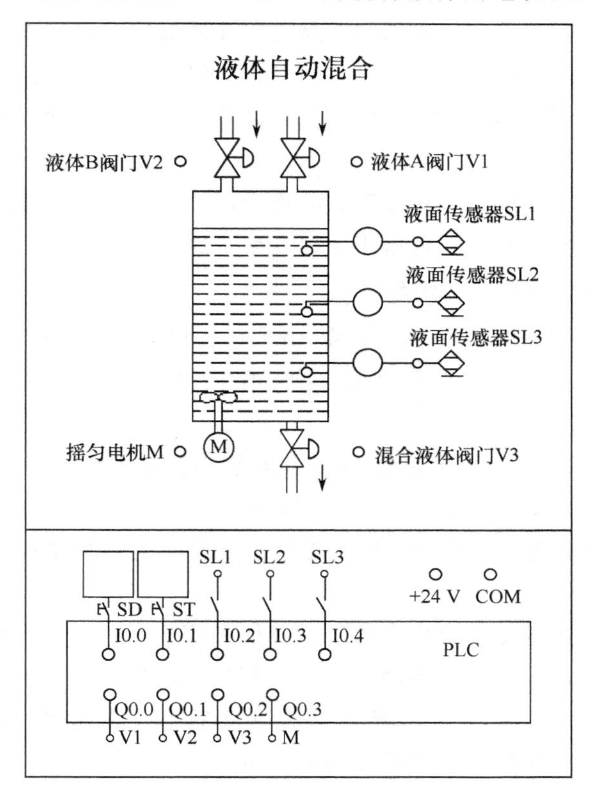

图 4-10　液体自动混合控制系统

任务解析

本任务利用 PLC 软件模拟液体自动混合系统的控制过程，要求如下：

1. 初始状态

装置投入运行前，要将液体 A、B 的阀门关闭，且将容器内的液体排空。

2. 液体自动混合控制系统的控制过程

按下启动按钮 SD 后，液体混合装置就开始按照编制好的步骤进行操作：液体 A 的阀门打开，液体 A 流入容器；当液体 A 的液面到达 SL2 时，关闭液体 A 的阀门，打开液体 B 的阀门。当液面达到 SL1 时，液体 B 的阀门会关闭，搅拌电机则开始运转，将液体 A 和 B 的混合液体进行搅匀。搅拌电机运转 1 min 后停止，然后混合液体的阀门打开，开始将搅拌均匀的混合液体排出。当容器内的液面下降到 SL3 时，再过 20 s，容器内的液体排空，混合液的阀门关闭，开始下一周期的操作。

3. 停机控制系统

按下停止按钮 ST，在当前的混合液操作处理完毕后，才停止操作，然后返回到初始状态。

使用起保停电路的顺序控制梯形图的编程方法

根据顺序功能图设计梯形图时，可以用位存储器来代表各步。当某一步为活动步时，对应的存储器位为 1 状态，当某一转换条件满足时，该转换的后续步变为活动步，而前级步变为不活动步。

起保停电路仅仅使用与触点和线圈有关的指令，任何一种 PLC 的指令系统都有这一类指令，因此这是一种通用的编程方法，可以用于任意型号的 PLC。

一、使用起保停电路单序列的编程方法

图 4-11(a)中的波形图给出了锅炉鼓风机和引风机的控制要求。当按下启动按钮 I0.0 后，应先开引风机，延时 15 s 后再开鼓风机。按下停止按钮 I0.1 后，应先停鼓风机，20 s 后再停引风机。

根据 Q0.0 和 Q0.1 接通/断开状态的变化，其工作期间可以分为 3 步，分别用 M0.1、M0.2、M0.3 来代表这 3 步，用 M0.0 来代表等待启动的初始步。启动按钮 I0.0，停止按钮 I0.1 的常开触点、定时器延时接通的常开触点为各步之间的转换条件，顺序功能图如图 4-11(b)所示。

设计起保停电路的关键是要找出它的启动条件和停止条件。根据转换实现的基本规则，转换实现的条件是它的前级步应为活动步，并且满足相应的转换条件。步 M0.1 变为活动步的条件是步 M0.0 应为活动步，且转换条件 I0.0 为 1 状态。在起保停电路中，则应将代表前级步的 M0.0 的常开触点和代表转换条件的 I0.0 的常开触点串联后，作为控制 M0.1 的启动电路。

当 M0.1 和 T37 的常开触点均闭合时，步 M0.2 变为活动步，这时步 M0.1 应变为不活动步，因此可以将 M0.2 为 1 状态作为使存储器位 M0.1 变为断开的条件，即将 M0.2 的常闭触点与 M0.1 的线圈串联。上述的逻辑关系可以用逻辑代数式表示为

$$\text{M0.1}=(\text{M0.0}\cdot\text{I0.1})\cdot\overline{\text{M0.2}}$$

在这个例子中，可以用 T37 的常闭触点代替 M0.2 的常闭触点，但是当转换条件由多个信号经与、或、非逻辑运算组合而成时，需将它的逻辑表达式求反，再将对应的触点串并联电路作为起保停电路的停止电路，这样做不如使用后续步对应的常闭触点简单方便。

根据上述的编程方法和顺序功能图，很容易画出梯形图。以初始步 M0.0 为例，由顺序功能图可知，M0.3 是它的前级步，二者之间的转换条件为 T38 的常开触点。所以应将 M0.3 和 T38 的常开触点串联，作为 M0.0 的启动电路。PLC 开始运行时应将 M0.0 置为 1，否则系统无法工作，所以将 PLC 的特殊继电器 SM0.1(仅在第 1 个扫描周期接通)常开触点与激活 M0.0 的条件并联。为了保证活动状态能持续到下一步活动为止，还加上 M0.0 的自保持触点。后续步 M0.1 的常闭触点与 M0.0 的线圈串联，M0.1 为 1 状态时，M0.0 的线圈断电，初始步变为不活动步。M0.2 和 M0.3 的电路与此类似，请自行分析。

下面介绍梯形图的输出电路设计方法。由于步是根据输出变量的状态变化来划分的，它们之间的关系极为简单，可以分为两种情况来处理。

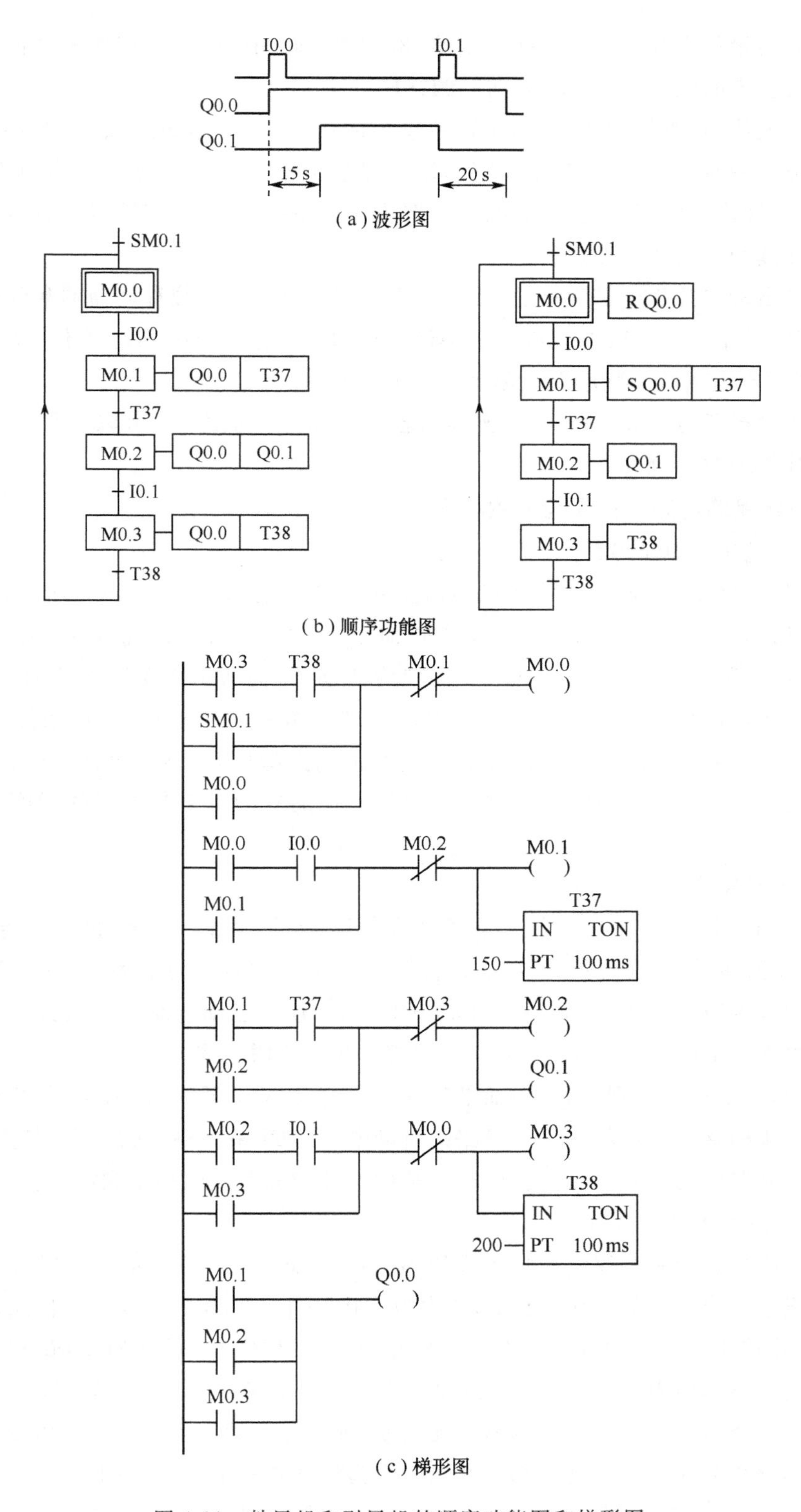

(a) 波形图

(b) 顺序功能图

(c) 梯形图

图 4-11　鼓风机和引风机的顺序功能图和梯形图

当某一输出量仅在某一步中为接通状态，例如图 4-11 中的 Q0.1 就属于这种情况，可以将它的线圈与对应步的位存储器 M0.2 的线圈并联。

也许会有人认为，既然如此，不如用这些输出来代表该步，例如用 Q0.1 代替 M0.2，当然这样做可以节省一些编程元件，但是位存储器是完全够用的，多用一些不会增加硬件费用，在设计和输入程序时也多花不了多少时间。全部用位存储器来代表步具有概念清楚、编程规范、梯形图易于阅读和查错的优点。

当某一输出量在几步中都为接通状态，应将代表各有关步的位存储器的常开触点并联后，驱动该输出的线圈。图 4-11 中 Q0.0 在 M0.1～M0.3 这 3 步中均应工作，所以用 M.1～M0.3 的常开触点组成的并联电路来驱动 Q0.0 的线圈。

如果某些输出量像 Q0.0 一样，在连续的若干步均为 1 状态，也可以用置位、复位指令来控制它们，如图 4-11(b)所示。

二、使用起保停电路选择序列的编程方法

1. 选择序列分支的编程方法

图 4-12 中步 M0.0 之后有一个选择序列的分支开始，设 M0.0 为活动步时，后面有两条支路供选择，若转换条件 I0.0 先满足，则后续步 M0.1 将变为活动步，而 M0.0 变为不活动步；若转换条件 I0.2 先满足，则后续步 M0.2 将变为活动步，而 M0.0 变为不活动步。在编程时应将 M0.1 和 M0.2 的常闭触点与 M0.0 的线圈串联，作为步 M0.0 的结束条件。

因此，若某一步的后面有一个由 N 条分支组成的选择序列，该步可能要转换到某一条支路去，这时应将这 N 条支路的后续步对应的存储器位的常闭触点与该步的线圈串联，作为该步的结束条件。

2. 选择序列合并的编程方法

图 4-12 中步 M0.3 之前有一个选择序列的合并，当步 M0.1 为活动步，且转换条件 I0.1 满足，或 M0.2 为活动步，且转换条件 I0.3 满足，步 M0.3 都将变为活动步，故步 M0.3 的起保停电路的起始条件应为 M0.1・I0.1＋M0.2・I0.3，对应的启动电路由两条并联支路组成，每条支路分别由 M0.1・I0.1 或 M0.2・I0.3 的常开触点串联而成。

一般来说，对于选择序列的合并，如果某一步之前有 N 个转换，即有 N 条分支进入该步，则控制代表该步的存储器位的起保停电路的启动电路由 N 条支路并联而成，各支路由某一前级步对应的存储器位的常开触点与相应转换条件对应的触点或电路串联而成。

3. 仅有 2 步的闭环的处理

如果在顺序功能图中有仅由两步组成的小闭环，如图 4-13(a)所示，用起保停电路设计的梯形图不能正常工作。例如 M0.2 和 I0.2 均为 1 状态时，M0.3 的启动电路接通，但是这时与 M0.3 的线圈串联的 M0.2 的常闭触点却是断开的(图 4-13(b))，所以 M0.3 的线圈不能通电。出现上述问题的根本原因在于步 M0.2 既是步 M0.3 的前级步，又是它的后续步。

如果用转换条件 I0.2 和 I0.3 的常闭触点分别代替后续步 M0.3 和 M0.2 的常闭触点(图 4-13(b))，将引发出另一问题。假设步 M0.2 为活动步时 I0.2 变为 1 状态，执行修改后的图 4-13(b)中的第 1 个起保停电路时，因为 I0.2 为 1 状态，它的常闭触点断开，使 M0.2 的线圈断电。M0.2 的常开触点断开，使控制 M0.3 的起保停电路的启动电路开路，因此不能转换

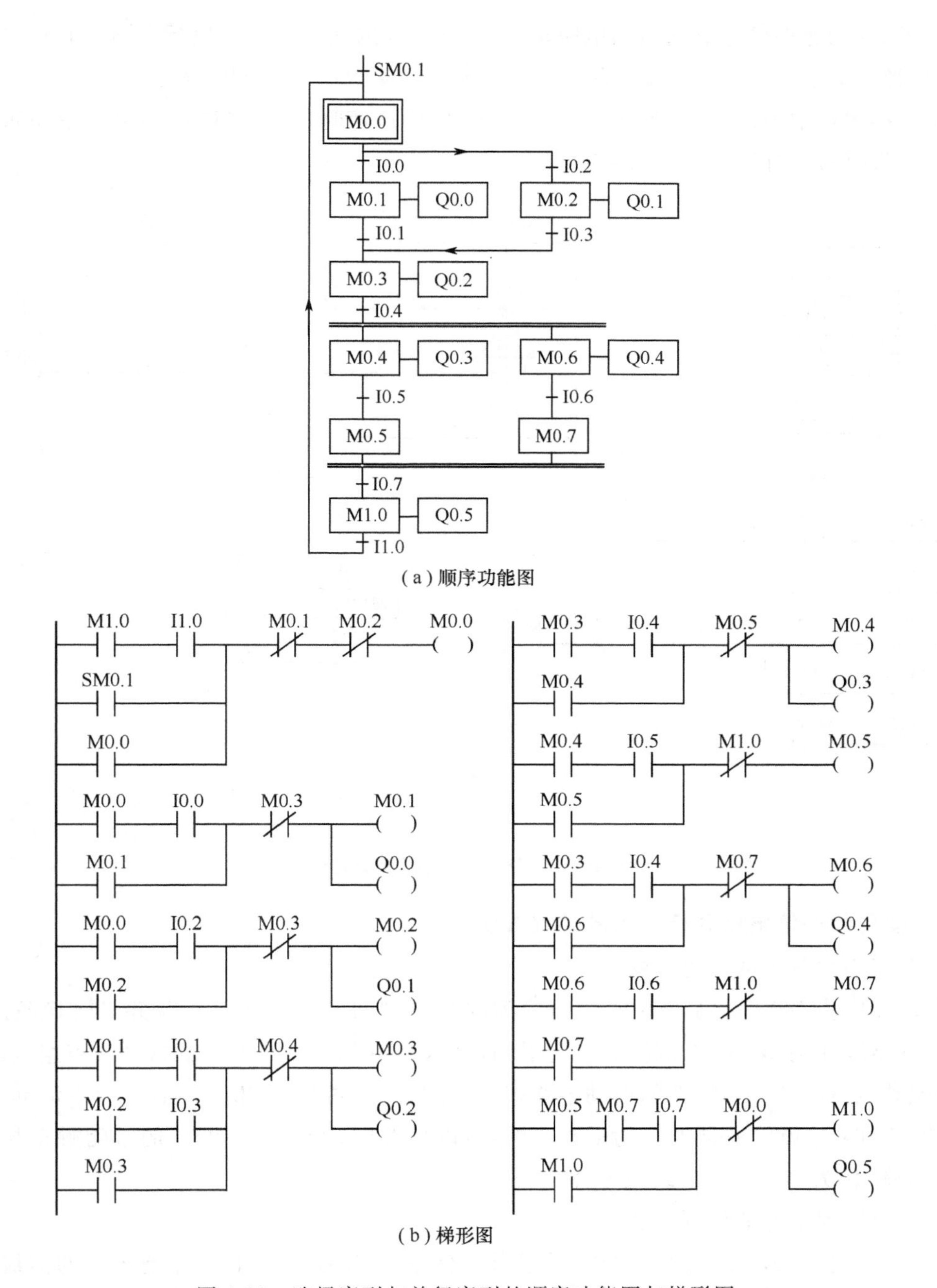

(a) 顺序功能图

(b) 梯形图

图 4-12　选择序列与并行序列的顺序功能图与梯形图

到步 M0.3。

为了解决这一问题，可以进行如下 2 个修改操作：

① 增设了一个受 I0.2 控制的中间元件 M1.0(图 4-13(c))，用 M1.0 的常闭触点取代修改后的图 4-13(b)中 I0.2 的常闭触点。如果 M0.2 为活动步时 I0.2 变为 1 状态，执行图 4-13(c)中的第 1 个起保停电路时，M1.0 尚为 0 状态，它的常闭触点闭合，M0.2 的线圈通电，保证

了控制 M0.3 的起保停电路的启动电路接通，使 M0.3 的线圈通电。执行完图 4-13(c)中最后一行的电路后，M1.0 变为 1 状态，在下一个扫描周期使 M0.2 的线圈断电。

② 在小闭环中增设一步(图 4-13(d))，这一步只起延时作用，延时时间可以取得很短(如 0.1 s)，对系统的运行不会有什么影响。

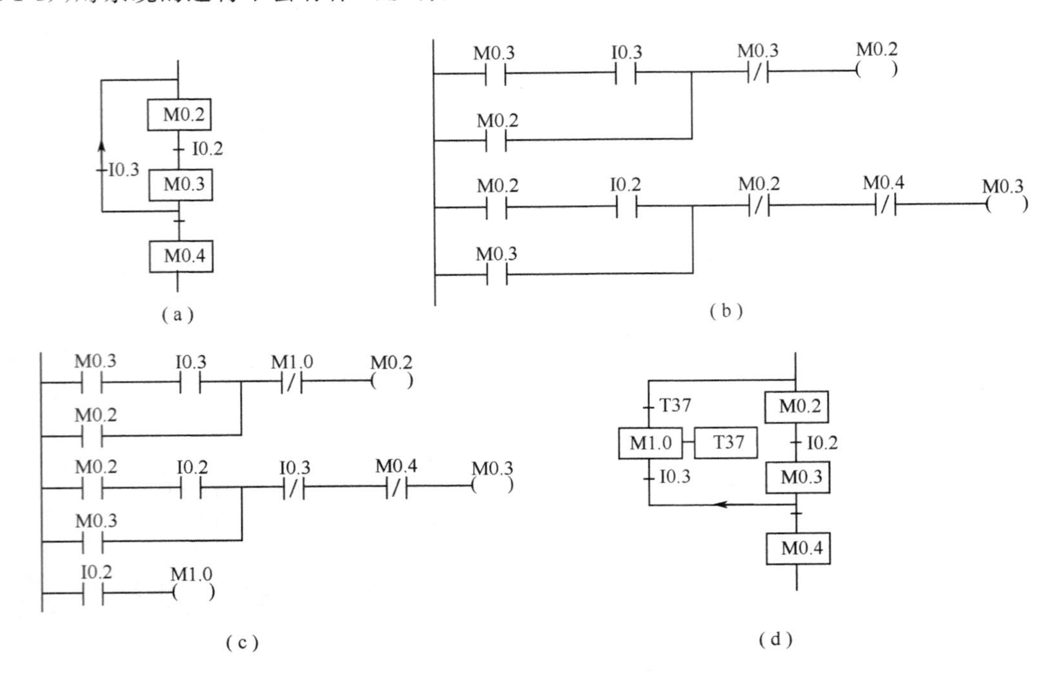

图 4-13 仅有 2 步的闭环的处理

三、使用起保停电路并行序列的编程方法

1. 并行序列分支的编程方法

图 4-12 中步 M0.3 之后有一个并行序列的分支，当步 M0.3 为活动步并且转换条件 I0.4 满足时，步 M0.4 与步 M0.6 应同时变为活动步，这是用 M0.3 和 I0.4 的常开触点组成的串联电路分别作为 M0.4 和 M0.6 的启动电路来实现的；与此同时，步 M0.3 应变为不活动步。由于步 M0.4 和步 M0.6 是同时变为活动步的，所以只需将 M0.4 或 M0.6 的常闭触点与 M0.3 的线圈串联，作为步 M0.3 的结束条件。

2. 并行序列合并的编程方法

图 4-12 中步 M1.0 之前有一个并行序列的合并，该转换实现的条件是所有的前级步(即 M0.5 和 M0.7)都是活动步和转换条件 I0.7 满足就可以使步 M1.0 为活动步。由此可知，应将 M0.5、M0.7 和 I0.7 的常开触点串联，作为控制 M1.0 的起保停电路的启动电路。

任何复杂的顺序功能图都是由单序列、选择序列和并行序列组成的，掌握了单序列的编程方法和选择序列、并行序列的分支、合并的编程方法后，就不难迅速地设计出任意复杂的顺序功能图所描述的数字量控制系统的梯形图。

任务实施

1．任务实施所需的实训设备

(1) 西门子 S7-200 系列 PLC 控制台一套。

(2) 安装了 SIEP7-Micro/WIN_V4.0 编程软件的计算机一台。

(3) PC/PPI 编程电缆一根。

(4) 导线若干。

2．实训步骤及要求

(1) 利用顺序设计法，根据任务要求绘制出顺序功能图。

(2) 使用起保停电路的顺序控制梯形图的编程方法，将顺序功能图转换为梯形图。

(3) 进行 PLC 的 I/O 地址分配与接线。

(4) 上机调试，运行程序。

参考顺序功能图

参考顺序功能图如图 4-14 所示。

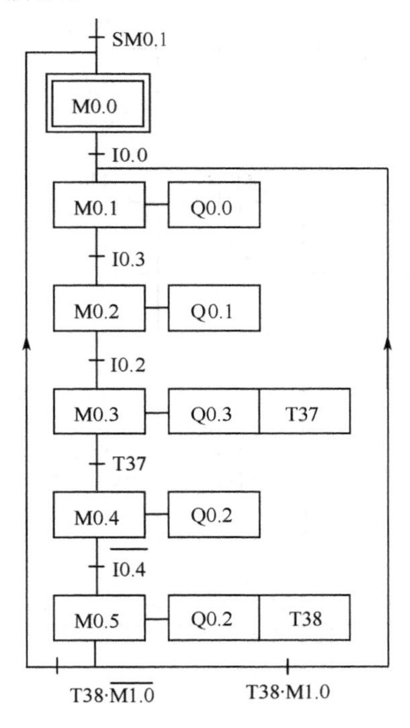

图 4-14　参考顺序功能图

参考梯形图

参考梯形图如图 4-15 所示。

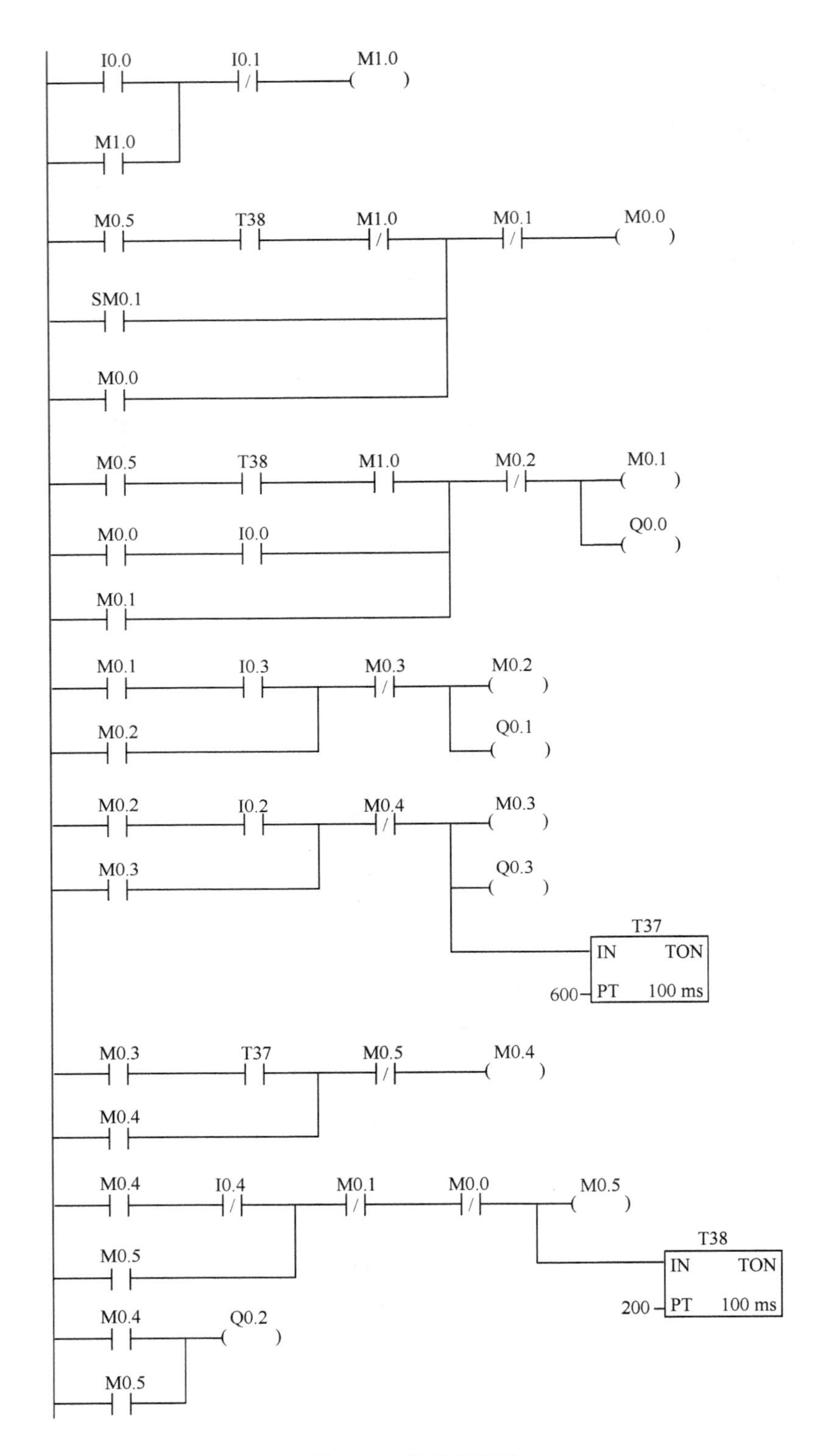

I0.0
I0.1
M1.0
M1.0
M0.5
T38
M1.0
M0.1
M0.0
SM0.1
M0.0
M0.5
T38
M1.0
M0.2
M0.1
M0.0
I0.0
Q0.0
M0.1
M0.1
I0.3
M0.3
M0.2
M0.2
Q0.1
M0.2
I0.2
M0.4
M0.3
M0.3
Q0.3
T37
IN TON
600
PT 100 ms
M0.3
T37
M0.5
M0.4
M0.4
M0.4
I0.4
M0.1
M0.0
M0.5
M0.5
T38
IN TON
200
PT 100 ms
M0.4
Q0.2
M0.5

图 4-15 参考梯形图

<table>
<tr><td colspan="5">任务名称：液体自动混合控制系统编程与实现</td></tr>
<tr><td>实训台号</td><td>班级</td><td>学号</td><td>姓名</td><td>日期</td></tr>
<tr><td></td><td></td><td></td><td></td><td></td></tr>
</table>

一、任务分析

熟练使用各条基本指令，通过对工程实例的模拟，熟练地掌握PLC的编程知识以及相关的程序调试技术。

二、实训目标

1. 通过液体自动混合控制系统的建立，掌握通过顺序设计法设计实际生产控制系统的思想和方法。

2. 液体自动混合控制系统的编程与实现。

◆ 液体自动混合控制系统要求。

1. 初始状态。装置投入运行前，要将液体A、B的阀门关闭，且将容器内的液体排空。

2. 液体自动混合控制系统的控制过程。按下启动按钮SD后，液体混合装置就开始按照编制好的步骤进行操作：液体A的阀门打开，液体A流入容器；当液体A的液面到达SL2时，关闭液体A的阀门，打开液体B的阀门。当液面达到SL1时，液体B的阀门会关闭，搅拌电机则开始运转，将液体A和B的混合液体进行搅匀。搅拌电机运转1 min后停止，然后混合液体的阀门打开，开始将搅拌均匀的混合液体排出。当容器内的液面下降到SL3时，再过20s，容器内的液体排空，混合液的阀门关闭，开始下一周期的操作。

3. 停机控制系统。按下停止按钮ST，在当前的混合液操作处理完毕后，才停止操作，然后返回到初始状态。

◆ 液体自动混合控制系统的实验面板如前图4-10所示。

三、液体自动混合控制系统程序的编制

1. 输入/输出(I/O)地址分配。

输　入		输　出	
元件代号	功　能	元件代号	功　能

2. 输入/输出(I/O)接线图绘制。

续表

3. 根据控制要求编写 PLC 程序(此部分可另附纸完成)。

(1) 画出顺序功能图。

(2) 将顺序功能图转换成梯形图。

四、安装与调试

五、实训成绩

六、实训思考

如果按下停止按钮,整个系统就立即终止运行,应该如何控制?

任务评价

序号	评价指标	评价内容	分值	学生自评	小组评价	教师评价
1	调试	检查电路接线是否正确	10			
		检查梯形图是否正确	30			
		通电后正确、试验成功	20			
2	安全规范与提问	是否符合安全操作规范	10			
		回答问题是否准确	10			
3	实训任务单	书写正确、工整	20			
总分			100			
问题记录和解决方法			记录任务实施中出现的问题和采取的解决方法(可附页)			

任务 3　机械手动作控制

任务描述

机械手的任务大多数是快速、准确地搬动物品或器件。例如将传送带 A 的物品搬至传送带 B 上,或把某元件(电阻、电容等)取来送至印制电路板上,按规定的动作和规律运行。机械手有规律的运动若采用 PLC 进行控制,是比较方便的。

本任务是利用 PLC 对机械手的动作进行控制,梯形图采用顺序设计法进行设计,系统的面板如图 4-16 所示。在该控制系统中,共有 6 个输入信号(I0.0～I0.5)和 6 个输出信号(Q0.0～Q0.5)。SD(I0.0)、ST(I0.1)分别为机械手动作系统的开始按钮和停止按钮,SQ1(I0.2)、SQ2(I0.3)、SQ3(I0.4)、SQ4(I0.5)分别为机械手动作的下限位开关、上限位开关、右限位开关和左限位开关。YV1(Q0.0)、YV2(Q0.1)、YV3(Q0.2)、YV4(Q0.3)、YV5(Q0.4)和 HL(Q0.5)分别表示机械手处于下降动作、加紧工件、上升动作、右行动作、左行动作和处于原位的状态。

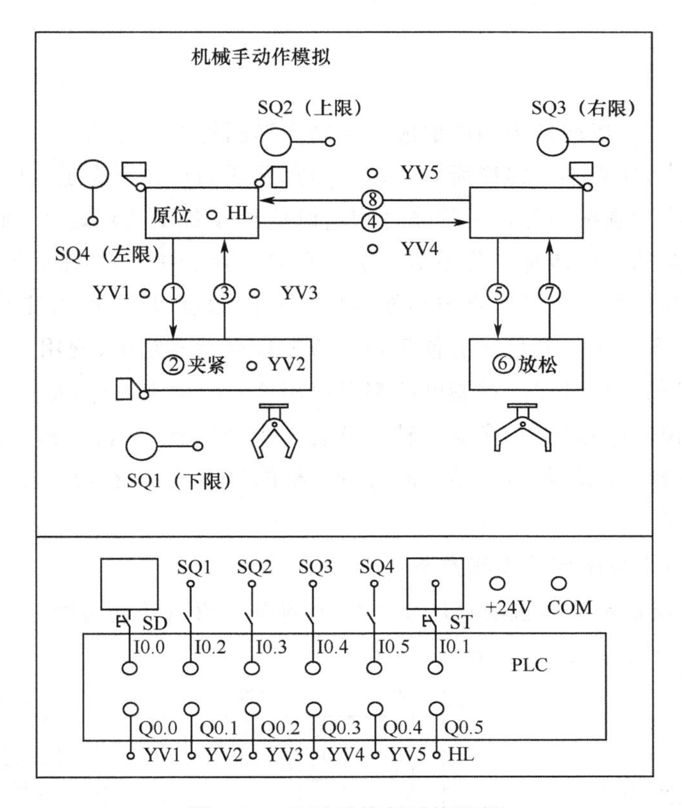

图 4-16　机械手控制系统面板

任务解析

本任务利用PLC软件模拟机械手的动作过程，要求如下：

1. 初始状态

机械手处于原位(左上位：SQ4和SQ2开关处于接通状态，置“1”)，原位指示灯点HL亮。

2. 机械手动作模拟控制系统的控制过程

① 按下启动按钮，机械手下降；同时，上限位开关SQ2断开，原位指示灯HL熄灭。

② 当下降到下限位开关SQ1时，机械手停止下降动作；同时夹紧工件，夹紧时间5 s。

③ 5 s后，机械手夹紧工件上升。

④ 上升到上限位开关SQ2后，机械手停止上升动作；同时执行右移动作。

⑤ 机械手右移到右限位开关SQ3时，停止右移；同时执行下降动作(在右侧下降)。

⑥ 机械手下降到下限位开关SQ1时，停止下降动作；同时机械手松开工件，松开时间5 s。

⑦ 5 s后，机械手再次执行上升动作。

⑧ 上升到上限位开关SQ2后，机械手停止上升动作；同时执行左移动作。

⑨ 机械手左移到左限位开关SQ4时，停止左移，回到原位。这时，上限开关SQ2和左限开关SQ4又处于接通状态，完成一个机械手一个动作控制周期，并为下一个动作控制周期做好准备。

3. 停机控制系统

按下停止按钮ST，整个系统终止运行。

以转换为中心的顺序控制梯形图的编程方法

在顺序功能图中，如果某一转换所有的前级步都是活动步并且满足相应的转换条件，则转换实现。即所有由有向连线与相应转换条件相连的后续步都变为活动步，而所有由有向连线与相应转换条件相连的前级步都变为不活动步。在以转换为中心的编程方法中，将该转换所有前级步对应的位存储器的常开触点与转换条件对应的触点串联，作为使所有后续步对应的位存储器置位（使用 S 指令），和使所有前级步对应的位存储器复位（使用 R 指令）的条件。在任何情况下，代表步的位存储器的控制电路都可以用这一原则来设计，每一个转换对应一个这样的控制置位和复位的电路块，有多少个转换就有多少个这样的电路块。这种设计方法特别有规律，梯形图与转换实现的基本原则之间有着严格的对应关系，在设计复杂的顺序功能图的梯形图时既容易掌握，又不容易出错。

一、以转换为中心单序列的编程方法

仍以图 4-11 鼓风机和引风机的顺序功能图为例来介绍以转换为中心的顺序控制梯形图的编程方法，其梯形图如图 4-17 所示。

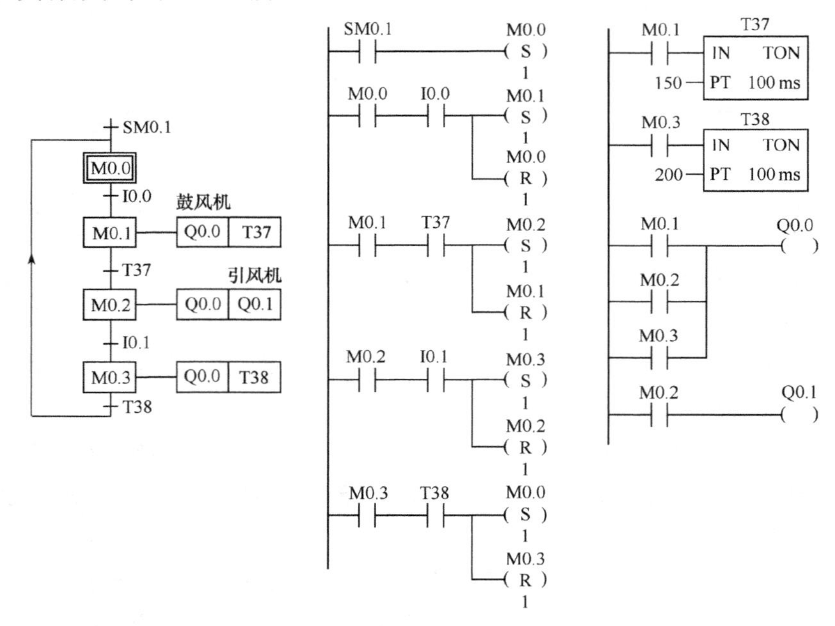

图 4-17　鼓风机和引风机的顺序功能图和梯形图

若实现图中 M0.1 对应的转换需要同时应满足两个条件，即该转换的前级步 M0.0 是活动步和转换条件 I0.0 满足。在梯形图中，就可以用 M0.0 和 I0.0 的常开触点组成的串联电路来表示上述条件。该电路接通时，两个条件同时满足，此时应将该转换的后续步变为活动步（用置位指令将 M0.1 置位）和将该转换的前级步变为不活动步（用复位指令将 M0.0 复位），这种编程方法与转换实现的基本原则之间有着严格的对应关系，用它编制复杂的顺序功能图的梯形图时，更能显示出它的优越性。

使用这种编程方法时，不能将输出继电器、定时器、计数器的线圈与置位指令和复位指令并联，这是因为图 4-17 中前级步和转换条件对应的串联电路接通的时间是相当短的（只有一个扫描周期），转换条件满足后前级步马上被复位，该串联电路断开，而输出继电器的线圈至少应该在某一步对应的全部时间内被接通。所以应根据顺序功能图，用代表步的位存储器的常开触点或它们的并联电路来驱动输出存储器线圈。

二、以转换为中心选择序列的编程方法

如果某一转换与并行序列的分支、合并无关，它的前级步和后续步都只有一个，需要复位、置位的存储器位也只有一个，因此对选择序列的分支与合并的编程方法实际上与对单序列的编程方法完全相同，仍以图 4-12 所示的顺序功能图为例进行分析选择序列的编程方法。

在图 4-12 中，除了 M0.4 与 M0.6 对应的转换以外，其余的转换均与并行序列无关，I0.0～I0.2 对应的转换与选择序列的分支、合并有关，它们都只有一个前级步和一个后续步。与并行序列无关的转换对应的梯形图是非常标准的，每一个控制置位、复位的电路块都由前级步对应的位存储器和转换条件对应的触点组成的串联电路，一条置位指令和一条复位指令组成。图 4-18（对应图 4-12）是以转换条件为中心的编程方式的梯形图。

三、以转换为中心并行序列的编程方法

图 4-18 中步 M0.3 之后有一个并行序列的分支，当 M0.3 是活动步，并且转换条件 I0.4 满足时，步 M0.4 与步 M0.6 应同时变为活动步，这是用 M0.3 和 I0.4 的常开触点组成的串联

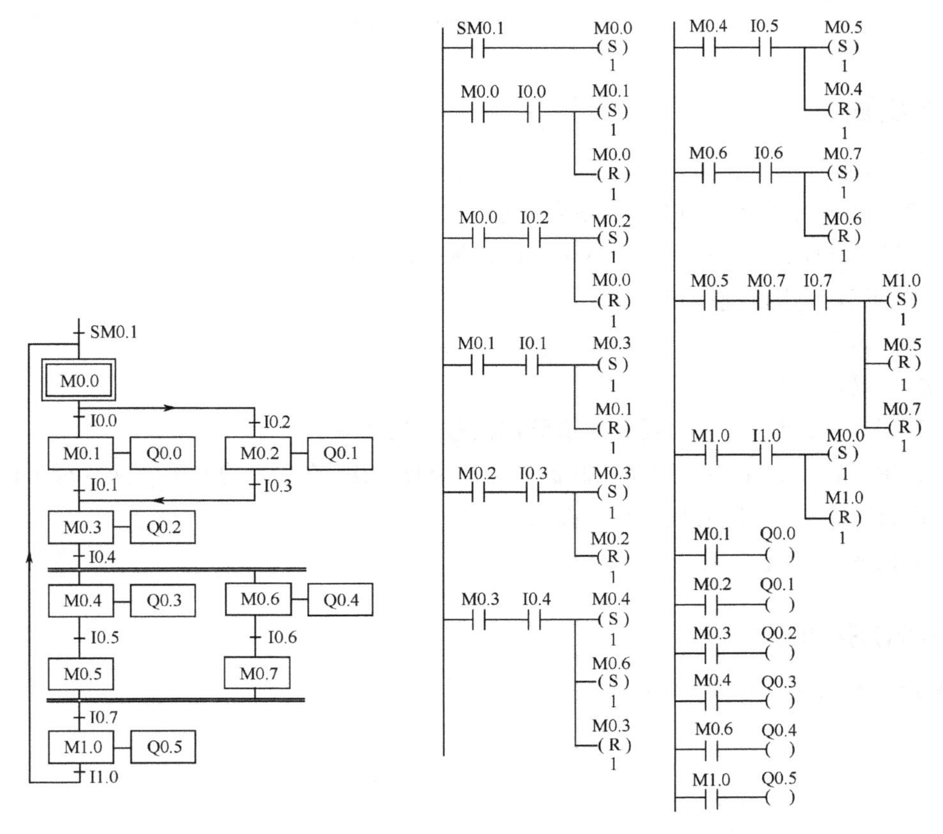

图 4-18　选择序列与并行序列的顺序功能图与梯形图

电路使 M0.4 和 M0.6 同时置位来实现的；与此同时，步 M0.3 应变为不活动步，这是用复位指令来实现的。

I0.7 对应的转换之前有一个并行序列的合并，该转换实现的条件是所有的前级步（即步 M0.5 和 M0.7）都是活动步和转换条件 I0.7 满足。由此可知，应将 M0.5、M0.7 和 I0.7 的常开触点串联，作为使 M1.0 置位和使 M0.5、M0.7 复位的条件。

图 4-19 中转换的上面是并行序列的合并，转换的下面是并行序列的分支，该转换实现的条件是所有的前级步（即步 M2.0 和 M2.1）都是活动步和转换条件$\overline{\text{I0.1}}+\text{I0.2}$ 满足，因此应将 M2.0、M2.1、I0.2 的常开触点与 I0.1 的常闭触点组成的串并联电路，作为使 M2.2、M2.3 置位和使 M2.0、M2.1 复位的条件。

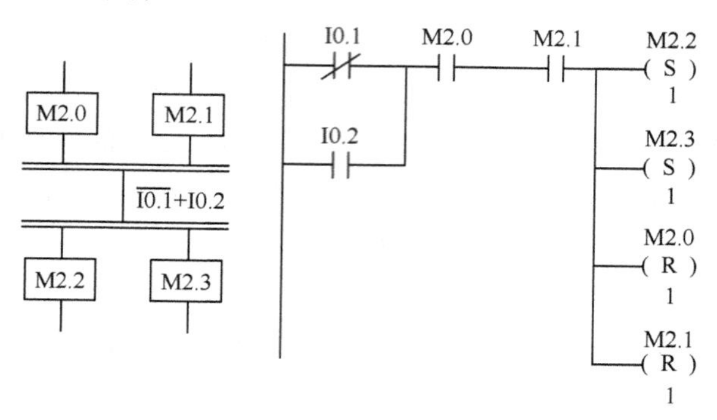

图 4-19 转换的同步实现

任务实施

1. 任务实施所需的实训设备

(1) 西门子 S7-200 系列 PLC 控制台一套。

(2) 安装了 SIEP7-Micro/WIN_V4.0 编程软件的计算机一台。

(3) PC/PPI 编程电缆一根。

(4) 导线若干。

2. 实训步骤及要求

(1) 利用顺序设计法，根据任务要求绘制出顺序功能图。

(2) 利用以转换为中心的顺序控制梯形图的编程方法，将顺序功能图转换为梯形图。

(3) 进行 PLC 的 I/O 地址分配与接线。

(4) 上机调试，运行程序。

参考顺序功能图

参考顺序功能图如图 4-20 所示。

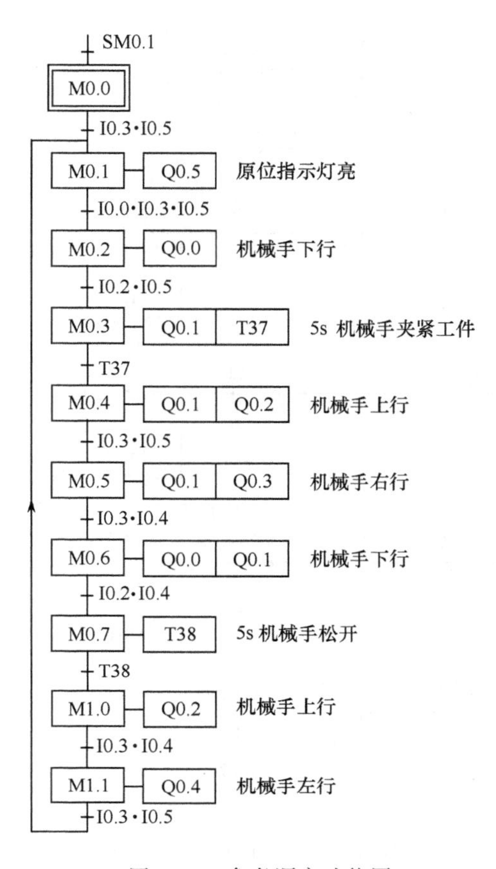

图 4-20　参考顺序功能图

参考梯形图

参考梯形图如图 4-21 所示。

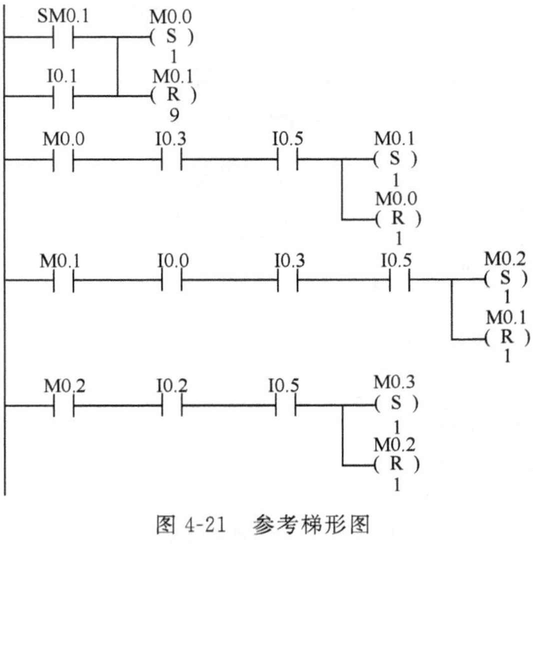

图 4-21　参考梯形图

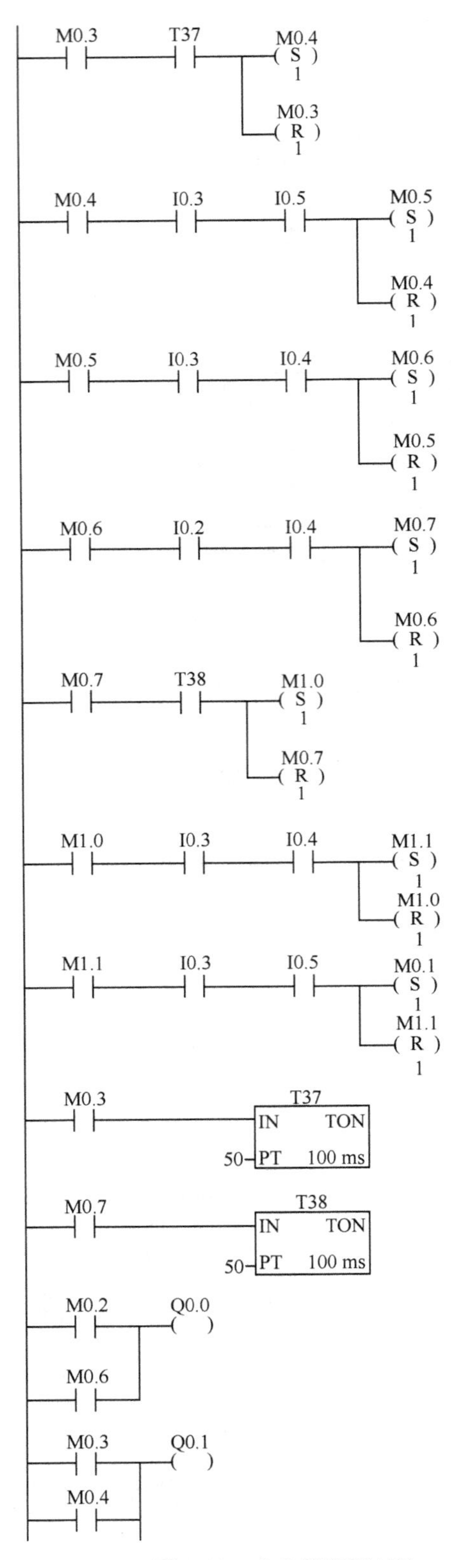
M0.3
T37
M0.4
S
1
M0.3
R
1
M0.4
I0.3
I0.5
M0.5
S
1
M0.4
R
1
M0.5
I0.3
I0.4
M0.6
S
1
M0.5
R
1
M0.6
I0.2
I0.4
M0.7
S
1
M0.6
R
1
M0.7
T38
M1.0
S
1
M0.7
R
1
M1.0
I0.3
I0.4
M1.1
S
1
M1.0
R
1
M1.1
I0.3
I0.5
M0.1
S
1
M1.1
R
1
M0.3
T37
IN
TON
50
PT
100 ms
M0.7
T38
IN
TON
50
PT
100 ms
M0.2
Q0.0
M0.6
M0.3
Q0.1
M0.4

图 4-21　参考梯形图(续)

```
|   M0.5
|---| |---+
|   M0.6  |
|---| |---+
|
|   M0.4        Q0.2
|---| |---+----(   )
|   M1.0  |
|---| |---+
|
|   M0.5        Q0.3
|---| |--------(   )
|
|   M1.1        Q0.4
|---| |--------(   )
|
|   M0.1        Q0.5
|---| |--------(   )
|
```

图 4-21　参考梯形图(续)

任务名称:机械手动作模拟控制系统的编程与实现				
实训台号	班级	学号	姓名	日期

一、任务分析

机械手的任务大多数是快速、准确地搬动物品或器件。例如将传送带 A 的物品搬至传送带 B 上,或把某元件(电阻、电容等)取来送至印制电路板上,按规定的动作和规律运行。机械手有规律的运动若采用 PLC 进行控制,是比较方便的。

二、实训目标

1. 通过机械手动作模拟控制系统的建立,掌握通过顺序设计法设计实际生产控制系统的思想和方法。

2. 用 PLC 控制机械手动作。根据控制要求,对本项目进行设计、安装和调试。

◆ 机械手动作模拟控制系统要求。

1. 初始状态。

机械手处于原位(左上位:SQ4 和 SQ2 开关处于接通状态,置"1"),原位指示灯点 HL 亮。

2. 机械手动作模拟控制系统的控制过程。

① 按下启动按钮,机械手下降;同时,上限位开关 SQ2 断开,原位指示灯 HL 熄灭。

② 当下降到下限位开关 SQ1 时,机械手停止下降动作;同时夹紧工件,夹紧时间 5 s。

③ 5 s 后,机械手夹紧工件上升。

④ 上升到上限位开关 SQ2 后,机械手停止上升动作;同时执行右移动作。

⑤ 机械手右移到右限位开关 SQ3 时,停止右移;同时执行下降动作(在右侧下降)。

⑥ 机械手下降到下限位开关 SQ1 时,停止下降动作;同时机械手松开工件,松开时间 5 s。

⑦ 5 s 后,机械手再次执行上升动作。

⑧ 上升到上限位开关 SQ2 后,机械手停止上升动作;同时执行左移动作。

⑨ 机械手左移到左限位开关 SQ4 时,停止左移,回到原位。这时,上限开关 SQ2 和左限开关 SQ4 又处于接通状态,完成一个机械手一个动作控制周期,并为下一个动作控制周期做好准备。

3. 停机控制系统。

按下停止按钮 ST,整个系统终止运行。

◆ 机械手动作模拟控制系统的实验面板如前图 4-16 所示。

续表

三、机械手动作模拟控制系统程序的编制

1. 输入/输出(I/O)地址分配。

输　入		输　出	
元件代号	功　能	元件代号	功　能

2. 输入/输出(I/O)接线图绘制。

3. 根据控制要求编写 PLC 程序。

(1) 顺序功能图。

(2) 根据控制要求绘制梯形图。

四、安装与调试

五、实训成绩

任务评价

序号	评价指标	评价内容	分值	学生自评	小组评价	教师评价
1	调试	检查电路接线是否正确	10			
		检查梯形图是否正确	30			
		通电后正确、试验成功	20			
2	安全规范与提问	是否符合安全操作规范	10			
		回答问题是否准确	10			
3	实训任务单	书写正确、工整	20			
总分			100			
问题记录和解决方法			记录任务实施中出现的问题和采取的解决方法(可附页)			

任务4　十字路口交通灯控制

任务描述

交通信号灯是交通信号中的重要组成部分,是道路交通的基本语言。本任务利用PLC技术对十字路口交通灯的控制系统进行模拟,掌握通过顺序设计法设计实际生产控制系统的思想和方法,系统的面板如图4-22所示。在该控制系统中,共有2个输入信号(I0.0、I0.1)和8

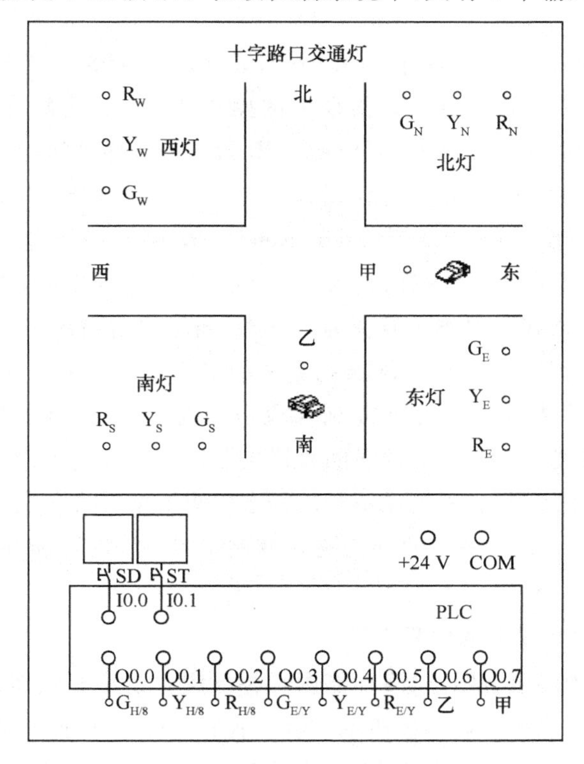

图4-22　十字路口交通灯控制系统

个输出信号(Q0.0～Q0.7)。SD(I0.0)、ST(I0.1)分别为十字路口交通灯控制系统的开始按钮和停止按钮，$G_{N/S}$(Q0.0)、$Y_{N/S}$(Q0.1)、$R_{N/S}$(Q0.2)分别表示南北向的绿、黄、红灯，$G_{E/W}$(Q0.3)、$Y_{E/W}$(Q0.4)、$R_{E/W}$(Q0.5)分别表示东西向的绿、黄、红灯，乙车(Q0.6)表示南北向的车辆(通行时为1状态)，甲车(Q0.7)表示东西的车辆(通行时为1状态)。

任务解析

本任务利用PLC软件模拟十字路口交通灯控制系统，具体控制要求如下：

当按下启动按钮SD时，东西方向红灯亮30 s，南北方向绿灯亮25 s，绿灯闪亮3 s，每秒闪亮1次，然后黄灯亮2 s。当南北方向黄灯熄灭后，东西方向绿灯亮25 s，绿灯闪亮3 s，每秒闪亮1次，然后黄灯亮2 s，南北方向红灯亮30 s，就这样周而复始地不断循环。此外，当南北方向绿灯亮时(包括绿灯闪烁)，南北方向的小车通行；当东西方向绿灯亮时(包括绿灯闪烁)，东西方向的小车通行。当按下停止按钮ST时，系统并不能马上停止，要完成1个工作周期后方可停止工作。

相关知识

使用SCR指令的顺序控制梯形图的编程方法

一、顺序控制继电器指令

S7-200系列PLC中的顺序控制继电器专门用于顺序控制程序。顺序控制程序被顺序控制继电器指令划分为LSCR与SCRE指令之间的若干个SCR段，一个SCR段对应于顺序功能图中的一步。

装载顺序控制继电器(Load Sequence Control Relay)指令LSCR S_bit用来表示一个SCR段，即顺序功能图中的步的开始。指令中的操作数S_bit为顺序控制继电器S(BOOL型)地址，顺序控制继电器为1状态时，对应的SCR段中的程序被执行，反之则不被执行。

顺序控制继电器结束(Sequence Control Relay End)指令SCRE用来表示SCR段的结束。

顺序控制继电器转换(Sequence Control Relay Transition)指令SCRT S_bit用来表示SCR段之间的转换，即步的活动状态的转换。当SCRT线圈通电时，SCRT中指定的顺序功能图中的后续步对应的顺序控制继电器变为1状态，同时当前活动步对应的顺序控制继电器变为0状态，当前步变为不活动步。LSCR指令中指定的顺序控制继电器被放入SCR堆栈的栈顶，SCR堆栈中S位的状态决定对应的SCR段是否执行。由于逻辑堆栈栈项的值装入了S位的值，所以能将SCR指令和它后面的线圈直接连接到左侧母线上。

使用SCR时有如下的限制：不能在不同的程序中使用相同的S位；不能在SCR段中使用JMP及LBL指令，即不允许用跳转的方法跳入或跳出SCR段；不能在SCR段中使用FOR、NEXT和END指令。

二、使用SCR指令单序列的编程方法

图4-23为小车运动的示意图、顺序功能图和梯形图。设小车在初始位置时停在左边，限位开关I0.2为1状态。当按下启动按钮I0.0后，小车向右运行，碰到限位开关I0.1后，停在该处，3 s后开始左行，左行碰到限位开关I0.2后返回初始步，停止运行。根据Q0.0和Q0.1

状态的变化可知，一个工作周期可以分为左行、暂停和右行三步，另外还应设置等待启动的初始步，并分别用 S0.0～S0.3 来代表这 4 步。启动按钮 I0.0 和限位开关的常开触点、T37 延时接通的常开触点是各步之间的转换条件。

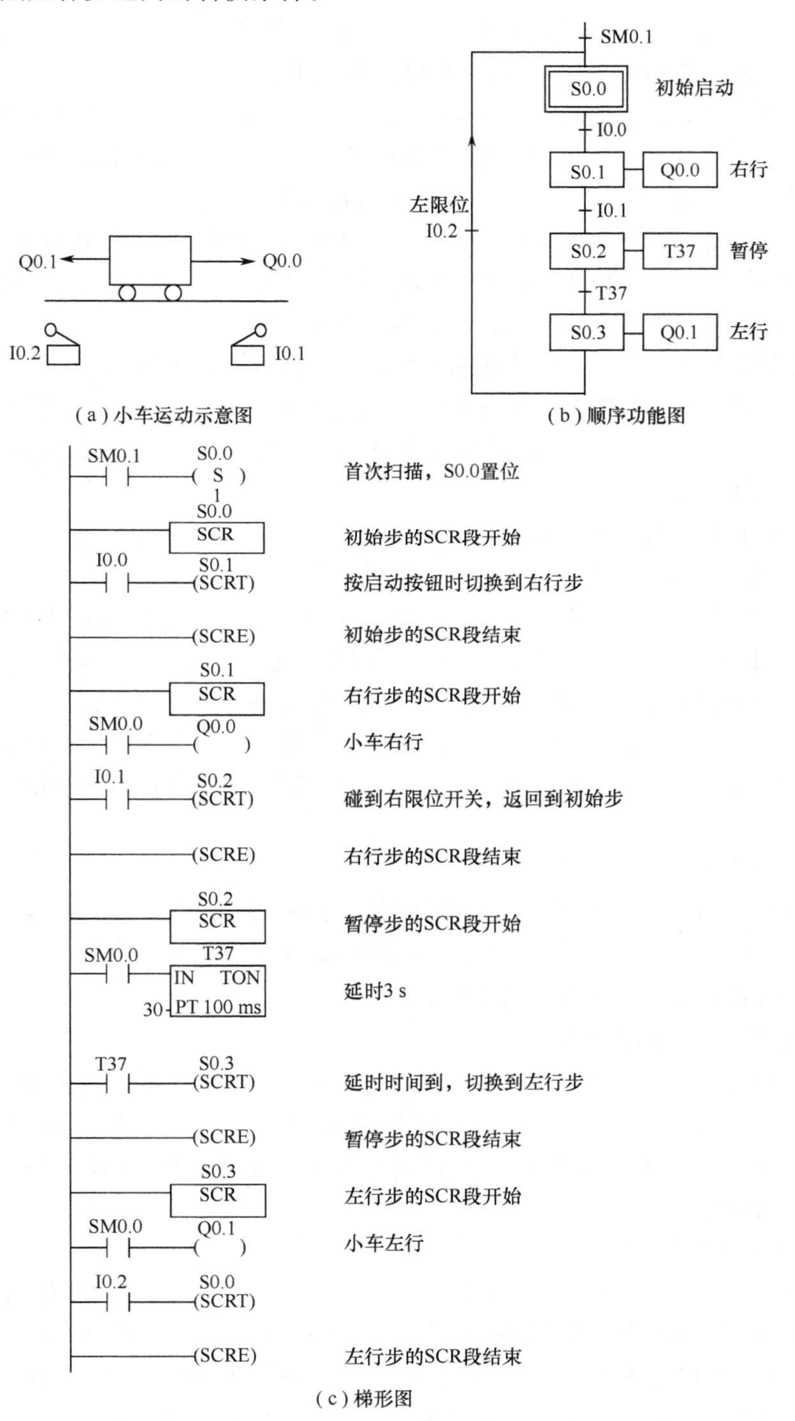

图 4-23 小车运动示意图、顺序功能图和梯形图

首次扫描时 SM0.1 的常开触点接通一个扫描周期，使顺序控制继电器 S0.0 置位，初始步变为活动步，只执行 S0.0 对应的 SCR 段。如果小车在最左边，I0.2 为 1 状态，此时按下启动按钮 I0.0，SCRT S0.1 指令的线圈得电，使 S0.1 变为 1 状态，S0.0 变为 0 状态，系统从初始步转换到右行步，转为执行 S0.1 对应的 SCR 段。在该段中，因为 SM0.0 一直为 1 状态，其常开触点闭合，Q0.0 的线圈得电，小车右行。在操作系统没有执行 S0.1 对应的 SCR 段时，Q0.0 的线圈不会得电。当右行碰到右限位开关时，I0.1 的常开触点闭合，将实现右行步 S0.1 到暂停步 S0.2 的转换。定时器 T37 用来使暂停步持续到 3 s。延时时间到时 T37 的常开触点接通，使系统由暂停步转换到左行步 S0.3，直到返回初始步。

在设计梯形图时，用 LSCR（梯形图中 SCR）和 SCRE 指令作为 SCR 段的开始和结束指令。在 SCR 段中用 SM0.0 的常开触点来驱动在该步中应为 1 状态的输出点（Q）的线圈，并用转换条件对应的触点或电路来驱动转到后续步的 SCRT 指令。

如果用编程软件的"程序状态"功能来监视处于运行模式的梯形图，可以看到因为直接接在左侧电源线上，每一个 SCR 方框都是蓝色的，但是只有活动步对应的 SCRE 线圈通电，并且只有活动步对应的 SCR 区内的线圈受到对应的顺序控制继电器的控制，SCR 区内的线圈还能受与它串联的触点或电路的控制。

三、使用 SCR 指令选择序列的编程方法

1. 选择序列分支的编程方法

图 4-24(a)中步 S0.0 之后有一个选择序列的分支，当它为活动步，并且转换条件 I0.0 得到满足时，后续步 S0.1 将变为活动步，S0.0 变为不活动步。如果步 S0.0 为活动步，并且转换条件 I0.2 得到满足时，后续步 S0.2 将变为活动步，S0.0 变为不活动步。

因此当 S0.0 为 1 时，它对应的 SCR 段被执行，此时若转换条件 I0.0 为 1，该程序段的指令 SCRT S0.1 被执行，将转换到步 S0.1。若 I0.2 的常开触点闭合，将执行指令 SCRT S0.2，转换到步 S0.2。

2. 选择序列合并的编程方法

图 4-24(a)中步 S0.3 之前有一个选择序列的合并，当步 S0.1 为活动步，并且转换条件 I0.1 满足，或步 S0.2 为活动步，I0.3 的常开触点驱动 SCRT S0.3 指令。

四、使用 SCR 指令并行序列的编程方法

1. 并行序列分支的编程方法

图 4-24(a)中步 S0.3 之后有一个并行序列的分支，当步 S0.3 是活动步，转换条件 I0.4 满足，步 S0.4 与步 S0.6 应同时变为活动步，这是用 S0.3 对应的 SCR 段中 I0.4 的常开触点同时驱动指令 SCRT S0.4 和 SCRT S0.6 对应的线圈来实现的。与此同时，S0.3 被自动复位，步 S0.3 变为不活动步。

2. 并行序列合并的编程方法

图 4-24(a)中步 S1.0 之前有一个并行序列的合并，I0.7 对应的转换条件是所有的前级步（即步 S0.5 和 S0.7）都是活动步和转换条件 I0.7 满足，就可以使下级步 S1.0 置位。由此可知，应使用以转换条件为中心的编程方法，将 S0.5、S0.7 和 I0.7 的常开触点串联，来控制 S1.0 的置位和 S0.5、S0.7 的复位，从而使步 S1.0 变为活动步，步 S0.5 和 S0.7 变为不活动步。其梯形图如图 4-24(b)所示。

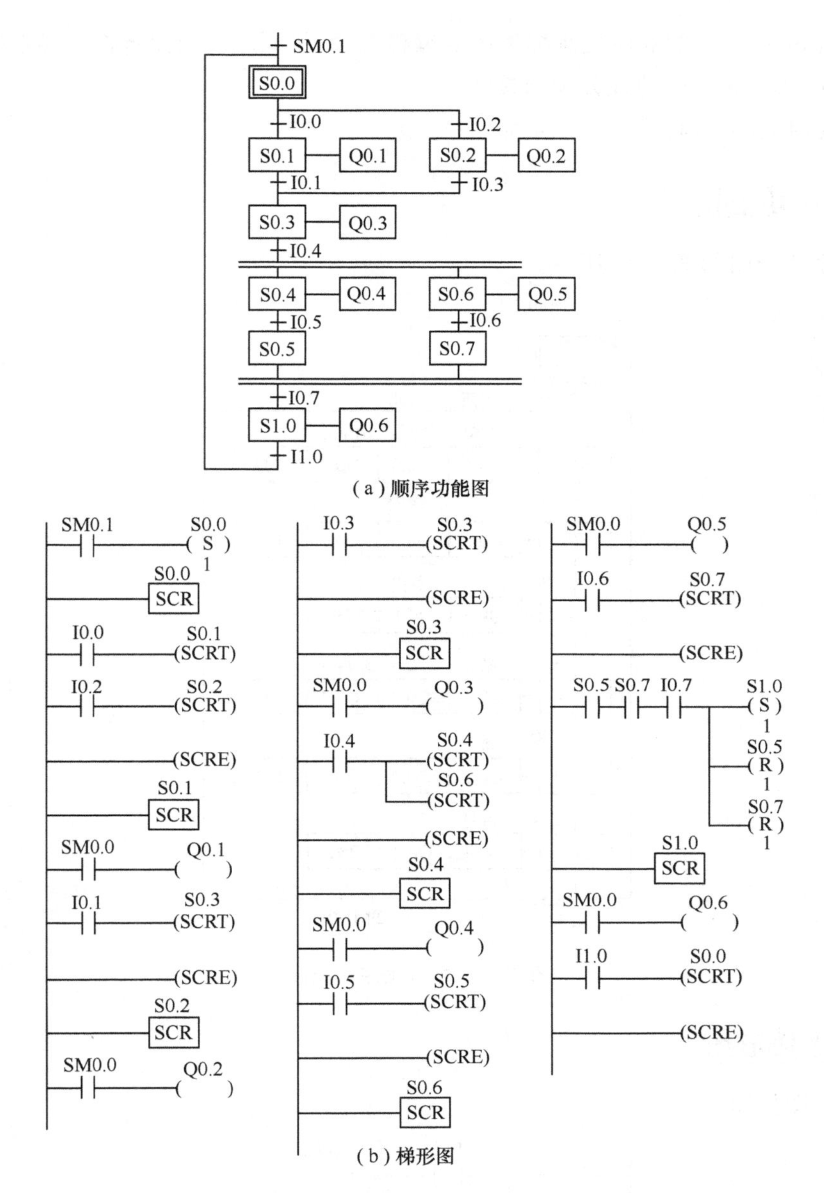

(a) 顺序功能图

(b) 梯形图

图 4-24　选择序列与并行序列的顺序功能图与梯形图

任务实施

1. 任务实施所需的实训设备

(1) 西门子 S7-200 系列 PLC 控制台一套。

(2) 安装了 SIEP7-Micro/WIN_V4.0 编程软件的计算机一台。

(3) PC/PPI 编程电缆一根。

(4) 导线若干。

2. 实训步骤及要求

(1) 利用顺序设计法，根据任务要求绘制出顺序功能图。

(2) 使用 SCR 指令的顺序控制梯形图的编程方法，将顺序功能图转换为梯形图。

(3) 进行 PLC 的 I/O 地址分配与接线。

(4) 上机调试，运行程序。

参考顺序功能图

参考顺序功能图如图 4-25 所示。

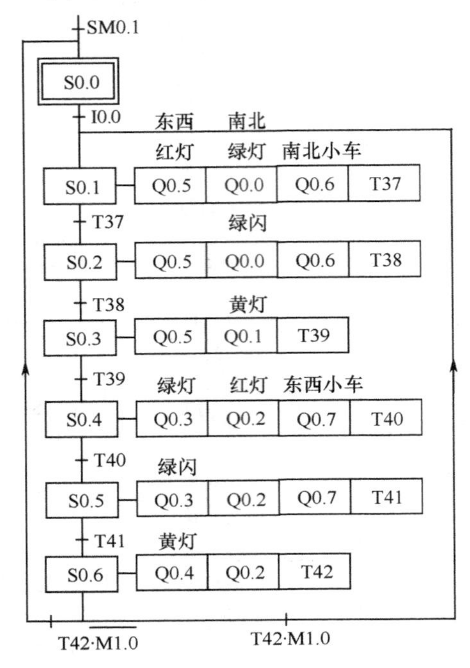

图 4-25 参考顺序功能图

参考梯形图

参考梯形图如图 4-26 所示。

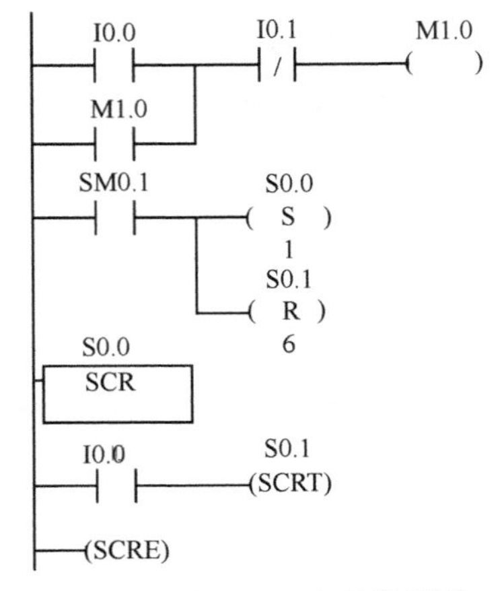

图 4-26 参考梯形图

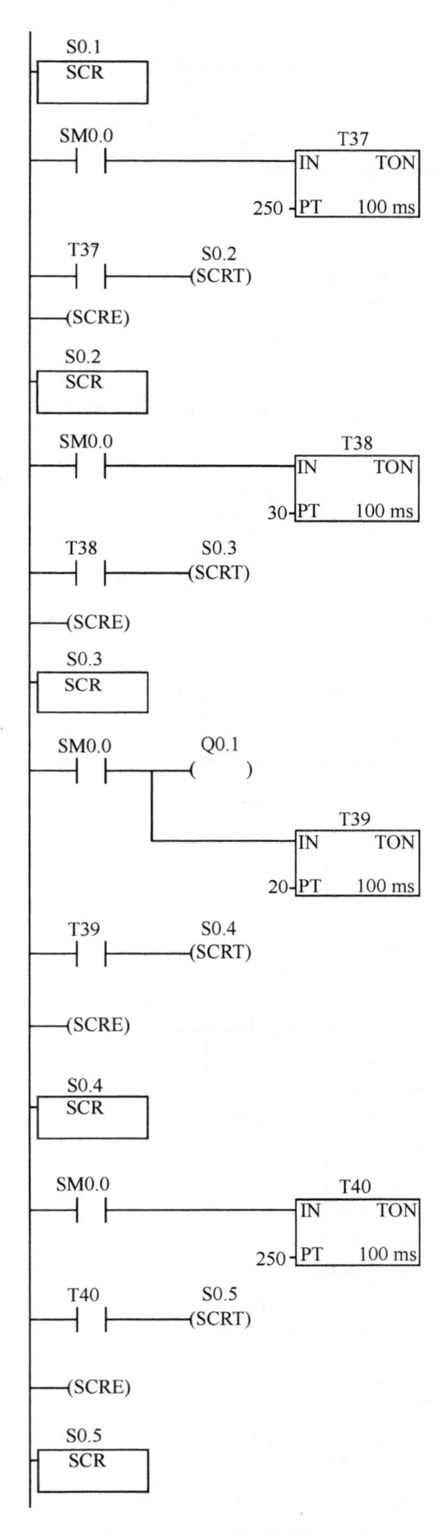
S0.1
SCR
SM0.0
T37
IN
TON
250
PT
100 ms
T37
S0.2
(SCRT)
(SCRE)
S0.2
SCR
SM0.0
T38
IN
TON
30
PT
100 ms
T38
S0.3
(SCRT)
(SCRE)
S0.3
SCR
SM0.0
Q0.1
T39
IN
TON
20
PT
100 ms
T39
S0.4
(SCRT)
(SCRE)
S0.4
SCR
SM0.0
T40
IN
TON
250
PT
100 ms
T40
S0.5
(SCRT)
(SCRE)
S0.5
SCR

图 4-26　参考梯形图(续)

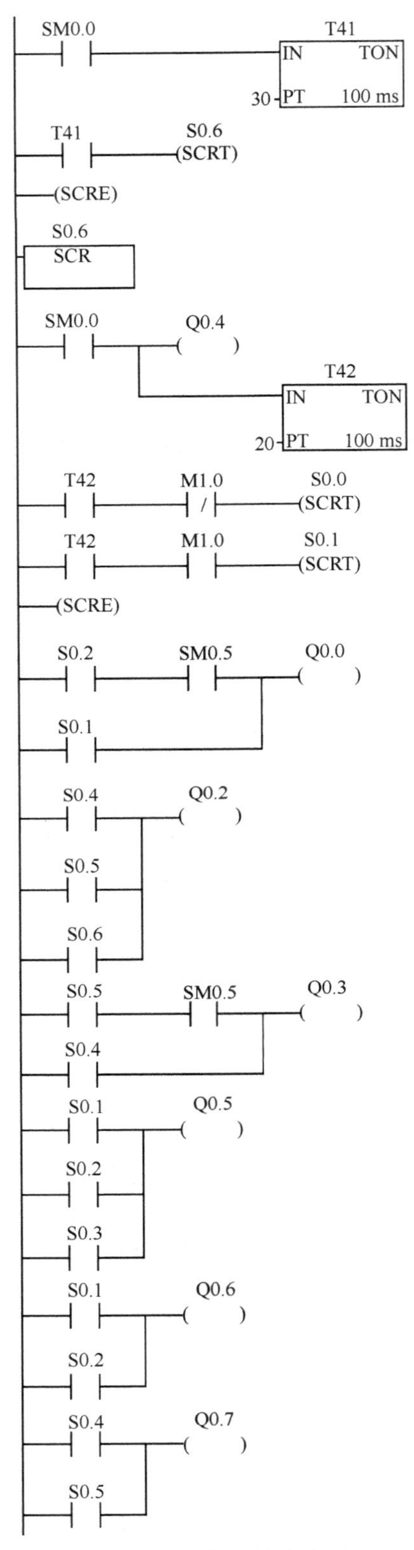
SM0.0
T41
IN
TON
30
PT
100 ms
T41
S0.6
(SCRT)
(SCRE)
S0.6
SCR
SM0.0
Q0.4
T42
IN
TON
20
PT
100 ms
T42
M1.0
S0.0
(SCRT)
T42
M1.0
S0.1
(SCRT)
(SCRE)
S0.2
SM0.5
Q0.0
S0.1
S0.4
Q0.2
S0.5
S0.6
S0.5
SM0.5
Q0.3
S0.4
S0.1
Q0.5
S0.2
S0.3
S0.1
Q0.6
S0.2
S0.4
Q0.7
S0.5

图 4-26　参考梯形图(续)

任务名称：十字路口交通灯控制系统编程与实现				
实训台号	班级	学号	姓名	日期

一、任务分析

通过对工程实例的模拟，熟练掌握顺序设计的控制思想，能够根据控制要求绘制出顺序功能图，并能由顺序功能图准确地转换为梯形图。

二、实训目标

用 PLC 模拟十字路口交通灯控制系统。根据控制要求，对本项目进行设计、安装和调试。

◆ 十字路口交通灯控制系统要求。

当按下启动按钮 SD 时，东西方向红灯亮 30 s，南北方向绿灯亮 25 s，绿灯闪亮 3 s，每秒闪亮 1 次，然后黄灯亮 2 s。当南北方向黄灯熄灭后，东西方向绿灯亮 25 s，绿灯闪亮 3 s，每秒闪亮 1 次，然后黄灯亮 2 s，南北方向红灯亮 30 s，就这样周而复始地不断循环。此外，当南北方向绿灯亮时（包括绿灯闪烁），南北方向的小车通行；当东西方向绿灯亮时（包括绿灯闪烁），东西方向的小车通行。当按下停止按钮 ST 时，系统并不能马上停止，要完成 1 个工作周期后方可停止工作。

◆ 十字路口交通灯控制系统的实验面板如前图 4-22 所示。

三、十字路口交通灯控制系统程序的编制

1. 输入/输出(I/O)地址分配。

输　　入		输　　出	
元件代号	功　　能	元件代号	功　　能

2. 输入/输出(I/O)接线图绘制。

续表

3. 根据控制要求编写 PLC 程序(此部分另附纸完成)。 (1) 画出顺序功能图。   (2) 将顺序功能图转换成梯形图。
四、安装与调试
五、实训成绩
六、实训思考 如果按下停止按钮,整个系统就立即终止运行,应该如何控制?

任务评价

序号	评价指标	评价内容	分值	学生自评	小组评价	教师评价
1	调试	检查电路接线是否正确	10			
		检查梯形图是否正确	30			
		通电后正确、试验成功	20			
2	安全规范与提问	是否符合安全操作规范	10			
		回答问题是否准确	10			
3	实训任务单	书写正确、工整	20			
总分			100			
问题记录和解决方法			记录任务实施中出现的问题和采取的解决方法(可附页)			

项目小结

本项目主要介绍了 PLC 程序设计法中的顺序设计法,以及由顺序功能图转换成梯形图(即顺序控制梯形图)的 3 种编程方法。

(1) 顺序功能图主要由步、动作、有向连线、转换和转换条件组成。其基本结构有单序列、选择序列与并行序列。功能图中步与步转换的实现必须要同时满足以下两个条件:该转换所有的前级步均是活动步;相应的转换条件得到满足。而转换实现应完成以下两个操作:使所有由有向连线与相应转换条件相连的后续步都变为活动步;使所有由有向连线与相应转换条件相连的前级步都变为不活动步。

(2) 使用起保停电路的顺序控制梯形图的编程方法,这种方法是使用与触点和线圈有关的指令,任何一种 PLC 的指令系统均有这种指令。根据转换实现的基本原则,开启下级步的条件为:① 前级步为活动步;② 相应的转换条件满足。关断上级步的条件为下级步为活动步或转换条件满足。使用起保停电路的编程方法,常采用下级步作为上级步的关断条件。这是一种通用的编程方法,可用于任意型号的 PLC。

(3) 以转换为中心的顺序控制梯形图的编程方法，这种编程方法是将前级步位存储器的常开触点与转换条件对应的常开触点串联作为下级步的开启条件，并使用置位指令将下级步置位，用复位指令将上级步复位。使用这种方法编程时，不能用输出位线圈和定时器线圈与置位和复位指令并联。

(4) 使用SCR指令的顺序控制梯形图编程方法，这种方法是将顺序控制程序划分为LSCR与SCRE指令之间的若干SCR段，一个SCR段对应于顺序功能图的一步。每一步要有段的开始指令，段的转移指令和段的结束指令。当某一步为活动步时，要完成4种操作：① 先驱动处理，使输出位Q为1状态；② 转换条件满足；③ 用段的转移指令向下一步转移；④ 用段的结束指令结束该步操作。

本项目通过液体自动混合控制、机械手动作控制和十字路口交通灯控制的具体任务实际操练，使学生对于梯形图的顺序设计法有了更深的认识和体会，使其能够根据控制要求绘制顺序功能图，并能将顺序功能图转换为梯形图。要求学生能够熟练掌握使用起保停电路的方法和以转换为中心的方法进行顺序控制梯形图的编程，熟悉使用SCR指令的顺序控制梯形图编程方法。

思考与练习题

4-1　设计出图4-27所示的顺序功能图的梯形图程序，T37的预设值为5 s。

4-2　用SCR指令设计图4-28所示的顺序功能图的梯形图程序。

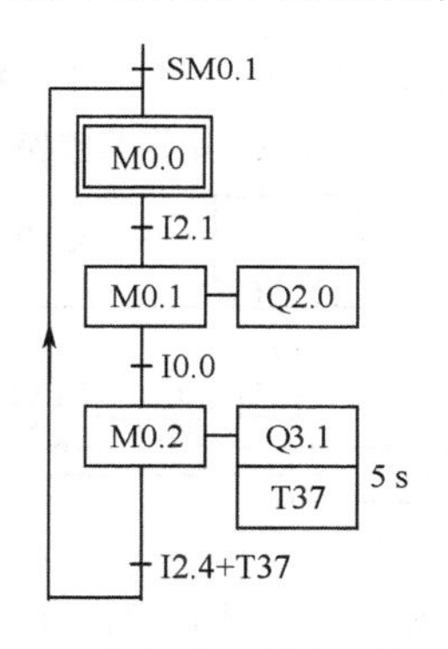

图4-27　题4-1图

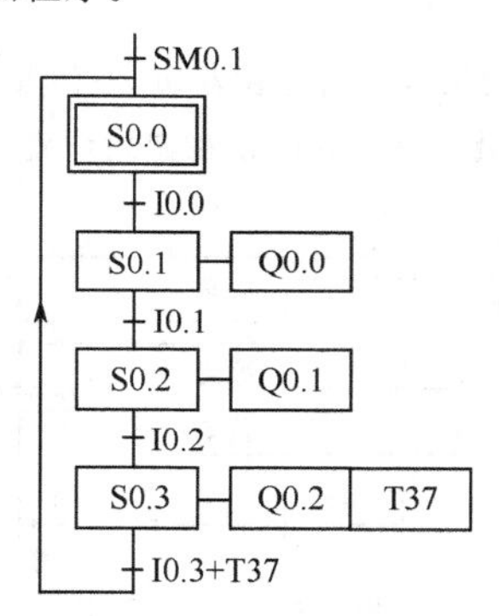

图4-28　题4-2图

4-3　设计出图4-29所示的顺序功能图的梯形图程序。

4-4　设计出图4-30所示的顺序功能图的梯形图程序。

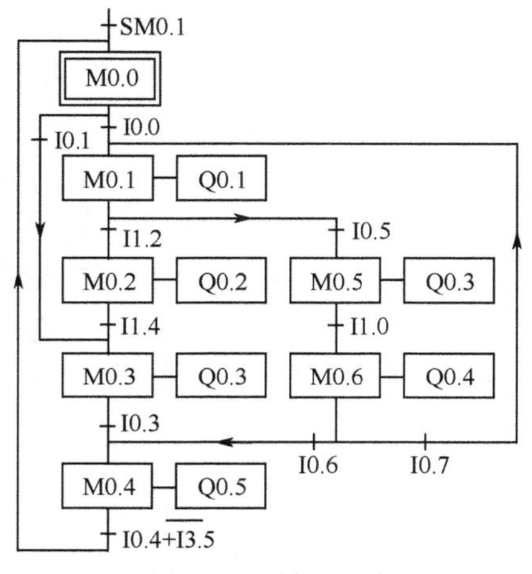

图4-29　题4-3图

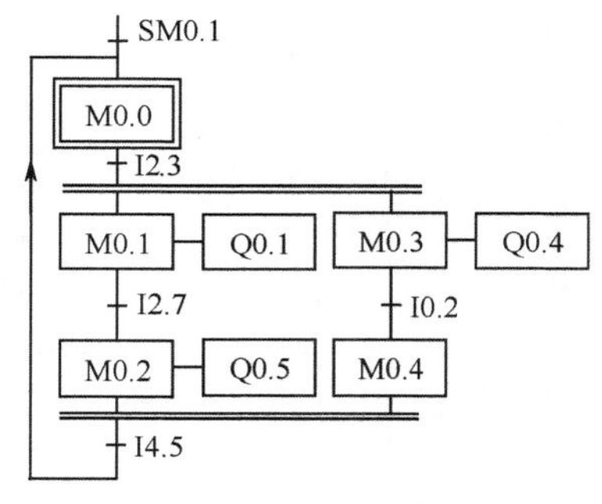

图4-30　题4-4图

4-5　用以转换为中心的编程方法，设计出图 4-31 所示的顺序功能图的梯形图程序。

4-6　图 4-32 中的 3 条运输带顺序相连，按下启动按钮，3 号运输带开始运行，5 s 后 2 号运输带自动启动，再过 5 s 后 1 号运输带自动启动。停机的顺序与启动的顺序正好相反，时间间隔仍然为 5 s。试绘出顺序功能图，并将其转换成梯形图。

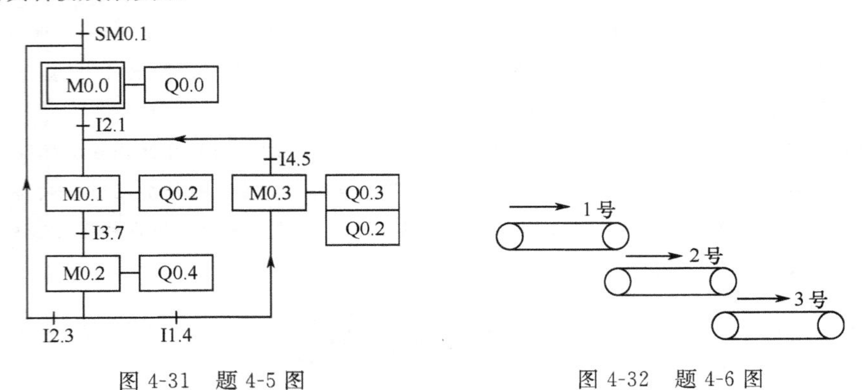

图 4-31　题 4-5 图　　　　图 4-32　题 4-6 图

4-7　图 4-33 所示信号灯控制系统的顺序功能图，并将其转换成梯形图，当按下启动按钮 I0.0 后，信号灯按波形图的顺序工作。

4-8　小车在初始状态时停在左边，限位开关 I0.0 为 ON，按下启动按钮 I0.3，小车开始右行，并按图 4-34 所示的顺序运动，最后返回并停止在初始位置。试绘出系统控制的顺序功能图，并将其转换成梯形图。

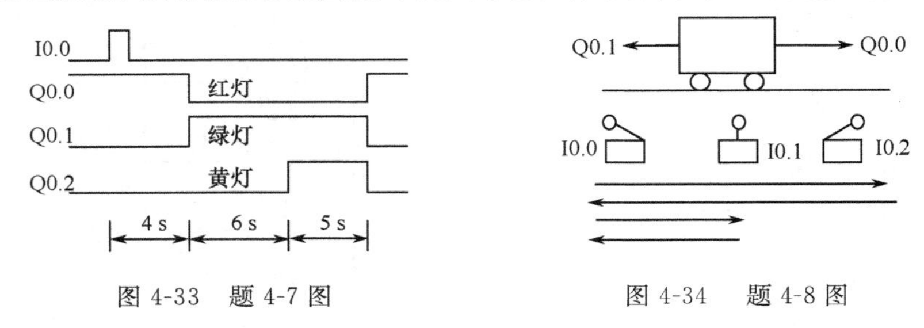

图 4-33　题 4-7 图　　　　图 4-34　题 4-8 图

项目五　S7-200系列PLC功能指令应用

项目内容

本项目包括天塔之光系统控制和抢答器数码显示控制。

知识要点

1. 数据传送指令、数据比较指令、数据移位与循环指令。
2. 数据表功能指令。
3. 译码、编码和段译码指令。
4. 数学运算指令。
5. 程序控制指令。
6. 天塔之光系统控制。
7. 抢答器数码显示控制。

学习目标

1. 掌握数据传送指令、数据比较指令、数据移位与循环指令、数学运算指令和程序控制指令的应用。
2. 了解数据表功能指令、译码、编码和段译码指令的应用。
3. 在掌握数据传送指令、数据移位与循环指令的编程方法基础上,实现天塔之光系统的控制。
4. 在掌握程序控制指令的应用基础上,实现抢答器数码显示控制。

S7-200 系列 PLC 的功能指令主要包括数据传送指令、数据比较指令、数据移位与循环指令、表功能指令、译码、编码和段译码指令、数学运算指令和程序控制指令。本项目在掌握了这些功能指令的指令格式及功能后,能够将其应用于实际控制中,对天塔之光系统和抢答器数码显示控制系统进行设计,通过实践操作,实现控制目标。

任务1　天塔之光系统控制

任务描述

天塔之光控制系统主要应用在闪光灯或花样灯饰中,在灯具市场的发展空间十分广阔。

本任务通过天塔之光系统的建立，掌握 S7-200 系列 PLC 的数据传送指令、移位指令、循环指令等功能指令的实际应用，系统的面板如图 5-1 所示。在该控制系统中，共有 2 个输入信号（I0.0～I0.1）和 9 个输出信号（Q0.0～Q1.0）。SD（I0.0）、ST（I0.1）分别为天塔之光控制系统的开始按钮和停止按钮，L1～L9（Q0.0～Q1.0）分别表示系统 9 个不同位置的指示灯。

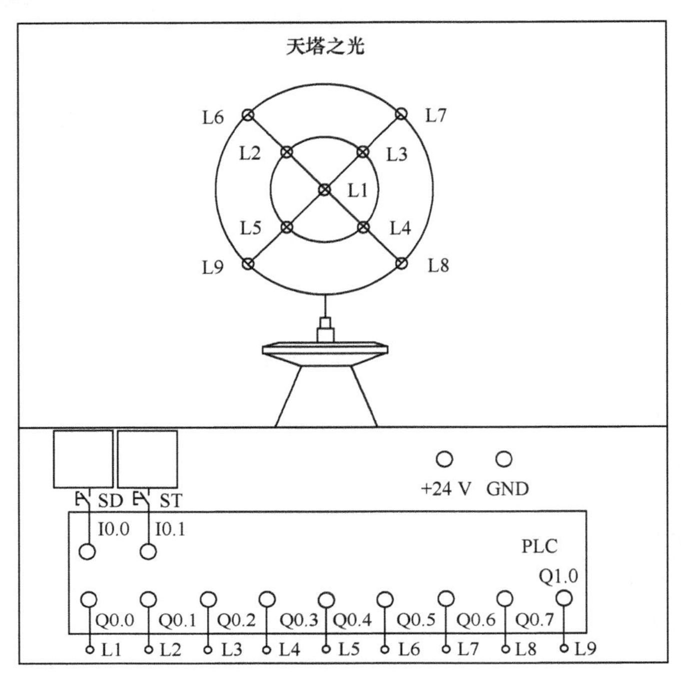

图 5-1　天塔之光控制系统

任务解析

依据实际生活中对天塔之光的运行控制要求，在本任务中指示灯循环显示的控制过程如下：

闭合启动按钮 I0.0 后，指示灯按以下规律循环显示：

L1→L2→L3→L4→L5→L6→L7→L8→L9→L2、L3、L4、L5→L6、L7、L8、L9→L1、L2、L6→L1、L3、L7→L1、L4、L8→L1、L5、L9→所有指示灯全部显示……如此循环，周而复始。

闭合停止按钮 I0.1 后，整个系统停止运行。

相关知识

一、数据传送指令

数据传送指令有字节、字、双字和实数的单个传送指令，还有以字节、字、双字为单位的数据块的成组传送指令，其用来完成各存储器单元之间的数据传送。

1. 字节、字、双字和实数的单个传送指令

单个传送指令一次完成一个字节、字、双字、实数的传送。数据类型分别为字节、字、双字和实数。其指令格式见表 5-1。

表 5-1　单个传送指令格式

梯　形　图				语句表	功　能
MOV_B EN ENO IN OUT	MOV_W EN ENO IN OUT	MOV_DW EN ENO IN OUT	MOV_R EN ENO IN OUT	MOV IN,OUT	IN=OUT

传送指令的操作功能：当使能输入端 EN 有效时，把一个输入 IN 单字节无符号数、单字长或双字长符号数送到 OUT 指定的存储器单元输出，传送过程不改变源地址中数据的值。例如，在图 5-2 的梯形图中，当使能输入有效（I0.0 为 ON）时，将变量存储器 VW10 中内容送到 VW20 中。

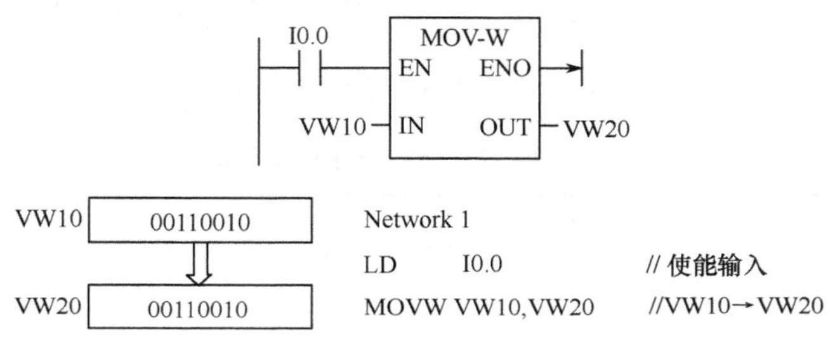

图 5-2　传送指令的应用

2．字节、字、双字的块传送指令

数据块传送指令一次可完成 N 个数据的成组传送。指令类型有字节、字、双字 3 种。其指令格式见表 5-2。

表 5-2　块传送指令格式

梯　形　图			功　能
BLKMOV_B EN ENO IN OUT N	BLKMOV_W EN ENO IN OUT N	BLKMOV_D EN ENO IN OUT N	字节、字和双字传送

① 字节的数据块传送指令：当使能输入端有效时，把从输入 IN 字节开始的 N 个字节数据传送到以输出字节 OUT 开始的 N 个字节的存储区中。

② 字的数据块传送指令：当使能输入端有效时，把从输入 IN 字开始的 N 个字的数据传送到以输出字 OUT 开始的 N 个字的存储区中。

③ 双字的数据块传送指令：当使能输入端有效时，把从输入 IN 双字开始的 N 个双字的数据传送到以输出双字 OUT 开始的 N 个双字的存储区中。

在图 5-3 的梯形图中，当使能输入有效（I0.1 为 ON）时，将 VW0 开始的连续 3 个字传送到 VW10～VW12 中。

3．字节交换指令

字节交换（SWAP）指令在使能输入有效时，用来实现输入字的高字节与低字节的交换。

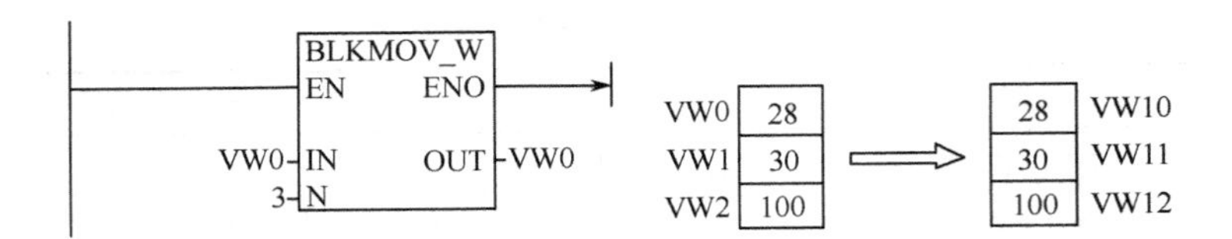

图 5-3　块传送指令的应用

字节交换指令的格式见表 5-3，应用举例如图 5-4 所示。

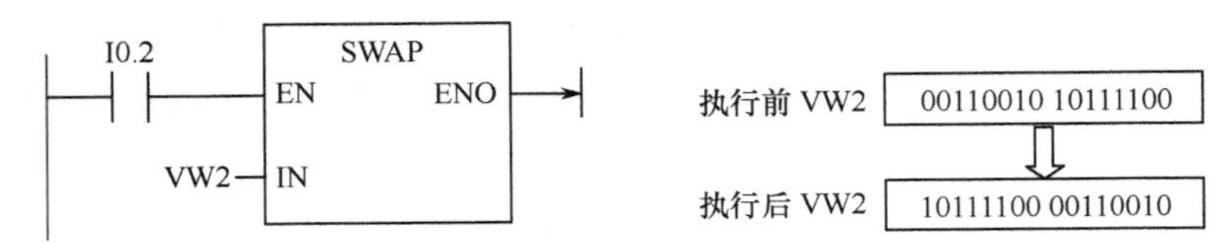

图 5-4　字节交换指令的应用

表 5-3　字节交换指令格式及功能

梯　形　图	语　句　表	功　能
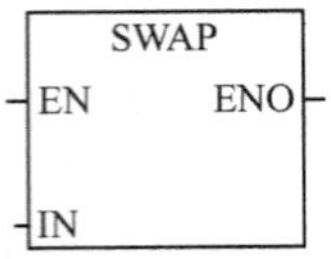 SWAP EN　ENO IN	SWAP　IN	字节交换

4. 传送指令的应用举例

① 初始化程序的设计

存储器初始化程序是用于 PLC 开机运行时对某些存储器清 0 或设置的一种操作。常采用传送指令来编程。若开机运行时将 VB20 清 0，将 VW20 设置为 200，则对应的梯形图程序如图 5-5 所示。

② 多台电动机同时启动、停止的梯形图程序

设 4 台电动机分别由 Q0.0、Q0.1、Q0.2 和 Q0.3 控制，I0.1 为启动按钮，I0.2 为停止按钮。用传送指令设计的梯形图程序如图 5-6 所示。

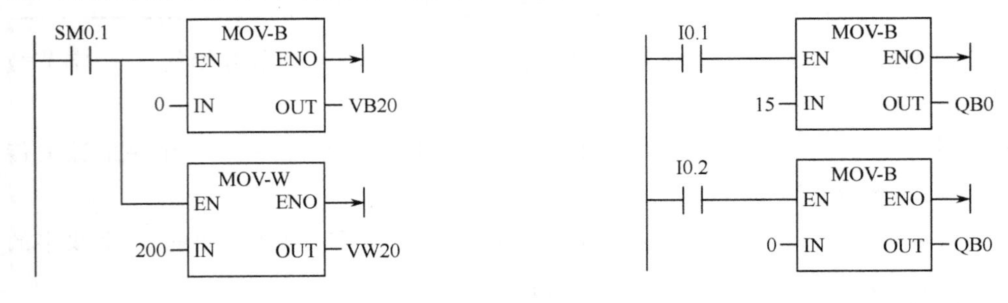

图 5-5　存储器的清 0 与设置

图 5-6　多台电动机同时启动和停止控制梯形图

③ 预选时间的选择控制

某工厂生产的 2 种型号工件所需加热的时间为 40 s、60 s，使用 2 个开关来控制定时器的设定值，每一开关对应于一设定值；用启动按钮和接触器控制加热炉的通断。PLC I/O 地址

分配见表 5-4，根据控制要求设计的梯形图程序如图 5-7 所示。

表 5-4　I/O 地址分配

输入信号	元件名称	输出信号	元件名称
I0.1	选择时间 1(40 s)	Q0.0	加热炉接触器
I0.2	选择时间 2(60 s)		
I0.3	加热炉启动按钮		

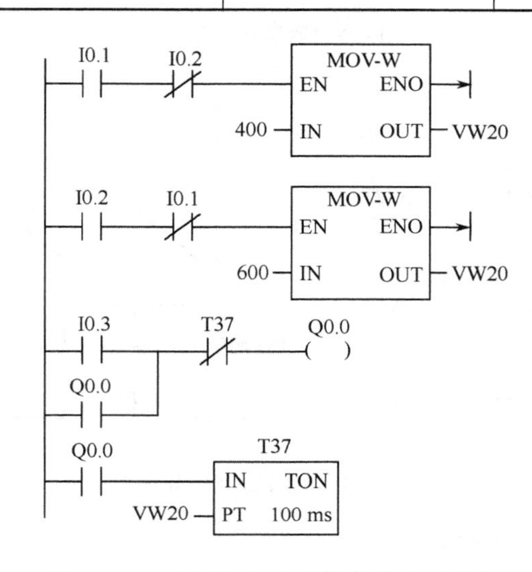

图 5-7　预选时间的选择控制梯形图程序

二、数据比较指令

1. 数据比较指令

数据比较指令用来比较两个数 IN1 与 IN2 的大小，如图 5-8 所示。在梯形图中，满足比较关系给出的条件时，触点接通。比较指令的比较关系和操作数类型说明如下。

比较运算符：=、<=、>=、<、>、<>，其中“<>”表示不等于。

触点中间的 B、I、D、R、S 分别表示字节、字、双字、实数(浮点数)和字符串比较。字节比较指令用来比较两个无符号数字节 INl 与 IN2 的大小；整数比较指令用来比较两个字 IN1 与 IN2 的大小，最高位为符号位，例如 16＃7FFF>16＃8000(后者为负数)；双字整数比较指令用来比较两个双字 IN1 与 IN2 的大小，双字整数比较是有符号的，16＃7FFFFFFF>16＃80000000(后者为负数)；实数比较指令用来比较两个实数 IN1 与 IN2 的大小，实数比较是有符号的。字符串比较指令比较两个字符串的 ASCII 码字符是否相等。

2. 数据比较指令的应用

① 自复位接通延时定时器

用接通延时定时器和比较指令可组成占空比可调的脉冲发生器。用 M0.1 和 10 ms 定时器 T33 组成了一个脉冲发生器，使 T33 的当前值如图 5-9 所示波形变化。比较指令用来产生脉冲宽度可调的方波，Q0.1 为 0 或 1 的时间取决于比较指令(LDW>=T33,50)中的第 2 个操作数的值。

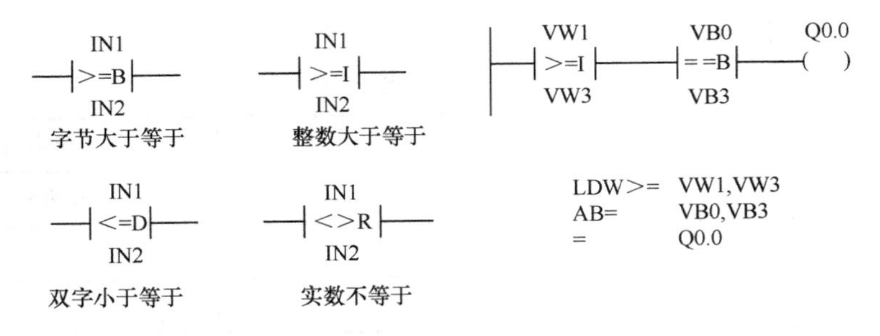

图 5-8 数据比较指令

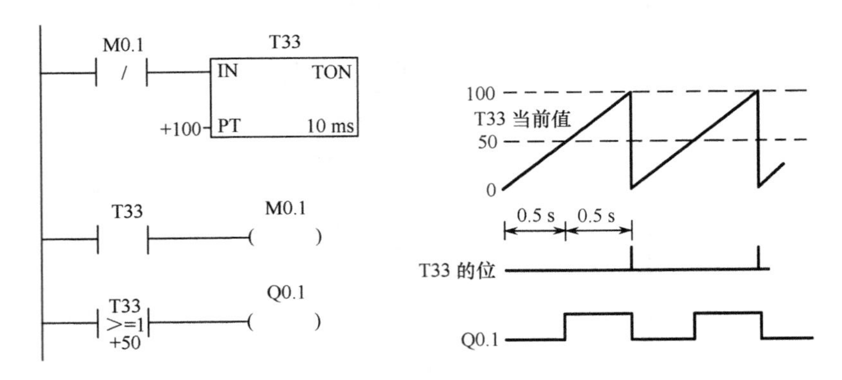

图 5-9 自复位接通延时定时器

② 3 台电动机的分时启动控制

当按下启动按钮 I0.1 时，3 台电动机每隔 5 s 分别依次启动；按下停止按钮 I0.2 时，3 台电动机 Q0.1、Q0.2 和 Q0.3 同时停止。对应梯形图程序如图 5-10 所示。

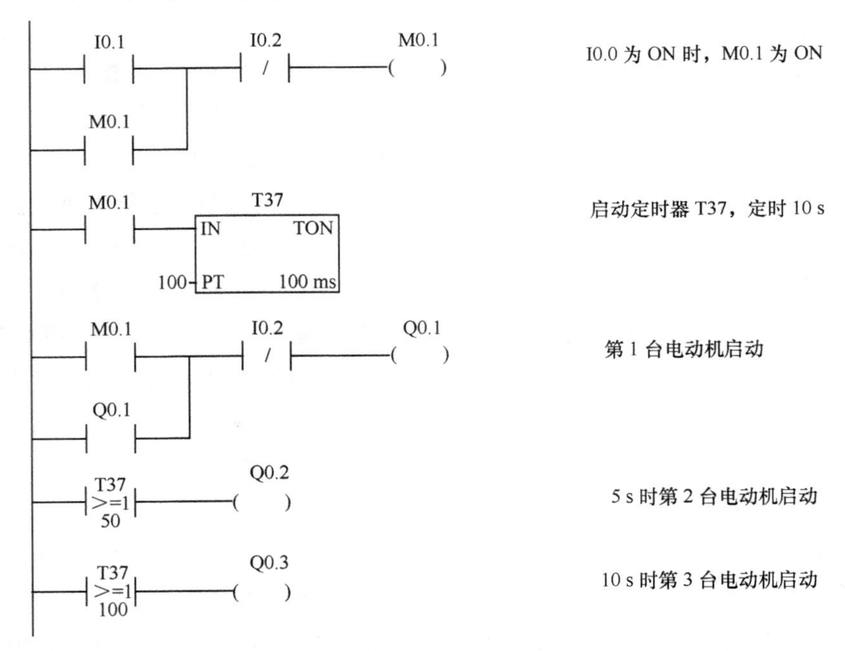

图 5-10 3 台电动机的分时启动控制的梯形图程序

三、数据移位与循环指令

1. 数据左移位和右移位指令

移位指令将 IN 中的数的各位向左或向右移动 *N* 位后，送给 OUT，并对移出的位自动补 0。移位指令中的 N 为字节型数据。如果移位次数大于 0，“溢出”存储器位 SM1.1 保存最后一次被移出的位的值。如果移出结果为 0，零标志位 SM1.0 被置 1。移位指令格式见表 5-5，其应用如图 5-11 所示，当 I0.0 输入有效时，将 VB10 左移 4 位送到 VB10 中。

① 左移位(SHL)指令

当使能输入有效时，将输入的字节、字或双字 IN 左移 *N* 位后(右端补 0)，将结果输出到 OUT 所指定的存储器单元中，最后一次移出位保存在 SM1.1 中。

② 右移位(SHR)指令

当使能输入有效时，将输入的字节、字或双字 IN 右移 *N* 位后(左端补 0)，将结果输出到 OUT 所指定的存储器单元中，最后一次移出位保存在 SM11.1 中。

表 5-5 移位指令格式与功能

梯形图			功能
SHL_B：EN ENO；IN OUT；N	SHL_W：EN ENO；IN OUT；N	SHL_DW：EN ENO；IN OUT；N	字节、字、双字左移位
SHR_B：EN ENO；IN OUT；N	SHR_W：EN ENO；IN OUT；N	SHR_DW：EN ENO；IN OUT；N	字节、字、双字右移位

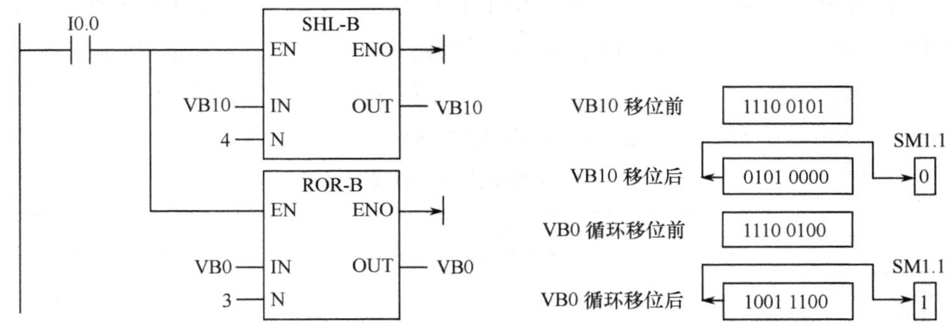

图 5-11 移位与循环移位指令的应用

2. 数据循环左移位和循环右移位指令

循环移位指令将 IN 中的各位向左或向右循环移动 *N* 位后，送给 OUT。循环移位是环形的，即被移出来的位将返回到另一端空出来的位置。循环移位指令中的 N 为字节型数据。如果移位次数大于 0，“溢出”存储器位 SM1.1 保存最后一次被移出的位的值。如果移出结果为 0，零标志位 SM1.0 被置 1。循环移位指令格式见表 5-6，其应用如图 5-11 所示，当 I0.0 输入有效时，将 VB0 循环右移 3 位送到 VB0 中。

表 5-6　循环移位指令格式与功能

梯形图			功能
ROL_B EN ENO IN OUT N	ROL_W EN ENO IN OUT N	ROL_DW EN ENO IN OUT N	字节、字、双字循环左移位
ROR_B EN ENO IN OUT N	ROR_W EN ENO IN OUT N	ROR_DW EN ENO IN OUT N	字节、字、双字循环右移位

① 循环左移位(ROL)指令

当使能输入有效时，将输入的字节、字或双字 IN 数据循环左移 N 位后，将结果输出到 OUT 所指定的存储器单元中，并将最后一次移出位保存在 SM1.1 中。

② 循环右移位(ROR)指令

当使能输入有效时，将输入的字节、字或双字 IN 数据循环右移 N 位后，将结果输出到 OUT 所指定的存储器单元中，并将最后一次移出位保存在 SM11.1 中。

如果移位的位数 N 大于允许值(字节操作为 8，字操作为 16，双字操作为 32)，应对 N 进行取模操作。例如对于字移位，将 N 除以 16 后取余数，从而得到一个有效的移位次数。取模操作的结果对于字节操作是 0～7，对于字操作是 0～15，对于双字操作是 0～31。如果取模操作的结果为 0，不进行循环移位操作。

3. 移位寄存器(SHRB)指令

移位寄存器指令是一个移位长度可指定的移位指令，其指令格式及功能见表 5-7。梯形图中 DATA 为数据输入，指令执行时将该位的值移入移位寄存器。S-bit 为移位寄存器的最低位地址，字节型变量 N 指定移位寄存器的长度和移位方向，正向移位时 N 为正，反向移位时 N 为负。SHRB 指令移出的位被传送到溢出位(SM1.1)。

表 5-7　移位寄存器指令格式及功能

梯形图	语句表	功能
SHRB EN ENO I1.0 DATA M2.0 S_BIT 8 N	SHRB　I1.0，M2.0，8	移位寄存器

N 为正时，在使能输入 EN 的上升沿时，寄存器中的各位由低位向高位移一位，DATA 输入的二进制数从最低位移入，最高位被移到溢出位。N 为负时，从最高位移入，最低位移出。

移位寄存器提供了一种排列和控制产品流或者数据的简单方法，其应用如图 5-12 所示。

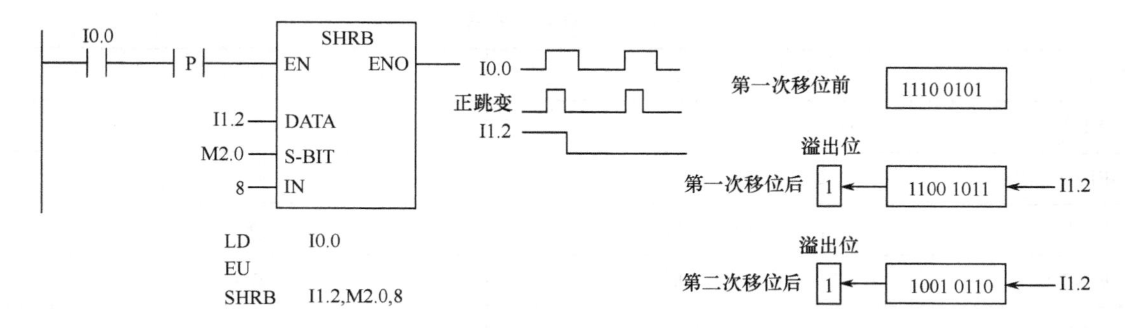

图 5-12　移位寄存器指令的应用

4．数据移位与循环指令的应用

下面以 8 只彩灯依次向左循环点亮控制系统的具体应用为例，进一步了解和掌握数据移位与循环指令，可见使用数据移位与循环指令的梯形图比采用顺序设计法设计的梯形图要简单很多。

当按下启动按钮 I0.1，8 只彩灯从 Q0.0 开始每隔 1 s 依次向左循环点亮，直至按下停止按钮 I0.2 后熄灭。根据控制要求设计的梯形图如图 5-13 所示，8 只彩灯为 Q0.0～Q0.7。

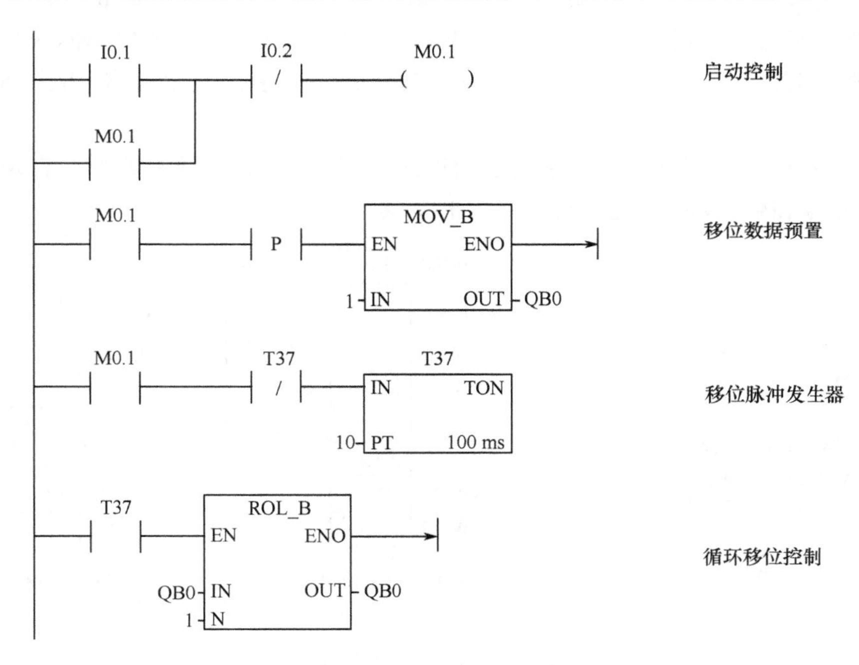

图 5-13　8 只彩灯依次向左循环点亮梯形图

四、数据表功能指令

表功能指令用来建立和存取字类型的数据表。数据表由 3 部分组成：表地址，由表的首地址指明；表定义，由表地址和第 2 个字地址所对应的单元分别存放的两个表参数来定义最大填表数和实际填表数；存储数据，从第 3 个字节地址开始存放数据，一个表最多能存储 100 个数据。表功能指令见表 5-8。

表 5-8 表功能指令

指令		描述
ATT	DATA，TABLE	填表
FIND=	TBL，PATRN，INDX	查表
FIND<>	TBL，PATRN，INDX	查表
FIND<	TBL，PATRN，INDX	查表
FIND>	TBL，PATRN，INDX	查表
FIFO	TABLE，DATA	先入先出
LIFO	TABLE，DATA	后入先出
FILL	IN，OUT，N	填充

1. 填表指令

填表指令(Add To Table，ATT)向表(TBL)中增加一个字的数据(DATA)，表内的第 1 个数是表的最大长度(TL)，第 2 个数是表内实际的项数(EC)。新数据被放入表内上一次填入的数的后面。每向表内填入一个新的数据，EC 自动加 1。除了 TL 和 EC 外，表最多可以装入 100 个数据。TBL 为 WORD 型，DATA 为 INT 型。填入表的数据过多(溢出)时，SM1.4 将被置 1。

填表指令的应用如图 5-14 所示，表的起始地址为 VW200，最大填表数为 5，已填入 2 个数据，通过填表指令，将 VW100 中的数据 1 250 填入表中。

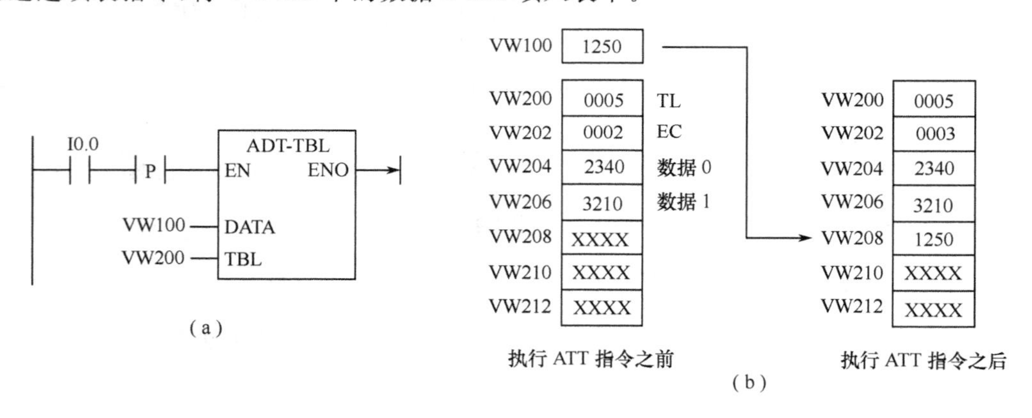

图 5-14 填表指令的应用

2. 查表指令

查表(Table Find)指令从指针 INDX 所指的地址开始查表 TBL，搜索与数据 PTN 的关系满足 CMD 定义的条件的数据。命令参数 CMD=1～4，分别代表"="、"< >、"<"和">"。若发现了一个符合条件的数据，则 INDX 指向该数据。要查找下一个符合条件的数据，再次启动查表指令之前，应先将 INDX 加 1。如果没有找到，INDX 的数值等于 EC。一个表最多有 100 个填表数据，数据的编号为 0～99。

TBL 和 INDX 为 WORD 型，PTN 为 INT 型，CMD 为字节型。

用 FIND 指令查找 ATT、LIFO 和 FIFO 指令生成的表时，实际填表数和输入的数据相对应。查表指令并不需要 ATT、LIFO 和 FIFO 指令中的最大填表数。因此，查表指令的 TBL 操作数应比 ATT、LIFO 或 FIFO 指令的 TBL 操作数高两个字节。

查表指令的应用如图 5-15 所示。当触点 I0.1 接通时，从 EC 地址为 VW202 的表中查找等于(CMD=1)16＃2130 的数。为了从头开始查找，ACl 的初值为 0。查表指令执行后，AC1=2，找到了满足条件的数据 2。查表中剩余的数据之前，AC1(INDX)应加 1。第 2 次执行后，AC1=4，找到了满足条件的数据 4。将 AC1(INDX)再次加 1。第 3 次执行后，AC1 等于表中填入的项数 6(EC)，表示表已查完，没有找到符合条件的数据。再次查表之前，应将 INDX 清 0。

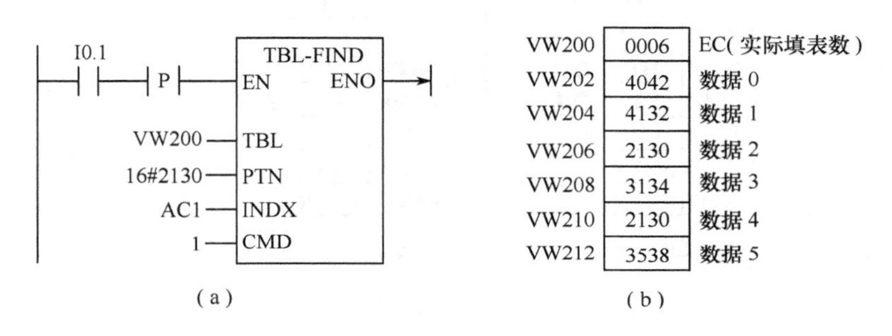

图 5-15　查表指令的应用

3. 先入先出指令

先入先出(First In First Out，FIFO)指令从表中移走最先放进的第 1 个数据(数据 0)，并将它送入 DATA 指定的地址，表中剩下的各项依次向上移动一个位置。每次执行此指令，表中的项数 EC 减 1。TBL 为 INT 型，DATA 为 WORD 型。如果试图从空表中移走数据，特殊存储器位 SM1.5 将被置为 1。先入先出指令的应用如图 5-16 所示。

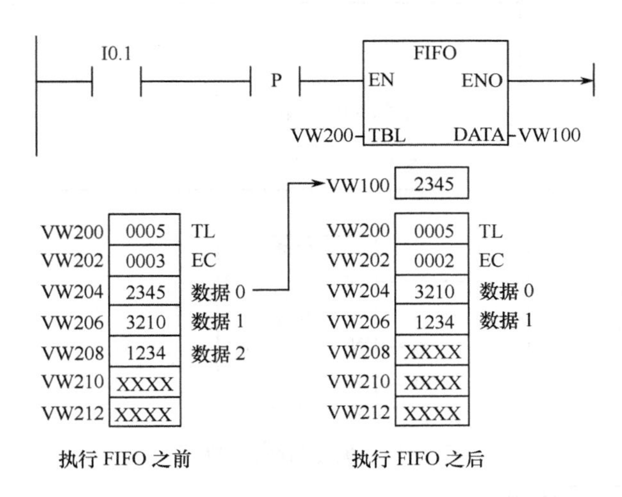

图 5-16　先入先出指令的应用

4. 后入先出指令

后入先出(Last In First Out,LIFO)指令从表中移走最后放进的数据,并将它送入 DATA 指定的地址。每次执行此指令,表中的项数 EC 减 1。TBL 为 INT 型,DATA 为 WORD 型。如果试图从空表中移走数据,特殊存储器位 SM1.5 将被置为 1。后入先出指令的应用如图 5-17所示。

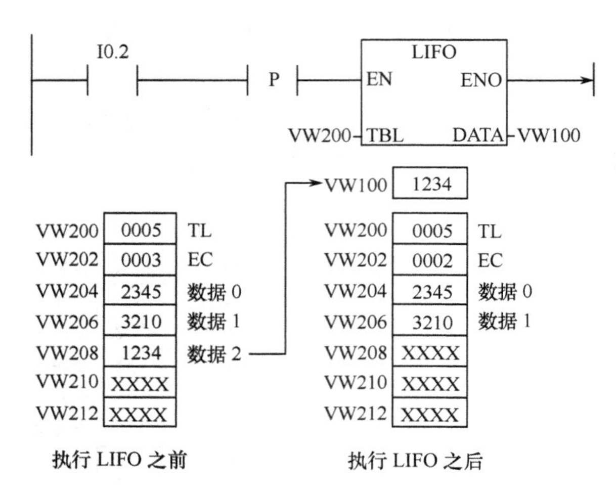

图 5-17　后入先出指令的应用

5. 填充指令

存储器填充(Memory FILL)指令用输入值 IN 填充从 OUT 指定单元开始的 N 个字存储单元,字节型整数 $N=1\sim255$。填充指令的格式见表 5-9,应用举例如图 5-18 所示,当使能输入有效(I0.1 为 ON)时,将从 VW200 开始的 10 个字存储单元(VW200~VW218)清零。

表 5-9　填充指令格式及功能

梯　形　图	语　句　表	功　能
FILL_N EN　ENO IN　OUT N	FILL IN,OUT,N	字填充

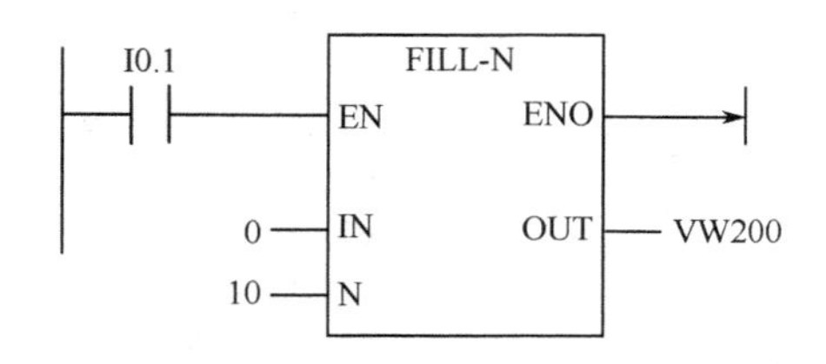

图 5-18　填充指令的应用

五、译码、编码、段译码指令

译码、编码、段译码指令格式见表 5-10。

表 5-10　译码、编码、段译码指令格式

梯　形　图	语句表	功　能
DECO EN ENO IN OUT	DECO IN,OUT	译码
ENCO EN ENO IN OUT	ENCO IN,OUT	编码
SEG EN ENO IN OUT	SEG IN,OUT	段译码

1. 译码指令

当使能输入有效时,根据输入字节的低 4 位表示的位号,将输出字相应位置 1,其他位置 0。设 AC0 中存有的数据为 16＃08,则执行译码(DECO)指令将使 MW0 中的第 8 位数据位置 1,而其他数据位置 0,对应的梯形图程序如图 5-19 所示。

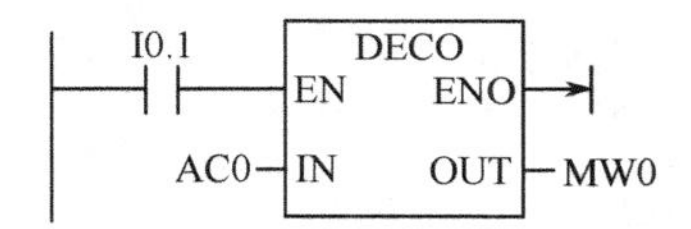

	地址	格式	当前值
1	AC0	十六进制	16#08
2	MW0	二进制	2#0000 0001 0000 0000

图 5-19　译码指令的应用

2. 编码指令

编码(Encode,ENCO)指令将输入字的最低有效位(其值为 1)的位数写入输出字节的最低位。设 AC2 中的错误信息为 2＃0000 0010 0000 0000(第 9 位为 1),编码指令“ENCOAC2,VB40”将错误信息转换为 VB40 中的错误代码 9,对应的梯形图程序如图 5-20 所示。

3. 段译码指令

段译码(Segment)指令 SEG 根据输入字节的低 4 位确定的十六进制数(16＃0～16＃F)产生点亮 7 段显示器各段的代码,并送到输出字节。图 5-21 中 7 段显示器的 D0～D6 段分别对应于输出字节的最低位(第 0 位)～第 6 位,某段应亮时输出字节中对应的位为 1,反之为 0。若显示数字“1”时,仅 D1 和 D2 为 1,其余位为 0,输出值为 6,或二进制数 2＃0000 01 10。

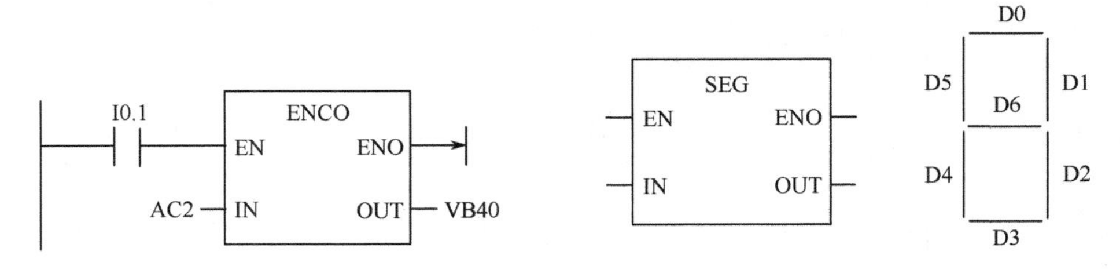

图 5-20　编码指令的应用　　图 5-21　段译码指令的应用

任务实施

1. 任务实施所需的实训设备

(1) 西门子 S7-200 系列 PLC 控制台一套。

(2) 安装了 SIEP7-Micro/WIN_V4.0 编程软件的计算机一台。

(3) PC/PPI 编程电缆一根。

(4) 导线若干。

2. 实训步骤及要求

(1) 利用传送指令、移位指令、循环移位指令等功能指令,根据任务要求绘制出梯形图。

(2) 进行 PLC 的 I/O 地址分配与接线。

(3) 上机调试,运行程序。

参考梯形图

参考梯形图如图 5-22 所示。

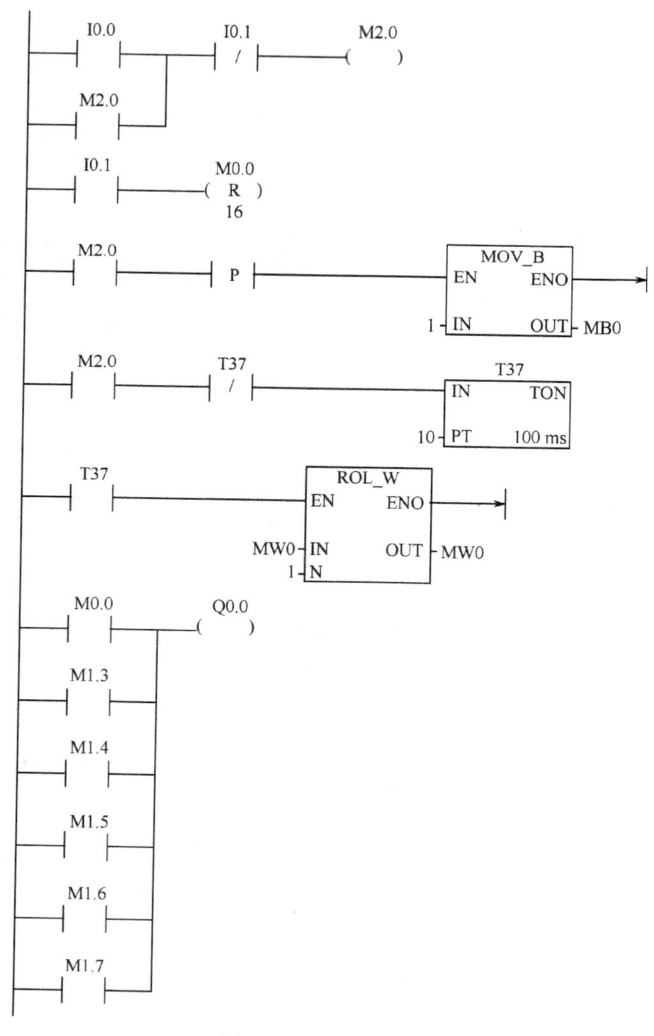

图 5-22 参考梯形图

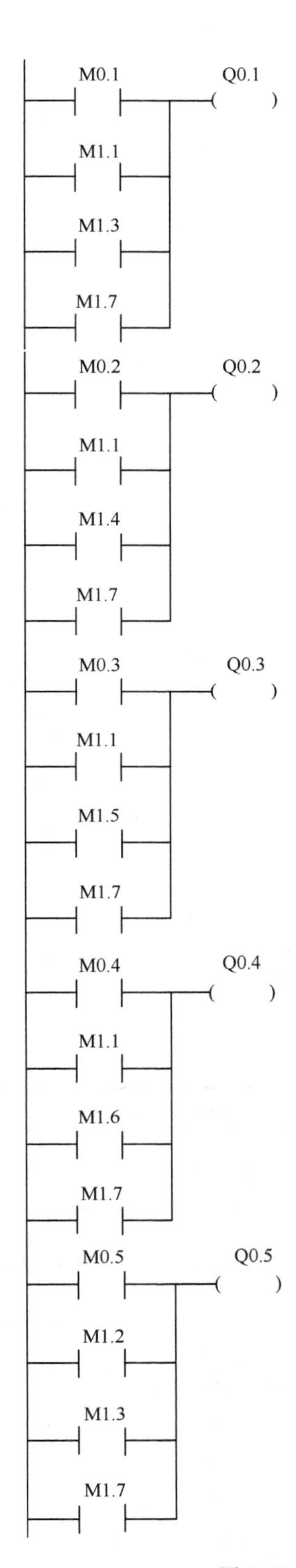
M0.1
Q0.1
M1.1
M1.3
M1.7
M0.2
Q0.2
M1.1
M1.4
M1.7
M0.3
Q0.3
M1.1
M1.5
M1.7
M0.4
Q0.4
M1.1
M1.6
M1.7
M0.5
Q0.5
M1.2
M1.3
M1.7

图 5-22　参考梯形图(续)

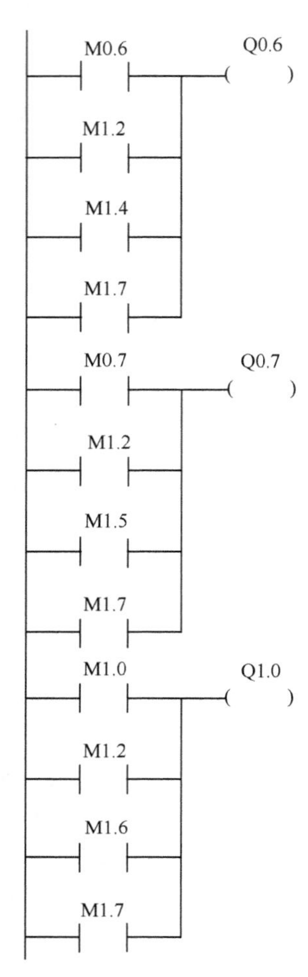

图 5-22 参考梯形图(续)

实训任务单

任务名称:天塔之光控制系统编程与实现				
实训台号	班级	学号	姓名	日期

一、任务分析

天塔之光控制系统主要应用在闪光灯或花样灯饰中,这种控制可以根据 PLC 程序中数据的移位或循环指令得以实现。

二、实训目标

1. 掌握应用 PLC 技术中的数据移位和循环指令进行闪光灯控制的思想和方法。
2. 天塔之光控制系统编程与实现。

◆天塔之光控制系统要求。

合上启动按钮 I0.0 后,灯光按以下规律显示:L1、L2、L3、L4、L5、L6、L7、L8、L9、L2→L3→L4→L5、L6→L7→L8→L9、L1→L2→L6、L1→L3→L7、L1→L4→L8、L1→L5→L9、全亮……如此循环,周而复始。

合上停止按钮 I0.1 后,整个系统停止运行。

续表

◆天塔之光控制系统的实训面板,如前图5-1所示。
三、天塔之光控制系统程序的编制
四、安装与调试
五、实训成绩
六、实训思考 在熟悉并掌握本次实训项目的控制过程后,根据自己任意设定灯光闪烁的组合和次序,编制程序并进行接线和上机调试练习。

任务评价

序号	评价指标	评价内容	分值	学生自评	小组评价	教师评价
1	调试	检查电路接线是否正确	10			
		检查梯形图是否正确	30			
		通电后正确、试验成功	20			
2	安全规范与提问	是否符合安全操作规范	10			
		回答问题是否准确	10			
3	实训任务单	书写正确、工整	20			
总分			100			
问题记录和解决方法			记录任务实施中出现的问题和采取的解决方法(可附页)			

任务2　抢答器数码显示控制

任务描述

在竞赛及文体娱乐活动中,抢答器控制系统经常使用,通过抢答者的指示灯显示、数码显示等手段指示出第一抢答者。此外,在日常生活中,常见到广告牌、路标标识,以及生产线上的显示系统,可以显示数字或字母,本任务将这两个方面进行了结合,既可以实现抢答器的控制要求,又可以根据要求实现一定的数码显示,系统的面板如图5-23所示。在该控制系统中,共有6个输入信号(I0.0～I0.5)和8个输出信号(Q0.0～Q0.7)。SD(I0.0)、ST(I0.5)分别为抢答器控制系统和数码管显示系统的开始按钮,SQ1(I0.1)、SQ2(I0.2)、SQ3(I0.3)、SQ4(I0.4)

分别为四路抢答器的抢答按钮。A(Q0.0)、B(Q0.1)、C(Q0.2)、D(Q0.3)、E(Q0.4)、F(Q0.5)、G(Q0.6)和 DP(Q0.7)分别表示八段数码管的各段。

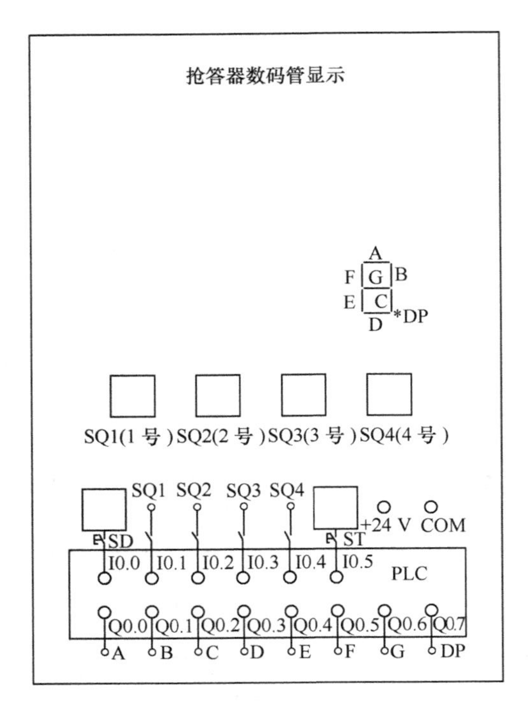

图 5-23　抢答器数码显示控制系统面板

任务解析

按下 SD 按钮后 60 s 之内可以进行抢答器显示，如果首先按下 SQ1、SQ2、SQ3、SQ4 中的任意一个按钮，则数码管显示为该按钮对应的数字并保持，在这 60 s 之内，按下其他按钮无效；60 s 之后要启动抢答器必须再次按下 SD 按钮。

按下 SD 按钮后 60 s 之后，如按下 ST 按钮，抢答控制过程结束，开始数码管显示控制。八段数码管显示要求：先是一段段显示，然后显示 0、1、2、3、4、5、6、7、8、9、A、B、C、D、E、F。

相关知识

一、算术、逻辑运算指令

1. 算术运算指令

(1) 加减乘除运算

加减乘除运算指令是对符号数进行的加减乘除运算操作，包括整数加/减、双整数加/减、实数加/减运算和整数乘/除、双整数乘/除、实数乘/除、整数乘/除双整数输出运算。梯形图加减乘除运算指令采用功能块格式，功能块由指令类型、使能输入端(EN)、操作数输入端(IN1、IN2)、运算结果输出端(OUT)、使能输出端(ENO)等组成。加减乘除运算指令的梯形图指令格式及功能见表 5-11。

表 5-11　加减乘除运算指令格式及功能

梯　形　图				功　能
ADD_I EN　ENO IN1　OUT IN2	ADD_DI EN　ENO IN1　OUT IN2	ADD_R EN　ENO IN1　OUT IN2		IN1＋IN2＝OUT
SUB_I EN　ENO IN1　OUT IN2	SUB_DI EN　ENO IN1　OUT IN2	SUB_R EN　ENO IN1　OUT IN2		IN1－IN2＝OUT
MUL_I EN　ENO IN1　OUT IN2	MUL_DI EN　ENO IN1　OUT IN2	MUL EN　ENO IN1　OUT IN2	MUL_R EN　ENO IN1　OUT IN2	IN1 * IN2＝OUT
DIV_I EN　ENO IN1　OUT IN2	DIV_DI EN　ENO IN1　OUT IN2	DIV EN　ENO IN1　OUT IN2	DIV_R EN　ENO IN1　OUT IN2	IN1/IN2＝OUT

在梯形图中，整数、双整数与实数的加、减、乘、除指令分别执行下列运算：

IN1＋IN2＝OUT；IN1－IN2＝OUT；IN1 * IN2＝OUT；IN1/IN2＝OUT。

在语句表中，整数、双整数与实数的加、减、乘、除指令分别执行下列运算：

IN1→OUT，OUT＋IN2＝OUT；IN1→OUT，OUT－IN2＝OUT；

IN1→OUT，OUT　* IN2＝OUT；IN1→OUT，OUT　/IN2＝OUT。

这些指令影响特殊标志位 SM1.0(零)，SM1.1(溢出)，SM1.2(负)和 SM1.3(除数为 0)。

整数、双整数和实数运算指令的运算结果分别为整数、双整数和实数，除法不保留余数。运算结果如果超出运行的范围，溢出位被置 1。

整数乘/除双整数输出指令(MUL/DIV)将两个单字长(16 位)符号整数 IN1 和 IN2 相乘/除，产生一个双字长(32 位)整数结果，从 OUT 指定的存储单元输出。整数除双整数输出产生的 32 位结果中低 16 位是商，高 16 位是余数。

如果在乘除法操作过程中 SM1.1(溢出)被置 1，结果不写到输出，而且其他状态位均置 0。如果在除法操作中 SM1.3(除数为 0)被置 1，其他状态位不变，原始输入操作数也不变，否则，运算完成后其他数学状态位有效。

加法运算和乘除运算指令的应用如图 5-24 和图 5-25 所示。

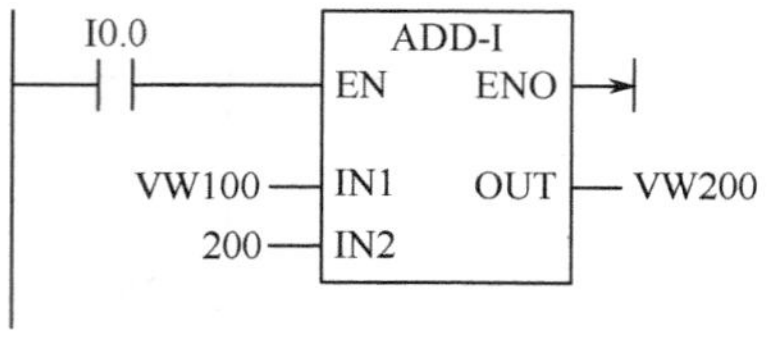

```
LD      I0.0             //装入常开触点
MOVW    VW100,VW200      //VW100→VW200
+I      +200,VW200       //VW200+200=VW200
```

图 5-24　加法运算的应用

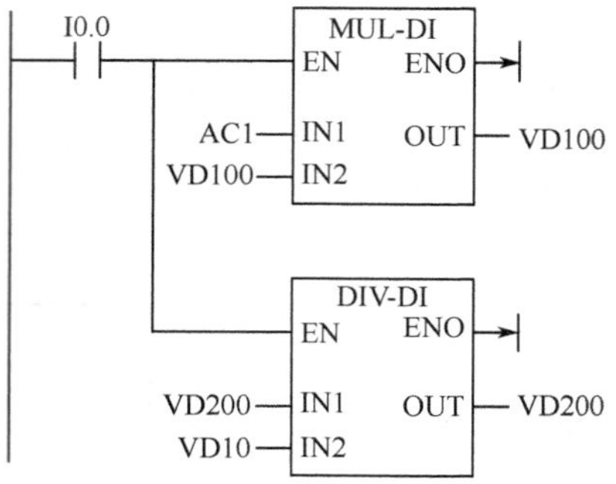

```
LD      I0.0             //装入常开触点
*D      AC1,VD100        //双整数乘法
/D      VD10,VD200       //双整数除法
```

图 5-25　乘除运算的应用

(2) 加 1/减 1 指令

加 1/减 1 指令用于自加/自减的操作，以实现累加计数和循环控制等程序的编写，其梯形图为指令盒格式。操作数的长度为字节(无符号数)、字或双字(有符号数)，指令格式及功能见表 5-12。

表 5-12　加 1/减 1 指令格式及功能

梯　形　图			功　能
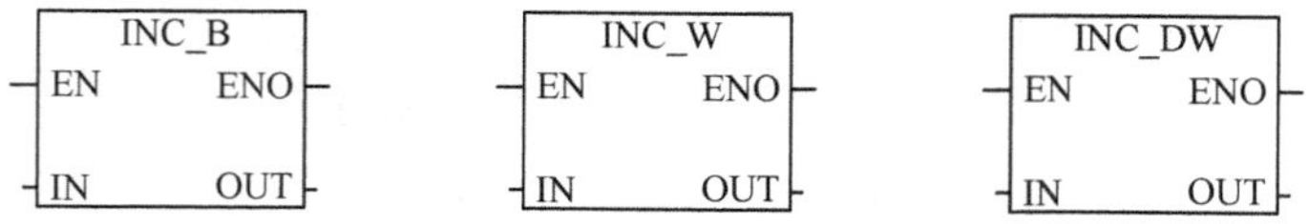 INC_B EN　ENO IN　OUT	INC_W EN　ENO IN　OUT	INC_DW EN　ENO IN　OUT	字节、字、双字加 1 OUT+1=OUT
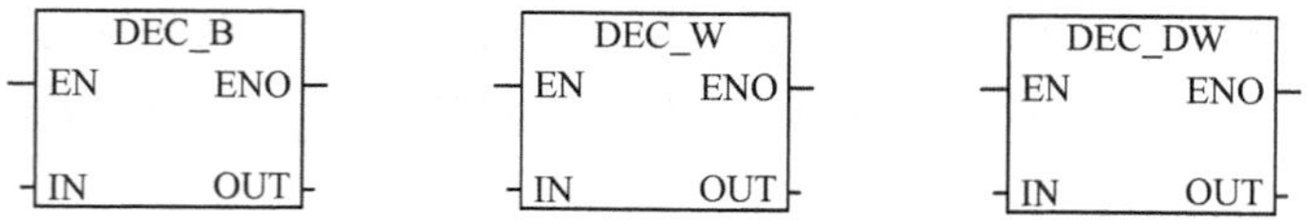 DEC_B EN　ENO IN　OUT	DEC_W EN　ENO IN　OUT	DEC_DW EN　ENO IN　OUT	字节、字、双字减 1 OUT−1=OUT

在梯形图中，加 1/减 1 指令分别执行下列运算：IN+1=OUT；IN−1=OUT。

在语句表中，加 1/减 1 指令分别执行下列运算：IN→OUT，OUT+1=OUT；IN→OUT，OUT−1=OUT。

这些指令影响特殊标志位 SM1.0(零)，SM1.1(溢出)和 SM1.2(负)，加 1/减 1 指令应用如图 5-26 所示。

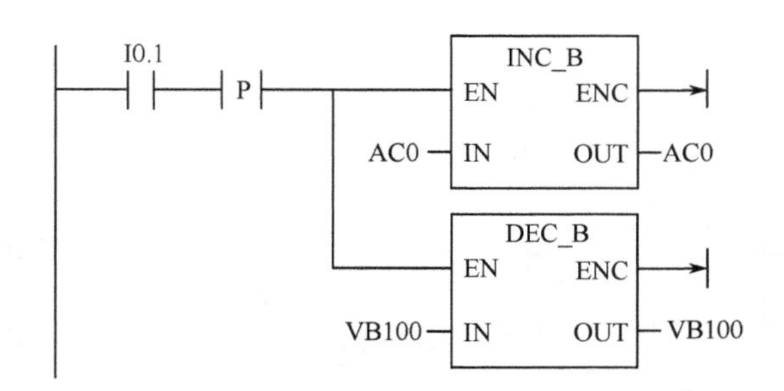

图 5-26　加 1/减 1 指令的应用

2. 逻辑运算指令

逻辑运算是对无符号数进行的逻辑处理，主要包括逻辑与、逻辑或、逻辑异或和取反等运算指令。按操作长度可分为字节、字和双字逻辑运算。其中字操作运算指令格式及功能见表 5-13。

表 5-13　逻辑运算指令格式(字操作)及功能

梯形图				功能
WAND_W EN　ENO IN1　OUT IN2	WOR_W EN　ENO IN1　OUT IN2	WXOR_W EN　ENO IN1　OUT IN2	INV_W EN　ENO IN　OUT	与、或、异或、取反

(1) 逻辑与指令

逻辑与(WAND)指令有字节、字、双字 3 种数据长度的与操作指令。

逻辑与指令操作功能：当使能输入有效时，把两个字节(字、双字)长的输入逻辑数按位相与，得到的一个字节(字、双字)逻辑运算结果，传送到 OUT 指定的存储器单元输出。

(2) 逻辑或指令

逻辑或(WOR)指令有字节、字、双字 3 种数据长度的或操作指令。

逻辑或指令操作功能：当使能输入有效时，把两个字节(字、双字)长的输入逻辑数按位相或，得到的一个字节(字、双字)逻辑运算结果，传送到 OUT 指定的存储器单元输出。

(3) 逻辑或指令

逻辑异或(WXOR)指令有字节、字、双字 3 种数据长度的异或操作指令。

逻辑异或指令操作功能：当使能输入有效时，把两个字节(字、双字)长的输入逻辑数按位相异或，得到的一个字节(字、双字)逻辑运算结果，传送到 OUT 指定的存储器单元输出。

(4) 取反指令

取反(INV)指令包括字节、字、双字 3 种数据长度的取反操作指令。

取反指令操作功能：当使能输入有效时，将一个字节(字、双字)长的输入逻辑数按位取反，得到的一个字节(字、双字)逻辑运算结果，传送到 OUT 指定的存储器单元输出。字节取反、字节与、字节或、字节异或指令的应用如图 5-27 所示。

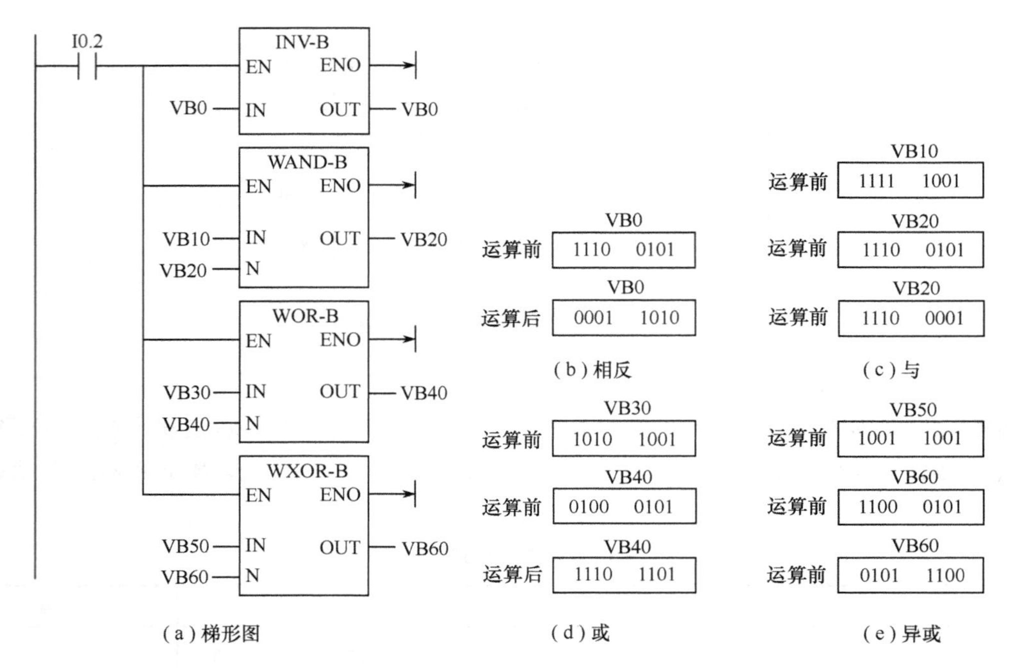

图 5-27 字节取反、字节与、字节或、字节异或指令的应用

二、程序控制指令

1. 系统控制指令

系统控制指令主要包括条件结束指令、停止指令、监控定时器复位指令，指令的格式及功能见表 5-14，应用如图 5-28 所示。

表 5-14 系统控制指令及功能

梯 形 图	语 句 表	功 能
—(END)	END/MEND	条件/无条件结束指令
—(STOP)	STOP	暂停指令
—(WDR)	WDR	监控定时器复位指令

(1) 结束指令

梯形图中结束指令直接连在左侧母线上时，为无条件结束(MEND)指令，不接在左侧母线上时，为条件结束(END)指令，结束指令只能在主程序中使用。

条件结束指令在使能输入有效时，终止用户程序的执行返回到主程序的第一条指令执行(循环扫描工作方式)。

无条件结束指令执行时(指令直接连在左侧母线上，无使能输入)，立即终止用户程序的执行，返回主程序的第一条指令执行。

在 STEP 7-Micro/WIN32 编程软件中主程序的结尾自动生成无条件结束指令，用户不得输入无条件结束指令，否则编译出错。

(2) 停止指令

停止(STOP)指令使 PLC 从运行模式进入停止模式,立即终止程序的执行。如果在中断程序中执行停止指令,中断程序立即终止,并忽略全部等待执行的中断,继续执行主程序的剩余部分,并在主程序的结束处,完成由 RUN 方式切换至 STOP 方式。

(3) 监控定时器复位指令

监控定时器复位(WDR)指令又称为看门狗复位指令,它的定时时间为 500 ms,每次扫描它 PLC 都被自动复位一次,正常工作时扫描周期小于 500 ms,监控定时器复位指令不起作用。

在以下情况下扫描周期可能大于 500 ms,监控定时器会停止执行用户程序。

① 用户程序很长。

② 当出现中断事件时,执行中断程序时间较长。

③ 循环指令使扫描时间延长。

为了防止在正常情况下监控定时器动作,可以将监控定时器复位指令插入到程序的适当位置,使监控定时器复位。若 FOR-NEXT 循环程序的执行时间过长,下列操作只有在扫描周期结束时才能执行:通信(自由端口模式除外)、I/O 更新(立即 I/O 除外)、强制更新、SM 位更新(不能更新 SM0 和 SM5～SM29)、运行时间诊断、在中断程序中的 STOP 指令。

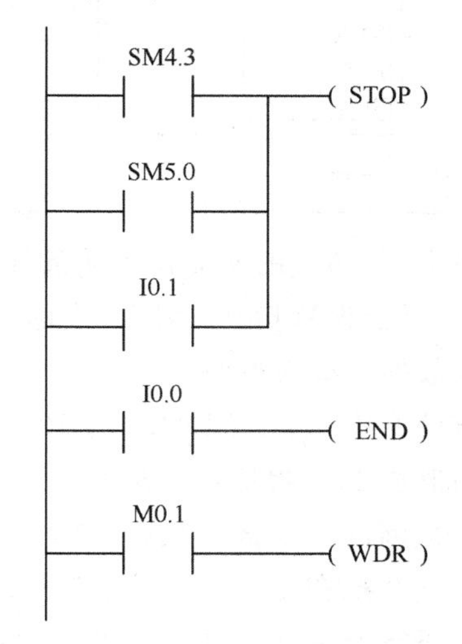

图 5-28　STOP、END、WDR 指令的应用

带数字量输出的扩展模块也有一个监控定时器,每次使用 WDR 指令时,应对每个扩展模块的某一个输出字节使用立即写(BIW)指令来启动复位模块的监控定时器。

2. 跳转指令

跳转指令(JMP)和跳转地址标号指令(LBL)配合使用实现程序的跳转。在同一个程序内,当使能输入有效时,使程序跳转到指定标号 n 处执行,跳转标号 n=0～255。当使能输入无效时,将顺序执行程序,跳转指令的格式及功能见表 5-15,应用如图 5-29 所示。

表 5-15　跳转指令格式及功能

梯　形　图	语　句　表	功　能
n —(JMP)	JMP n	跳转指令
n LBL	LBL n	跳转标号

3. 循环指令

在程序系统中经常需要重复执行若干次同样的任务时,可以使用循环指令,循环指令的格式及功能见表 5-16,FOR 指令表示循环开始,NEXT 指令表示循环结束。

应用如图 5-29 所示。

表 5-16　循环指令格式及功能

梯形图	语句表	功能
FOR EN　ENO INDX INIT FINAL	FOR IN1,IN2,IN3	循环开始
—(NEXT)	NEXT	循环结束

当 FOR 指令的使能输入端条件满足时，反复执行 FOR 与 NEXT 之间的指令。在 FOR 指令中，需要设置指针 INDX（或称为当前循环次数计数器）、起始值 INIT 和结束值 FINAL，它们的数据类型为整型。

若设 INIT 为 1，FINAL 为 10，则每次执行 FOR 与 NEXT 之间指令后，当前循环次数计数器的值加 1，并将运算结果与结束值比较。如果 INDX 大于 FINAL，则循环终止，FOR 与 NEXT 之间的指令将被执行 10 次。若起始值小于结束值，则执行循环。FOR 指令必须与 NEXT 指令配套使用。允许循环嵌套，最多可以嵌套 8 层。

循环指令的应用如图 5-29 所示，当图中 M0.1 接通时，执行 10 次循环。INDX 从 1 开始计数，每执行 1 次循环，INDX 当前值加 1，执行到 10 次时，INDX 当前值也计到 10，与结束值 FINAL 相同，循环结束。当 M0.1 断开时，不执行循环。每次使能输入有效时，指令自动将各参数复位。

4. 子程序

将具有特定功能，并且多次使用的程序段作为子程序。当主程序调用子程序并执行时，子程序执行全部指令直至结束，然后返回到主程序的子程序调用处。子程序用于程序的分段和分块，使其成为较小的、易于管理的块，只有在需要时才调用，这样可以减少扫描的时间。子程序的指令格式及功能见表 5-17。可见，子程序有子程序调用和子程序返回指令，子程序返回又分为条件返回和无条件返回。子程序调用指令用在主程序或其他调用子程序的程序中，子程序的无条件返回指令在子程序的最后网络段，梯形图指令系统能够自动生成子程序的无条件返回指令，用户无需输入。

表 5-17　子程序的指令格式及功能

梯形图	语句表	功能
SBR_0 EN	CALL　SBR0	子程序调用
—(RET)	CRET　RET	子程序条件返回 自动生成无条件返回

(1) 子程序的创建

在编程软件的程序窗口的下方有主程序、子程序和中断程序的标签，单击子程序标签即可进入 SBR0 子程序显示区，也可以通过指令树的项目进入子程序显示区。添加一个子程序时，

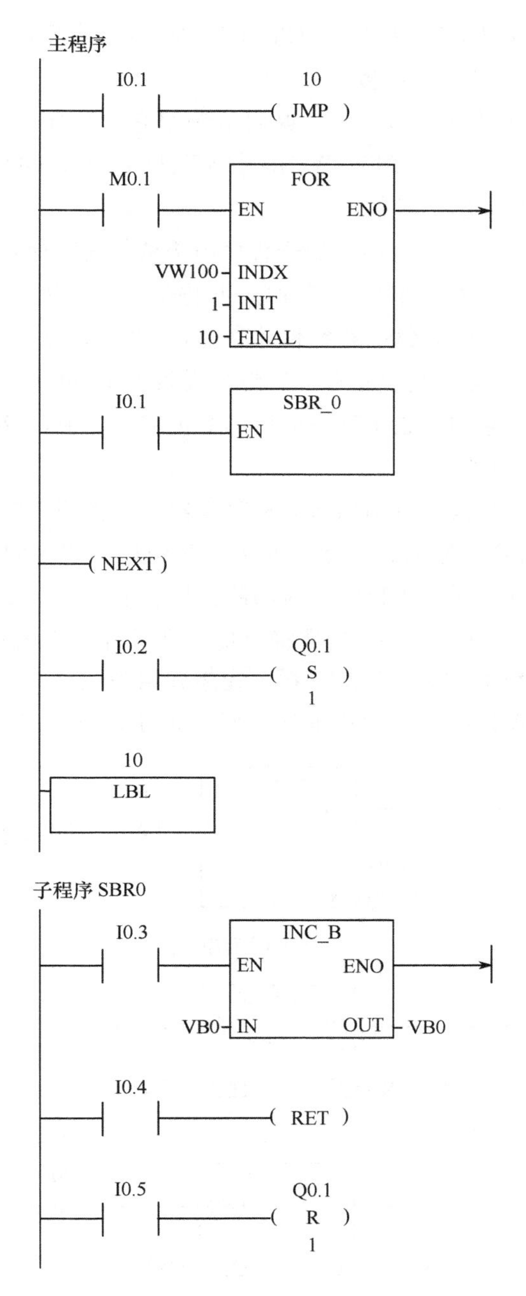

图 5-29　循环、跳转与子程序的应用

可以用编辑菜单的插入项增加一个子程序，子程序的编号 n 从开始自动向上增长。

（2）子程序的调用

子程序的调用有不带参数的调用，有带参数的调用。子程序不带参数的调用如图 5-29 所示。子程序调用指令编写在主程序中，予程序返回指令编写在子程序中。子程序标号 n 的范围是 0～63。带参数调用的子程序必须事先在局部变量表中对参数进行定义，最多可以传递 16 个参数，参数的变量名最多 23 个字符。

局部变量表中的变量有 IN、OUT、1N/OUT 和 TEMP 4 种类型，下面依次进行简单介绍。

IN 类型：是传入子程序的输入参数。

OUT 类型：是子程序的执行结果，它被返回给调用它的程序。被传递的参数类型（局部变量表中的数据类型）有 BOOL、BYTE、WORD、INT、DWORD、DINT、REAL、STRINGL 八种，常数和地址值不允许作为输出参数。

TEMP 类型：局部变量存储器只能用做子程序内部的暂时存储器，不能用来传递参数。

IN/OUT 类型：将参数的初始值传给子程序，并将子程序的执行结果返回给同一地址。

局部变量表隐藏在程序显示区内，在编辑软件中，将水平分裂条拉至程序编辑器视窗的顶部，则不再显示局部变量表，但是它仍然存在。将分裂条下拉，再次显示局部变量表。

给子程序传递参数时，它们放在子程序的局部变量存储器中，局部变量表左列是每个被传递参数的局部变量存储器地址。

子程序调用时，输入参数被拷贝到局部变量存储器。子程序完成时，从局部变量存储器拷贝输出参数到指定的输出参数地址。带参数的子程序调用编程如图 5-30 所示。若将输入参数 VW2、VW10 到子程序中，则在子程序 0 的局部变量表中定义 IN1 和 IN2，其数据类型应选为 WORD。在带参数调用子程序指令中，需将要传递到子程序中的数据 VW2、VW10 与 IN1 与 IN2 进行连接。这样，数据 VW2、VW10 在主程序调用子程序 0 时就被传递到子程序的局部变量存储单元 LW0、LW2 中，子程序中的指令便可通过 LW0、LW2 使用参数 VW2、VW10。

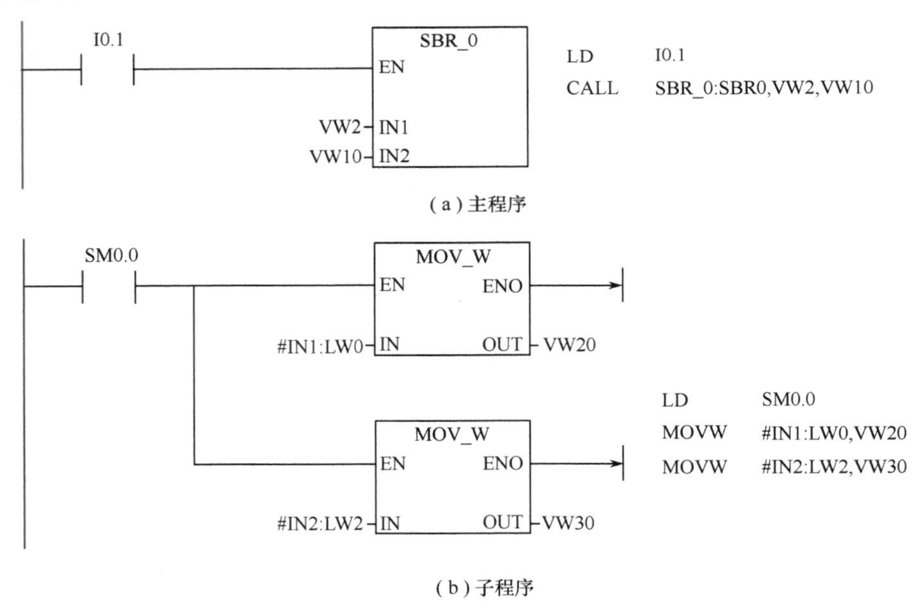

图 5-30 带参数子程序调用编程

任务实施

1. 任务实施所需的实训设备

(1) 西门子 S7-200 系列 PLC 控制台一套。

(2) 安装了 SIEP7-Micro/WIN_V4.0 编程软件的计算机一台。

(3) PC/PPI 编程电缆一根。

(4) 导线若干。

2. 实训步骤及要求

(1) 将抢答器控制系统和数码显示控制系统作为 2 个子程序,进行梯形图的设计。

(2) 进行 PLC 的 I/O 地址分配与接线。

(3) 上机调试,运行程序。

参考梯形图

参考梯形图如图 5-31 所示。

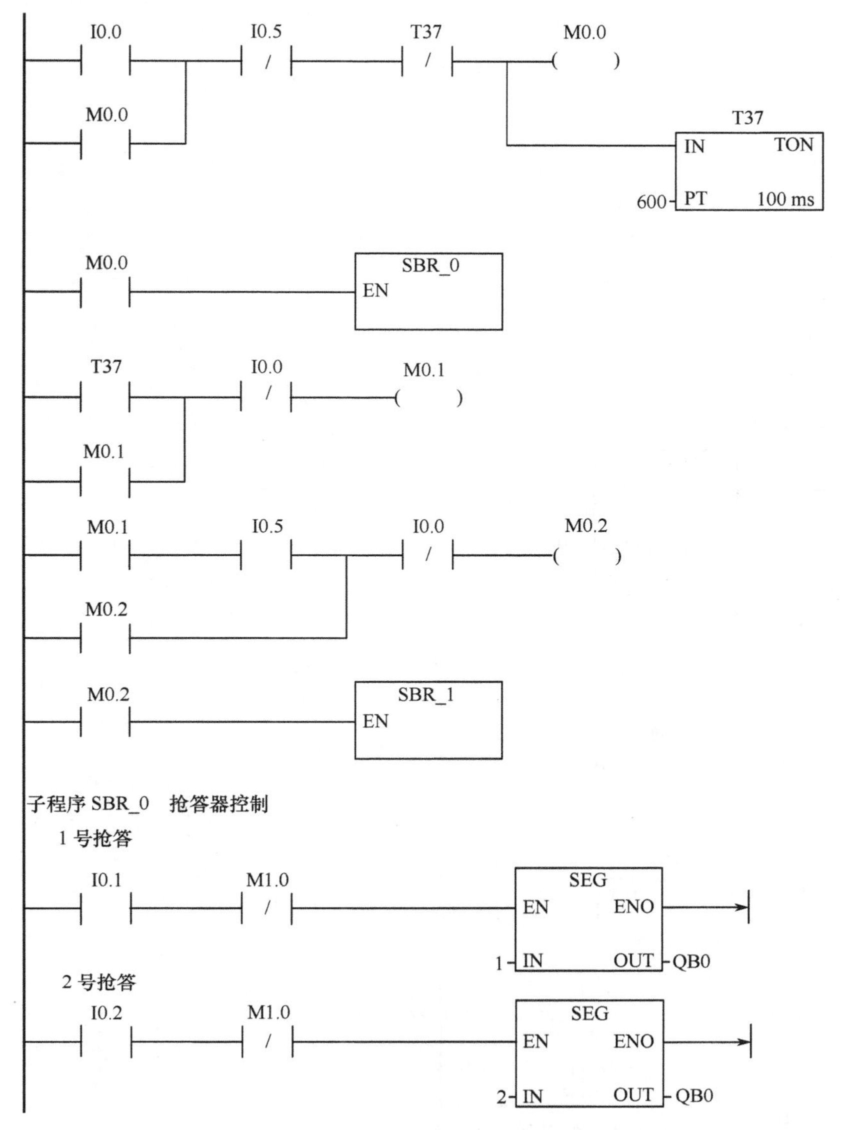

图 5-31　参考梯形图

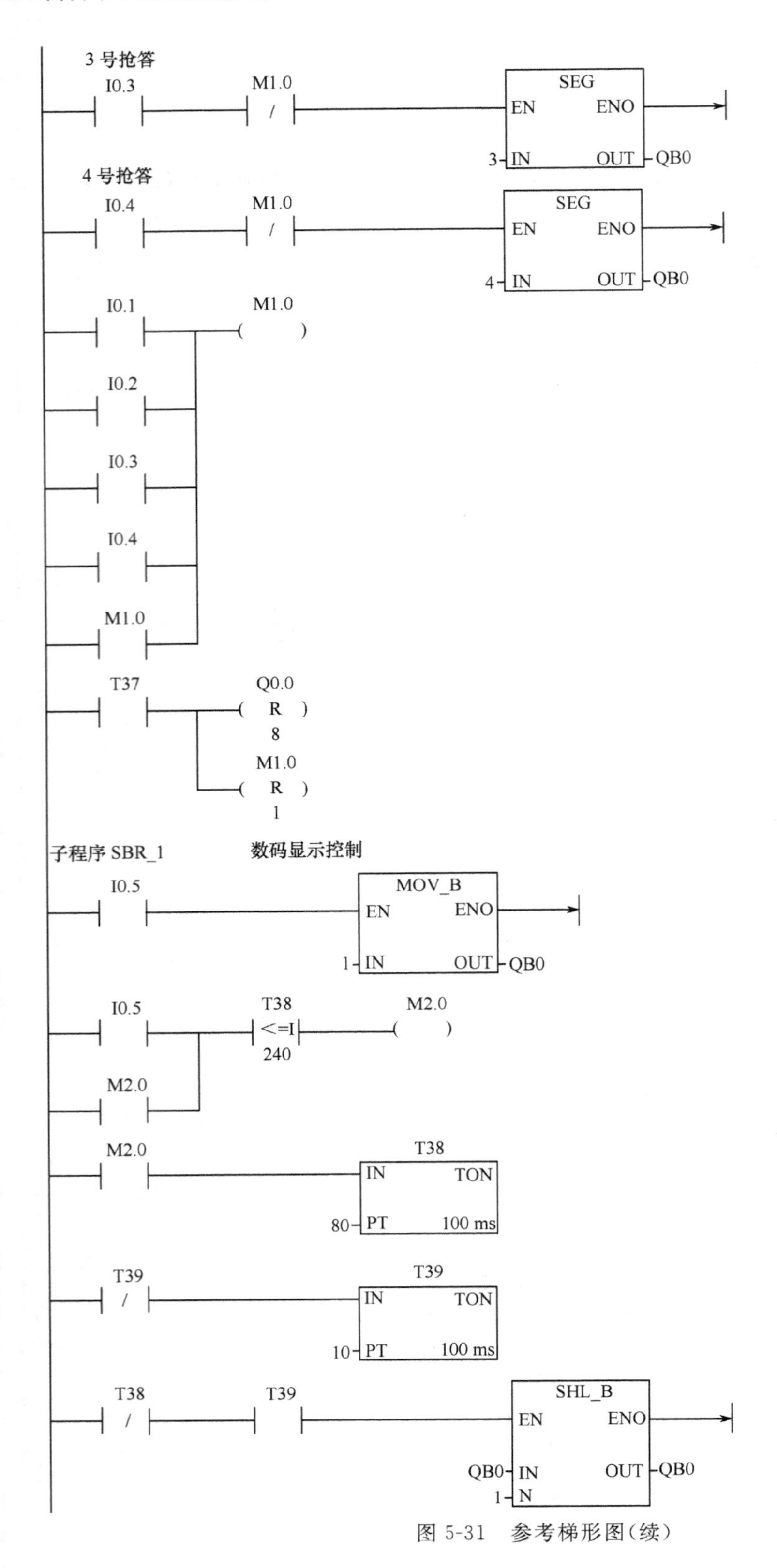
3 号抢答
I0.3
M1.0
SEG
EN
ENO
3
IN
OUT
QB0
4 号抢答
I0.4
M1.0
SEG
EN
ENO
4
IN
OUT
QB0
I0.1
M1.0
I0.2
I0.3
I0.4
M1.0
T37
Q0.0
R
8
M1.0
R
1
子程序 SBR_1
数码显示控制
I0.5
MOV_B
EN
ENO
1
IN
OUT
QB0
I0.5
T38
<=I
240
M2.0
M2.0
M2.0
T38
IN
TON
80
PT
100 ms
T39
T39
IN
TON
10
PT
100 ms
T38
T39
SHL_B
EN
ENO
QB0
IN
OUT
QB0
1
N
图 5-31　参考梯形图(续)

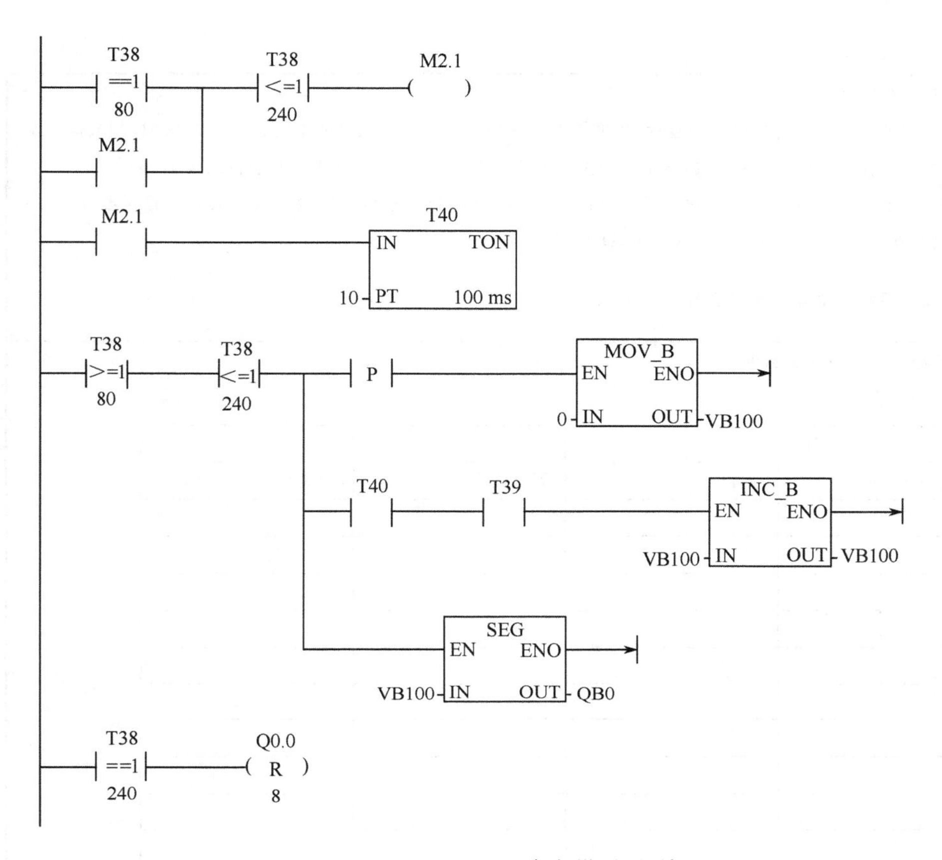

图 5-31　参考梯形图(续)

实训任务单

任务名称:抢答器数码显示控制系统的编程与实现				
实训台号	班级	学号	姓名	日期

一、任务分析

在竞赛及文体娱乐活动中,抢答器控制系统经常使用,通过抢答者的指示灯显示、数码显示等手段指示出第一抢答者。另外,在日常生活中,常见到广告牌、路标标识,以及生产线上的显示系统,可以显示数字或字母,本任务利用 PLC 子程序的应用将这两个方面进行了结合,通过 2 个子程序,既可以实现抢答器的控制要求,又可以实现数码显示的控制要求。

二、实训目标

1. 掌握子程序的调用方法。

2. 用 PLC 模拟抢答器控制系统,并按照一定的顺序进行数码显示。根据控制要求,对本项目进行设计、安装和调试。

续表

◆抢答器数码显示控制系统要求。

按下 SD 按钮后 60 s 之内可以进行抢答器显示，如果首先按下 SQ1、SQ2、SQ3、SQ4 中的任意一个按钮，则数码管显示为该按钮对应的数字并保持，在这 60 s 之内，按下其他按钮无效；60 s 之后要启动抢答器必须再次按下 SD 按钮。

按下 SD 按钮后 60 s 之后，如按下 ST 按钮，抢答控制过程结束，开始数码管显示控制。八段数码管显示要求：先是一段段显示，然后显示 0、1、2、3、4、5、6、7、8、9、A、B、C、D、E、F。

◆抢答器数码显示控制系统的实验面板如前图 5-23 所示。

三、抢答器数码显示控制系统程序的编制

1. 输入/输出(I/O)地址分配。

输　入		输　出	
元件代号	功能	元件代号	功能

2. 输入/输出(I/O)接线图绘制。

3. 根据控制要求编写 PLC 程序。

四、安装与调试

五、实训成绩

六、实训思考

在熟悉并掌握本次实训项目的控制过程后，根据自己设定数码管显示的次序，编制程序并进行接线和上机调试练习。

任务评价

<table>
<tr><th>序号</th><th>评价指标</th><th>评价内容</th><th>分值</th><th>学生自评</th><th>小组评价</th><th>教师评价</th></tr>
<tr><td rowspan="3">1</td><td rowspan="3">调试</td><td>检查电路接线是否正确</td><td>10</td><td rowspan="3"></td><td rowspan="3"></td><td rowspan="3"></td></tr>
<tr><td>检查梯形图是否正确</td><td>30</td></tr>
<tr><td>通电后正确、试验成功</td><td>20</td></tr>
<tr><td rowspan="2">2</td><td rowspan="2">安全规范与提问</td><td>是否符合安全操作规范</td><td>10</td><td rowspan="2"></td><td rowspan="2"></td><td rowspan="2"></td></tr>
<tr><td>回答问题是否准确</td><td>10</td></tr>
<tr><td>3</td><td>实训任务单</td><td>书写正确、工整</td><td>20</td><td></td><td></td><td></td></tr>
<tr><td colspan="3">总分</td><td>100</td><td></td><td></td><td></td></tr>
<tr><td colspan="3">问题记录和解决方法</td><td colspan="4">记录任务实施中出现的问题和采取的解决方法(可附页)</td></tr>
</table>

项目小结

本章主要介绍了 S7-200 系列 PLC 的功能指令及应用。

(1) 数据传送指令包括单个数据的传送和数据块的传送。单个数据的传送指令,一次完成一个字节、字、双字和实数的传送。数据块传送指令一次可完成 N 个数据的成组传送。

(2) 数据比较指令包括字节、字、双字、实数和字符串的比较,将比较的结果产生一个逻辑条件,可用于控制线圈的输出或其他操作。

(3) 数据移位和循环指令包括数据左右移位指令、数据循环左右移位指令和移位寄存器指令。其作用是将存储器中的数据按要求进行某种移位操作,在控制系统中可用于数据的处理、跟踪和步进控制等。

(4) 表功能指令主要用于需要表格处理数据的场合,如预置控制系统的固有参数等。

(5) 数据运算指令包括算术运算指令和逻辑运算指令两大类。算术运算有加、减、乘、除运算;逻辑运算包括逻辑与、或、异或指令和取反指令。

(6) 程序控制指令包含系统控制指令、跳转指令、循环指令和子程序的调用。系统控制指令主要包括结束指令、停止指令、监控定时器复位指令。跳转指令、标号指令可以实现程序的跳转,完成分支控制。循环开始指令、循环结束指令用于程序循环执行。子程序调用指令、子程序有条件返回指令可以实现主程序对子程序的操作。

本项目通过天塔之光系统和抢答器数码显示控制系统的具体任务实际操作,使学生对于 S7-200 系列 PLC 的功能指令有了更深的认识和体会,使其能够利用这些指令,并结合控制要求进行梯形图设计。要求学生能够掌握数据传送指令、数据比较指令、数据移位与循环指令、数学运算指令和程序控制指令的操作与应用,了解数据表功能指令、译码、编码和段译码指令的应用。

思考与练习题

5-1　若 MW0 中的数小于等于 IW0 中的数,M0.0 为 1 状态并保持,反之将 M0.0 复位为 0 状态,设计梯形图程序。

5-2　当 I0.0 为 ON 时,定时器 T37 开始定时,产生每秒 1 次的周期脉冲。T37 每次定时时间到时调用一个子程序,在子程序将输入 IW0 的值送 VW20,试设计主程序和子程序。

5-3 用 I1.0 控制在 Q0.0～Q0.7 上的 8 个彩灯循环移位，用 T38 定时，每 1 s 移 1 位，首次扫描时给 Q0.0～Q0.7 置初值，用 I1.1 控制彩灯移位的方向，设计出梯形图程序。

5-4 有 3 台电动机，要求同时启动和停止，试用传送指令设计梯形图程序。

5-5 设 Q0.1、Q0.2 和 Q0.3 分别驱动 3 台电动机的电源接触器，I0.0 为 3 台电动机的依次启动按钮，I0.1 为 3 台电动机同时停车的停止按钮，要求 3 台电动机依次启动的时间间隔为 5 s，试采用定时器指令、比较指令配合传送指令，设计梯形图程序。

项目六 PLC综合应用实例

项目内容

本项目包括PLC应用系统的设计、水塔水位控制、自动装配流水线控制和四节传送带控制。

知识要点

1. PLC控制系统的设计与调试，节省PLC输入输出点的方法，PLC控制系统的可靠性措施。
2. 水塔水位控制。
3. 自动装配流水线控制。
4. 四节传送带控制。

学习目标

1. 掌握PLC应用系统设计的内容和步骤，能够根据控制目标，选择合适的PLC机型和I/O点数。
2. 根据控制要求，进行水塔水位控制。
3. 根据控制要求，进行自动装配流水线控制。
4. 根据控制要求，进行四节传送带控制。

PLC应用系统的设计主要包括其基本原则、一般步骤、PLC的选择以及节省PLC输入/输出点数的方法。本项目在掌握了PLC应用系统设计的基本理论知识后，能够将其应用于实际控制中，对水塔水位控制系统、自动装配流水线控制系统和四节传送带控制系统进行设计，通过实践操作，实现控制目标。

任务1　PLC应用系统的设计

任务描述

PLC可靠性高、应用简便，在国内外得到迅速普及和应用。复杂设备的电气控制柜正在被PLC所占领，PLC从替代继电器的局部范围进入到过程控制、位置控制、通信网络等领域。

本任务通过分析 PLC 应用系统设计的基本原则和一般步骤，选择合适的 PLC 机型与相应的 I/O 点数，并对 PLC 应用中的若干问题进行处理，最终实现对应用系统的控制。

相关知识

一、PLC 控制系统的设计与调试

1. PLC 应用系统设计的基本原则

为了实现生产设备控制要求和工艺需要，为提高产品质量和生产效率，在设计 PLC 应用系统时，应遵循以下基本原则。

① 充分发挥 PLC 功能，最大限度地满足被控对象的控制要求。

② 在满足控制要求的前提下，力求使控制系统简单、经济、使用及维修方便。

③ 保证控制系统安全可靠。

④ 应考虑生产的发展和工艺的改进，在选择 PLC 的型号、I/O 点数和存储器容量等内容时，应留有适当的余量。

2. PLC 应用系统设计的一般步骤

设计 PLC 应用系统时，要根据被控对象的功能和工艺要求，明确系统必须要做的工作和必备的条件，然后再进行 PLC 应用系统的功能分析，提出 PLC 控制系统的结构形式，控制信号的种类、数量，系统的规模、布局。最后根据系统分析的结果，具体的确定 PLC 的机型和系统的具体配置。PLC 控制系统设计流程图如图 6-1 所示。

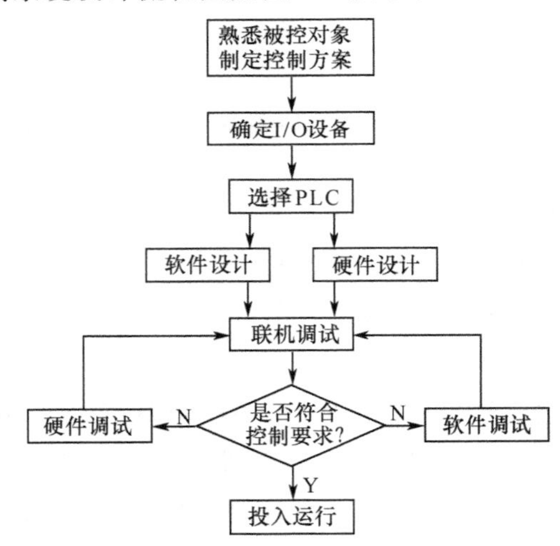

图 6-1　PLC 控制系统设计流程图

(1) 熟悉被控对象，制定控制方案

分析被控对象的工艺过程及工作特点，了解被控对象机、电、液之间的配合，确定被控对象对 PLC 控制系统的控制要求。

(2) 确定 I/O 设备

根据系统的控制要求，确定用户所需的输入(如按钮、行程开关、选择开关等)和输出设备(如接触器、电磁阀、信号指示灯等)，由此确定 PLC 的 I/O 点数。

（3）选择 PLC

选择时主要考虑 PLC 机型、容量、I/O 模块、电源的选择。

（4）分配 PLC 的 I/O 地址

根据生产设备现场需要，确定控制按钮、选择开关、接触器、电磁阀、信号指示灯等各种输入/输出设备的型号、规格、数量；根据所选的 PLC 的型号，列出输入/输出设备与 PLC 输入/输出端子的对照表，以便绘制 PLC 外部 I/O 接线图和编写程序。

（5）设计软件及硬件

设计包括 PLC 程序设计，控制柜（台）等硬件的设计及现场施工。由于 PLC 软件程序设计与硬件设计可同时进行，因此 PLC 控制系统的设计周期可大大缩短，而对于继电器系统必须先设计出全部的电气控制线路后才能进行施工设计。

PLC 软件程序设计的一般步骤如下。

① 软件程序设计包括主程序、子程序、中断程序等，小型数字量控制系统一般只有主程序。对于较复杂系统，应先绘制出系统功能图，对于简单的控制系统也可省去这一步。

② 根据系统功能图设计梯形图程序。

③ 根据梯形图编写语句表程序。

④ 对程序进行模拟调试及修改，直到满足控制要求为止。调试过程中，可采用分段调试的方法，并利用编程器或编程软件的监控功能。

硬件设计及现场施工的步骤如下。

① 设计控制柜及操作面板电器布置图及安装接线图。

② 控制系统各部分的电气互连图。

③ 根据图样进行现场接线，并检查。

（6）连机调试

连机调试是指将模拟调试通过的程序进行在线调试。开始时，先带上输出设备（接触器线圈、信号指示灯等），不带负载进行调试。利用 PLC 的监控功能，采用分段调试的方法进行。各部分调试正常后，再带上实际负载运行。如不符合要求，则对硬件和程序作调整。通常只需修改部分程序即可。

全部调试完毕后，投入运行。经过一段时间运行，如果工作正常、程序不需要修改应将程序固化到 EPROM 中，以防程序丢失。

（7）整理技术文件

包括设计说明书、电气安装图、电气元件明细表及使用说明书等。

二、PLC 的选择

PLC 的品种繁多，其结构形式、性能、容量、指令系统、编程方式、价格等各不相同，适用的场合也各有侧重。因此，合理选择 PLC，对于提高 PLC 控制系统技术经济指标有着重要意义。

1. PLC 的机型选择

机型选择的基本原则是在满足功能要求及保证可靠、维护方便的前提下，力争最佳的性能价格比。

(1) 结构合理

整体式 PLC 的每一个 I/O 点的平均价格比模块式的便宜,且体积相对较小,一般用于系统工艺过程较为固定的小型控制系统中;而模块式 PLC 的功能扩展灵活方便,I/O 点数量、输入点数与输出点数的比例、I/O 模块的种类等方面,选择余地较大,维修、故障判断很方便。因此,模块式 PLC 一般适用于较复杂系统和环境较差(维修量大)的场合。

(2) 安装方式

根据 PLC 的安装方式,系统分为集中式、远程 I/O 式和多台 PLC 连网的分布式。集中式不需要设置驱动远程 I/O 硬件,系统反应快、成本低。大型系统经常采用远程 I/O 式,因为它们的装置分布范围很广,远程 I/O 可以分散安装在 I/O 装置附近,I/O 连线比集中式的短,但需要增设驱动器和远程 I/O 电源。多台连网的分布式适用于多台设备分别独立控制,又要相互联系的场合,可以选用小型 PLC,但必须要附加通信模块。

(3) 功能合理

一般小型(低档)PLC 具有逻辑运算、定时、计数等功能,对于只需要开关量控制的设备都可满足。

对于以开关量控制为主,带少量模拟量控制的系统,可选用能带 A/D 和 D/A 单元、具有加减算术运算、数据传送功能的增强型低档 PLC。

对于控制较复杂,要求实现 PID 运算、闭环控制、通信连网等功能,可视控制规模大小及复杂程度,选用中档或高档 PLC。但是中、高档 PLC 价格较贵,一般大型机主要用于大规模过程控制和集散控制系统等场合。

(4) 系统可靠性的要求

对于一般系统 PLC 的可靠性均能满足。对可靠性要求很高的系统,应考虑是否采用冗余控制系统或热备用系统。

(5) 机型统一

一个企业,应尽量做到 PLC 的机型统一。同一机型的 PLC,其编程方法相同,有利于技术力量的培训和技术水平的提高;其模块可互为备用,便于备品备件的采购和管理;其外围设备通用,资源可共享,易于连网通信,配以上位计算机后易于形成 1 个多级分布式控制系统。

2. PLC 的容量选择

PLC 的容量包括 I/O 点数和用户存储容量两个方面。

(1) I/O 点数

PLC 的 I/O 点的价格还比较高,因此应该合理选用 PLC 的 I/O 点的数量,在满足控制要求的前提下力争使 I/O 点最少,但必须留有一定的备用量。

通常 I/O 点数是根据被控对象的输入、输出信号的实际需要,再加上 10%～15%的备用量来确定。

(2) 用户存储容量

用户存储容量是指 PLC 用于存储用户程序的存储器容量。需要的用户存储容量的大小由用户程序的长短决定。

一般可按下式估算,再按实际需要留适当的余量(20%～30%)来选择。

$$存储容量=开关量I/O点总数\times 10+模拟量通道数\times 100 \tag{6-1}$$

绝大部分 PLC 均能满足上式要求。应当要注意的是，当控制系统较复杂、数据处理量较大时，可能会出现存储容量不够的问题，这时应特殊对待。

3. I/O 模块的选择

(1) 开关量输入模块的选择

PLC 的输入模块是用来检测接收现场输入设备的信号，并将输入的信号转换为 PLC 内部接收的低电压信号。

① 输入信号的类型及电压等级的选择

常用的开关量输入模块的信号类型有 3 种：直流输入、交流输入和交流/直流输入。选择时一般根据现场输入信号及周围环境来考虑。

交流输入模块接触可靠，适合于有油雾、粉尘的恶劣环境下使用；直流输入模块的延迟时间较短，还可以直接与接近开关、光电开关等电子输入设备连接。

PLC 的开关量输入模块按输入信号的电压大小分类有：直流 5 V、24 V、48 V、60 V 等；交流 110 V、220 V 等。选择时应根据现场输入设备与输入模块之间的距离来考虑。

一般 5 V、12 V、24 V 用于传输距离较近场合。如 5 V 的输入模块最远不得超过 10 m 距离，较远的应选用电压等级较高的模块。

② 输入接线方式选择

按输入电路接线方式的不同，开关量输入模块可分为汇点式输入和分组式输入两种，如图 6-2所示。

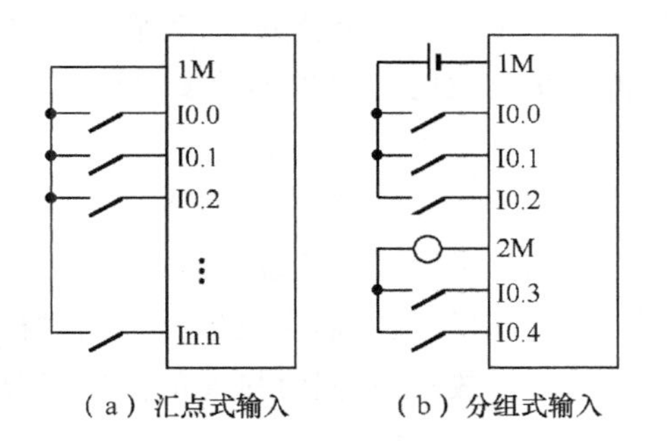

(a) 汇点式输入　(b) 分组式输入

图 6-2 输入的接线方式

对于选用高密度的输入模块(如 32 点、48 点等)，应考虑该模块同时接通的点数一般不要超过输入点数的 60%。

(2) 开关量输出模块的选择

输出模块是将 PLC 内部低电压信号转换为外部输出设备所需的驱动信号。选择时主要应考虑负载电压的种类和大小、系统对延迟时间的要求、负载状态变化是否频繁等。

① 输出方式的选择

开关量输出模块有 3 种输出方式：继电器输出、晶闸管输出和晶体管输出。

继电器输出的价格便宜，既可以用于驱动交流负载，又可用于驱动直流负载，而且适用的电压大小范围较宽、导通压降小，同时承受瞬时过电压和过电流的能力较强。但它属于有触点元件，其动作速度较慢、寿命短，可靠性较差，因此只能适用于不频繁通断的场合。当用于驱动感性负载时，其触点动作频率不超过 1 Hz。

对于频繁通断的负载，应该选用双向晶闸管输出或晶体管输出，它们属于无触点元件。但双向晶闸管输出只能用于交流负载，而晶体管输出只能用于直流负载。

② 输出接线方式的选择

按 PLC 的输出接线方式的不同，一般有分组式输出和分隔式输出两种，如图 6-3 所示。

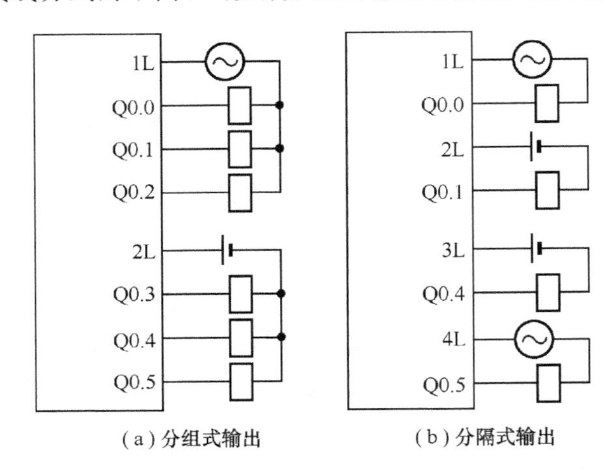

(a) 分组式输出　　(b) 分隔式输出

图 6-3　输出的接线方式

分组式输出是几个输出点为一组，共用一个公共端，各组之间是分隔的，可分别使用不同的电源。而分隔式输出的每一个输出点有一个公共端，各输出点之间相互隔离，每个输出点可使用不同的电源。主要应根据系统负载的电源种类的多少而定。一般整体式 PLC 既有分组式输出，也有分隔式输出。

③ 输出电流的选择

输出模块的输出电流(驱动能力)必须大于负载的额定电流。

选择输出模块时，还应考虑能同时接通的输出点数量。同时接通输出的累计电流值必须小于公共端所允许通过的电流值。一般来说，同时接通的点数不要超出同一公共端输出点数的 60%。

(3) 电源模块及编程器的选择

① 电源模块的选择

电源模块的选择较为简单，只需考虑电源的额定输出电流。电源模块的额定电流必须大于 CPU 模块、I/O 模块及其他模块的总消耗电流。电源模块选择仅对于模块式结构的 PLC 而言，对于整体式 PLC 不存在电源的选择。

② 编程器的选择

对于小型控制系统或不需要在线编程的 PLC 系统，一般选用价格便宜的简易编程器。对于由中、高档 PLC 构成的复杂系统或需要在线编程的 PLC 系统，可以选配功能强、编程方便的智能编程器。对于个人计算机，选用 PLC 的编程软件包，在个人计算机上实现编程器的功能。

三、节省 PLC 输入、输出点数的方法

PLC 在实际应用中经常会碰到两个问题：一是 PLC 的输入或输出点数不够，需要扩展，若增加扩展单元将会提高成本；二是选定的 PLC 可扩展输入或输出点数有限，无法再增加。因此，在满足系统控制要求的前提下，合理使用 I/O 点数，尽量减少所需的 I/O 点数是很有意义的，不仅可以降低系统硬件成本，还可以解决已使用的 PLC 进行再扩展时 I/O 点数不够的问题。

1. 减少输入点数的方法

从表面上看，PLC 的输入点数是按系统的输入设备或输入信号的数量来确定。但实际应用中，经常通过以下方法，达到减少 PLC 输入点数的目的。

(1) 分时分组输入

一般控制系统都存在多种工作方式，但各种工作方式又不可能同时运行。所以可将这几种工作方式分别使用的输入信号分成若干组，PLC 运行时只会用到其中的一组信号。因此，各组输入可共用 PLC 的输入点，这样就使所需的 PLC 输入点数减少。

图 6-4 为系统有自动和手动两种工作方式。将这两种工作方式分别使用的输入信号分成两组：自动输入信号 S1～S8、手动输入信号 B1～B8。两组输入信号共用 PLC 输入点 I0.0～I0.7(如 S1 与 B1 共用 PLC 输入点 I0.0)。用"工作方式"选择开关 SA 来切换自动和手动信号输入电路，并通过 I1.0 让 PLC 识别是自动信号，还是手动信号，从而执行自动程序或手动程序。

图中的二极管是为了防止出现寄生电路，产生错误输入信号而设置的。假设图中没有这些二极管，当系统处于自动状态，若 B1、B2、S1 闭合，S2 断开，这时电流从＋24 V 端予流出，经 S1、B1、B2 形成寄生回路流入 I0.1 端子，使输入继电器 I0.1 错误地接通。因此，必须串入二极管切断寄生回路，避免错误输入信号的产生。

(2) 输入触点的合并

将某些功能相同的开关量输入设备合并输入。如果是常闭触点则串联输入，如果是常开触点则并联输入。这样就只占用 PLC 的一个输入点。一些保护电路和报警电路就常常采用这种输入方法。

例如某负载可在多处启动和停止，可以将 3 个启动信号并联，将 3 个停止信号串联，分别送给 PLC 的两个输入点，如图 6-5 所示。与每一个启动信号和停止信号占用一个输入点的方法相比，不仅节省了输入点，还简化了梯形图电路。

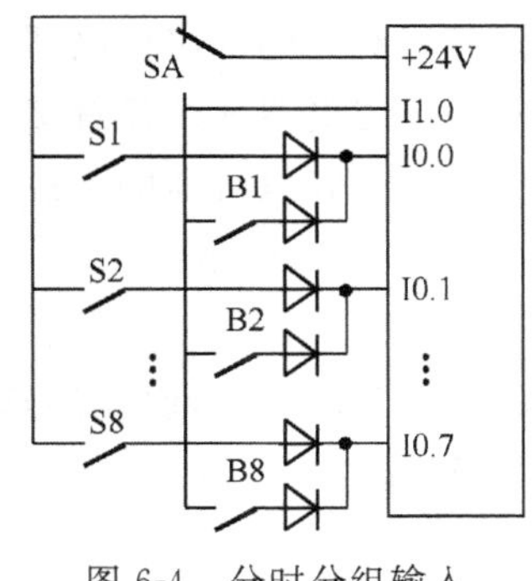

图 6-4 分时分组输入

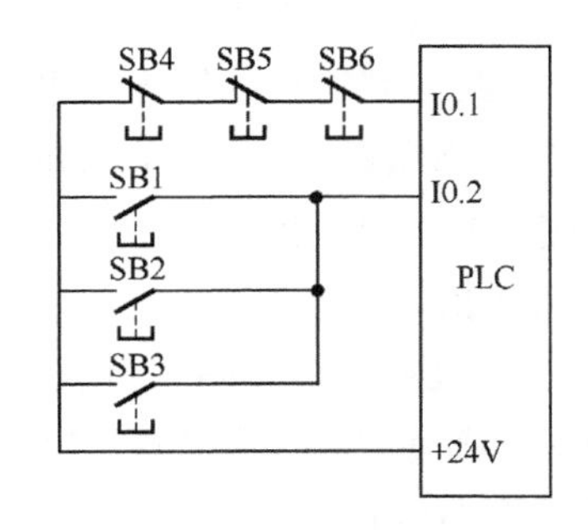

图 6-5 输入触点合并

（3）将信号设置在 PLC 外部

系统中的某些输入信号功能简单、涉及面很窄，如手动操作按钮、电动机过载保护的热继电器触点等，有时就没有必要作为 PLC 输入，将它们放在外部电路中同样可以满足要求，如图 6-6 所示。

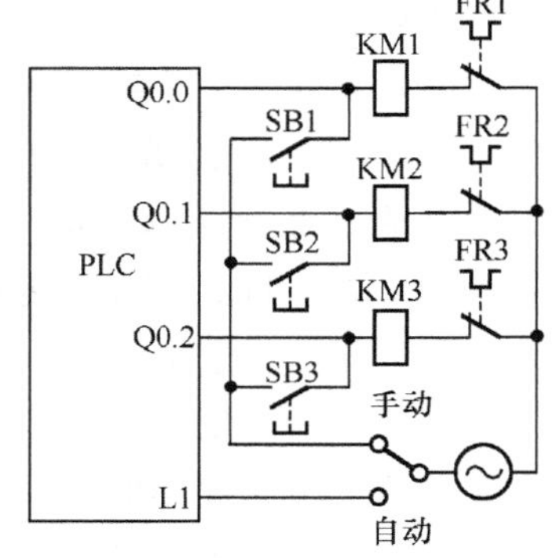

图 6-6　输入信号设在 PLC 外部

2. 减少输出点数的方法

（1）分组输出

当两组负载不会同时工作时，可通过外部转换开关或通过受 PLC 控制的电器触点进行切换，这样 PLC 的每个输出点可以控制两个不同时工作的负载，如图 6-7 所示。KM1、KM3、KM5，KM2、KM4、KM6 这两个组不会同时接通，可用外部转换开关 SA 进行切换。

（2）矩阵输出

图 6-8 中采用 8 个输出组成 4×4 矩阵，可接 16 个输出设备。要使某个负载接通工作，只要控制它所在的行与列对应的输出继电器接通即可。要使负载 KM1 得电，必须控制 Q0.0 和 Q0.4 输出接通。因此，在程序中要使某一负载工作均要使其对应的行与列输出继电器都要接通。这样用 8 个输出点就可控制 16 个不同控制要求的负载。

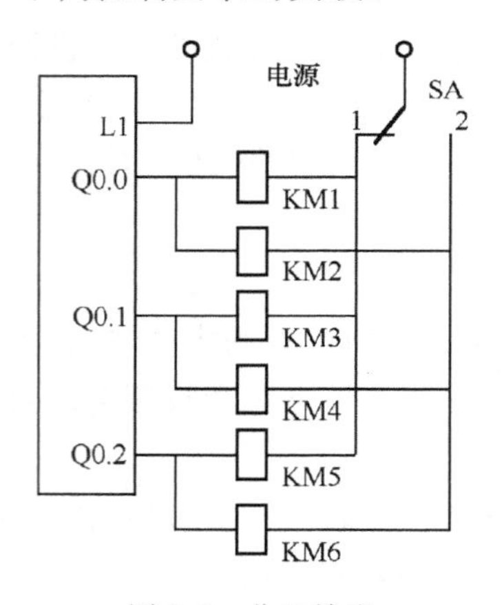

图 6-7　分组输出

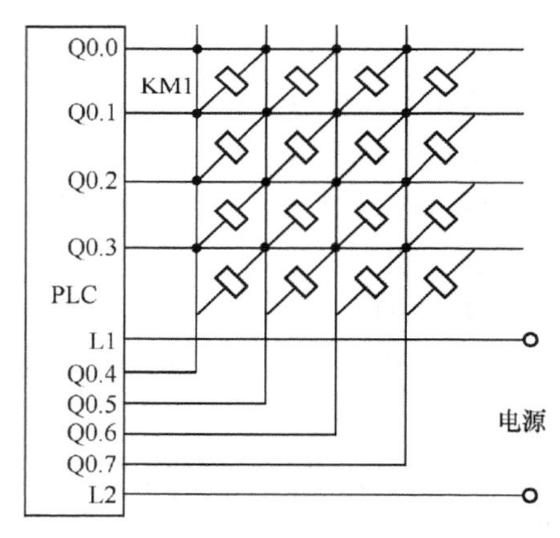

图 6-8　矩阵输出

应该特别注意：当只有某一行对应的输出继电器接通，各列对应的输出继电器才可任意接通；或者当只有某一列对应的输出继电器接通，各行对应的输出继电器才可任意接通的。否则将会出现错误接通负载。因此，采用矩阵输出时，必须要将同一时间段接通的负载安排在同一行或同一列中，否则无法控制。

（3）并联输出

当两个通断状态完全相同的负载，可并联后共用 PLC 的一个输出点，但要注意当 PLC 输出点同时驱动多个负载时，应考虑 PLC 输出点驱动能力是否足够。

（4）负载多功能化

一个负载实现多种用途。例如在传统的继电器电路中，一个指示灯只指示一种状态。而在PLC系统中，利用PLC编程功能，很容易实现用一个输出点控制指示灯的常亮和闪烁，这样一个指示灯就可表示两种不同的信息，从而节省了输出点数。

（5）某些输出设备可不进PLC

系统中某些相对独立、比较简单的部分可考虑直接用继电器电路控制。

以上只是一些常用的减少PLC输入/输出点数的方法，仅供参考。

四、PLC应用中的若干问题

1. 对PLC的某些输入信号的处理

① 若PLC输入设备采用两线式传感器（如接近开关等）时，其漏电流较大，可能会出现错误的输入信号。为了避免这种现象，可在输入端并联旁路电阻R，如图6-9所示。

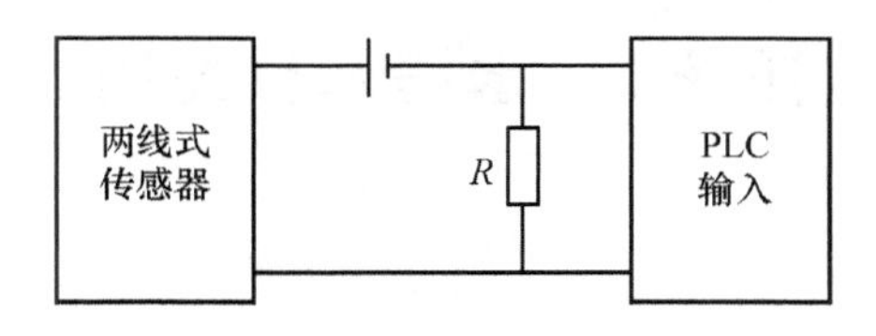

图6-9 两线式传感器输入的处理

② 若PLC输入信号由晶体管提供，则要求晶体管的截止电阻应大于10 kΩ，导通电阻应小于800 Ω。

2. PLC的安全保护

① 短路保护

当PLC输出控制的负载短路时，为了避免PLC内部的输出元件损坏，应该在PLC输出的负载回路中加装熔断器，进行短路保护。

② 感性输入/输出的处理

PLC的输入端和输出端常常接有感性元件。如果是直流感性元件，应在其两端并联续流二极管；如果是交流元件，应在其两端并联阻容电路，从而抑制电路断开时产生的电弧对PLC内部输入、输出元件的影响，如图6-10所示。图中的电阻值可取50～120 Ω；电容值取0.1～0.47 μF，电容的额定电压应大于电源的峰值电压；续流二极管可选用额定电流为1 A、额定电压大于电源电压的3倍。

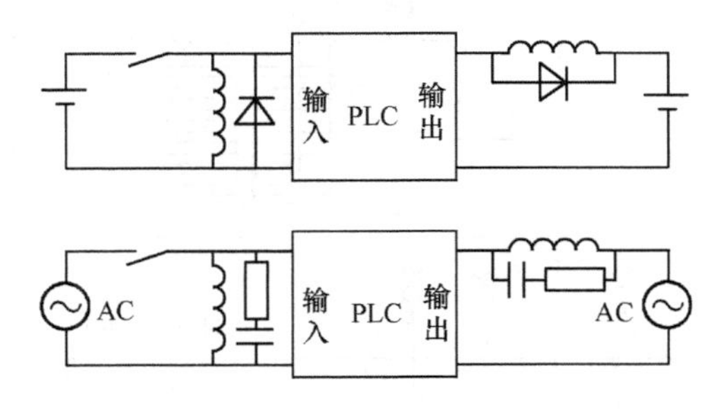

图6-10 感性输入/输出的处理

③ PLC系统的接地要求

良好的接地是PLC安全可靠运行的重要条件。PLC一般最好单独接地，与其他设备分别使用各自的接地装置，如图 6-11(a)所示；也可以采用公共接地，如图 6-11(b)所示；但禁止使用图 6-1(c)所示的串联接地方式。另外，PLC 的接地线应尽量短，使接地点尽量靠近 PLC，同时，接地线的截面应大于 2 mm^2。

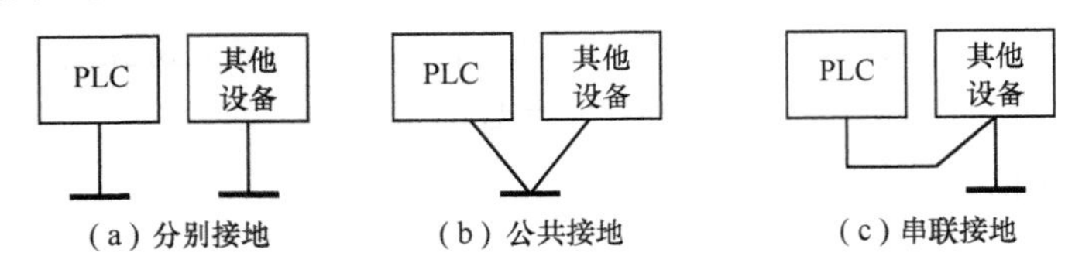

图 6-11　PLC 系统的接地

任务 2　水塔水位控制

任务描述

水塔水位控制系统是 PLC 在工业控制领域中的一个典型应用实例，水塔水位控制可应用于家庭、机关单位、消防、学校、工厂等的水塔上进行自动水位控制，一般要求是全自动型，能实现无人值守，缺水自动补水，水满能自动停止进水，并且要求水塔水位控制器安全性能好，稳定可靠。本任务通过对水塔水位控制要求的实现，进一步掌握如何利用 PLC 进行工业控制系统的设计和实现，系统的面板如图 6-12 所示。在该控制系统中，共有 4 个输入信号(I0.0～I0.3)和 2 个输出信号(Q0.0 和 Q0.1)。S1(I0.0)和 S2(I0.1)分别为水塔的上限位和下限位，S3(I0.2)和 S4(I0.3)分别为水池的上限位和下限位。M(Q0.0)和 Y(Q0.1)分别表示水塔的抽水水泵和水池的进水阀门。

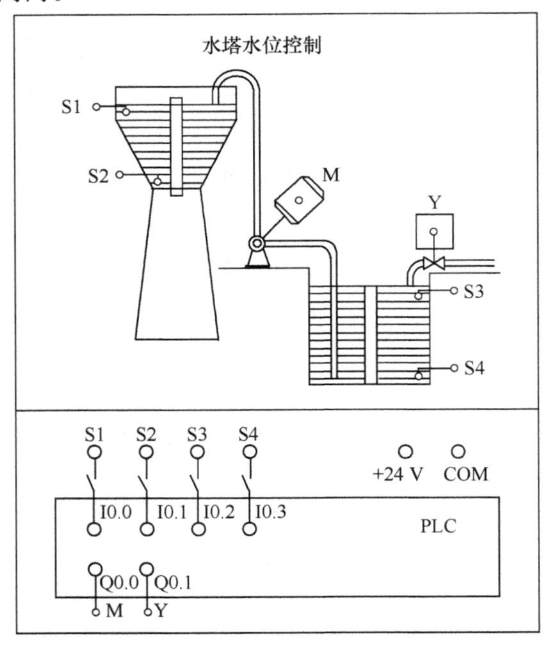

图 6-12　水塔水位控制系统面板

任务解析

1．水塔水位系统的控制要求

当供水池水位低于低水位界限时（S4 为 OFF 时表示），阀门 Y 打开给水池注水（Y 为 ON），同时定时器开始计时；2 s 后，如果 S4 继续保持 OFF 状态，那么阀门 Y 的指示灯开始以 1 s 的间隔闪烁，表示阀门 Y 没有进水，出现了故障；当水池水位到达高水位界限时 S3 打开（ON），阀门 Y 关闭（OFF）。

当 S4 为 ON 时，如果水塔水位低于低水位界限（S2 为 OFF），水泵 M 开始从供水池中抽水；当水塔水位到达高水位界限时（S1 为 ON），水泵 M 停止抽水。

2．I/O 元件地址分配表

I/O 元件地址分配见表 6-1。

表 6-1 I/O 元件地址分配表

输入地址		输出地址	
水塔上限位 S1	I0.0	水泵 M	Q0.0
水塔下限位 S2	I0.1	进水阀门 Y	Q0.1
供水池上限位 S3	I0.2		
供水池下限位 S4	I0.3		

3．设计梯形图

根据水塔水位的控制要求，采取经验设计法设计的梯形图如图 6-13（a）和图 6-13（b）所示，其关键是在阀门进水后 2 s，如果供水池水位的下限位仍然为 OFF 状态，将表示阀门没有

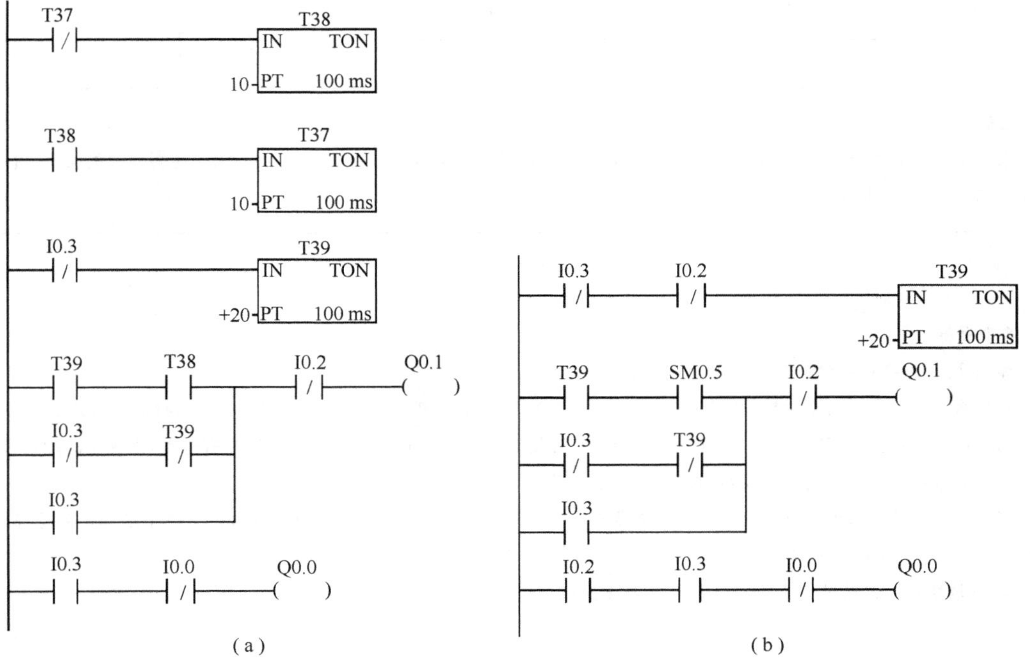

图 6-13 水塔水位控制系统梯形图

进水，出现了故障，这时阀门的指示灯将开始以 1 s 的时间间隔闪烁，表示阀门故障；当阀门故障解除，即水位慢慢升高至供水池水位的下限位时，其传感器 S4 将变为 ON 状态，此时阀门打开继续给水池注水，直到水位上升至供水池水位的上限位时，阀门关闭，停止进水。在水塔抽水控制部分，只要供水池有水（即供水池水位下限位为 ON 状态），水塔水位低于低水位界限，水泵将从供水池中抽水；直到水塔水位到达高水位界限时，水泵才停止抽水。由图 6-13 可见，本任务采用经验设计法设计比较简单，并且方法多样，不唯一。

任务实施

1. 任务实施所需的实训设备

(1) 西门子 S7-200 系列 PLC 控制台一套。

(2) 安装了 SIEP7-Micro/WIN_V4.0 编程软件的计算机一台。

(3) PC/PPI 编程电缆一根。

(4) 导线若干。

2. 实训步骤及要求

(1) 利用顺序设计法或经验设计法，进行梯形图的设计。

(2) 进行 PLC 的 I/O 地址分配与接线。

(3) 上机调试，运行程序。

实训任务单

任务名称：水塔水位控制系统的编程与实现				
实训台号	班级	学号	姓名	日期

一、任务分析

水塔水位控制系统是 PLC 在工业控制领域中的一个典型应用实例，本任务通过对水塔水位控制要求的实现，进一步掌握如何利用 PLC 进行工业控制系统的设计和实现。

二、实训目标

◆ 水塔水位控制系统要求。

当供水池水位低于低水位界限时（S4 为 OFF 时表示），阀门 Y 打开给水池注水（Y 为 ON），同时定时器开始计时；2 s 后，如果 S4 继续保持 OFF 状态，那么阀门 Y 的指示灯开始以 1 s 的间隔闪烁，表示阀门 Y 没有进水，出现了故障；当水池水位到达高水位界限时 S3 打开（ON），阀门 Y 关闭（OFF）。

当 S4 为 ON 时，如果水塔水位低于低水位界限（S2 为 OFF），水泵 M 开始从供水池中抽水；当水塔水位到达高水位界限时（S1 为 ON），水泵 M 停止抽水。

◆ 水塔水位控制系统的实验面板如前图 6-12 所示。

续表

三、水塔水位控制系统程序的编制

1. 输入/输出(I/O)地址分配。

输入		输出	
元件代号	功能	元件代号	功能

2. 输入/输出(I/O)接线图绘制。

3. 根据控制要求编写PLC程序(此部分可另附纸完成)。

四、安装与调试

五、实训成绩

任务评价

序号	评价指标	评价内容	分值	学生自评	小组评价	教师评价
1	调试	检查电路接线是否正确	10			
		检查梯形图是否正确	30			
		通电后正确、试验成功	20			
2	安全规范与提问	是否符合安全操作规范	10			
		回答问题是否准确	10			
3	实训任务单	书写正确、工整	20			
总分			100			
问题记录和解决方法			记录任务实施中出现的问题和采取的解决方法(可附页)			

任务3 自动装配流水线控制

任务描述

自动装配流水线是人和机器的有效组合,它将输送系统、随行夹具、检测设备等进行有机的组合,以满足多品种产品的装配要求,广泛适用于食品、制药、包装、电子、电器、汽配、加工制造业等多种行业,在企业的批量生产中不可或缺,自动装配流水线控制系统的面板如图6-14所示。在该控制系统中,共有3个输入信号(I0.0～I0.2)和8个输出信号(Q0.0～Q0.7)。

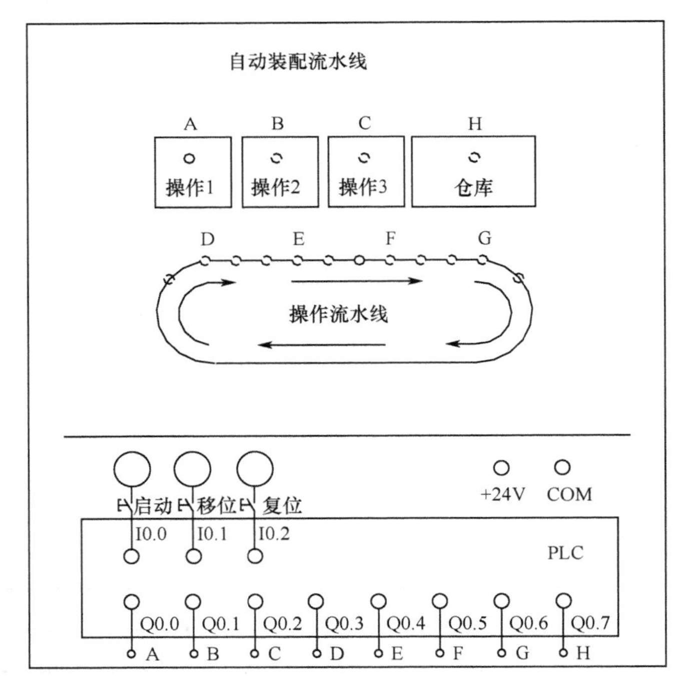

图6-14 自动装配流水线控制系统面板

I0.0、I0.1、I0.2 分别为系统的启动、移位和复位按钮，D(Q0.3)、E(Q0.4)、F(Q0.5)、G(Q0.6)表示传送装置，每经过一个 D→E→F→G 的过程，表示一个操作完成，将进入下一个操作；A(Q0.0)是操作 1，B(Q0.1)是操作 2，C(Q0.2)是操作 3，H(Q0.7)是仓库。

任务解析

1. 系统的控制要求

(1) 自动控制

启动后，经过一次传送(一个 D→E→F→G 过程)，传送到 A(操作 1)；延时 2 s后，经过一次传送，传送到 B(操作 2)；延时 2 s后，经过一次传送，传送到 C(操作 3)；延时 2 s后，经过一次传送，传送到 H(仓库)；开始下一周期的循环。按下复位按钮，等完成当前循环后停止。

(2) 单步控制

启动后，按下移位按钮，经过一次传送，传送到 A(操作 1)；再次按下移位按钮，经过一次传送，传送到 B(操作 2)；再次按下移位按钮，经过一次传送，传送到 C(操作 3)；再次按下移位按钮，经过一次传送，传送到 H(仓库)；开始下一周期的循环。

2. I/O 元件地址分配表

I/O 元件地址分配见表 6-2。

表 6-2 I/O 元件地址分配表

输入地址		输出地址			
启动	I0.0	操作 1	Q0.0	传送过程 E	Q0.4
移位	I0.1	操作 2	Q0.1	传送过程 F	Q0.5
复位	I0.2	操作 3	Q0.2	传送过程 G	Q0.6
		传送过程	Q0.3	仓库	Q0.7

3. 设计顺序功能图

因为进入每步操作时，都需要经过一次传送(一个 D→E→F→G 过程)，因此该传送过程可设计成一个子程序，这样每次调用这个子程序就可以了。根据装配流水线自动控制要求设计的顺序功能图如图 6-15 所示，根据装配流水线单步控制要求设计的顺序功能图如图 6-16 所示。

4. 设计梯形图

根据顺序功能图使用起保停电路的编程方法设计的装配流水线自动控制系统梯形图程序如图 6-17 所示，手动控制系统梯形图程序如图 6-18 所示。在这两种控制过程中，由于传送过程都一致，因此这两种控制的子程序相同，图 6-18 仅为装配流水线手动控制系统梯形图的主程序部分，子程序与图 6-17 装配流水线自动控制系统的子程序部分相同。

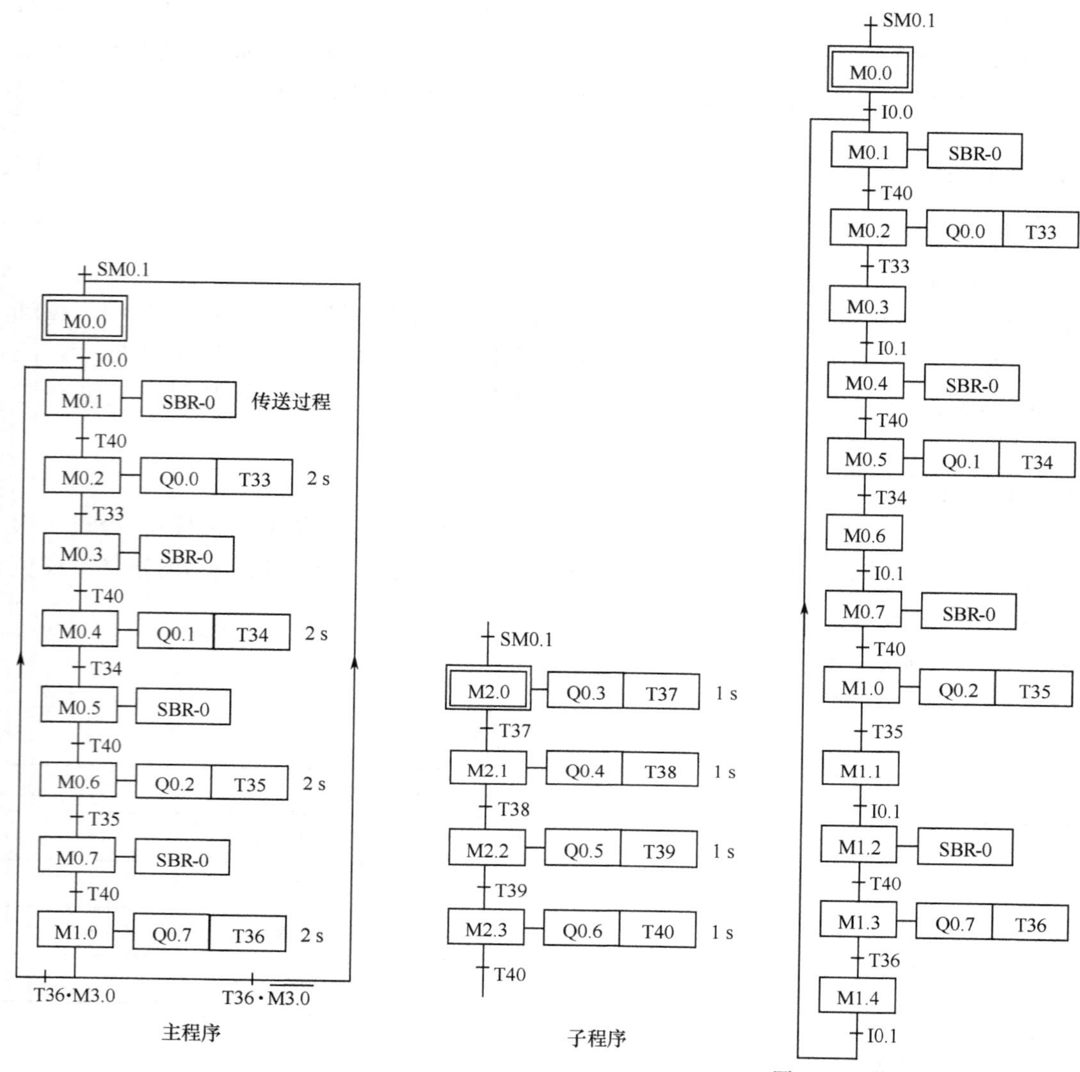

图 6-15 装配流水线自动控制系统顺序功能图

图 6-16 装配流水线单步控制系统主程序顺序功能图

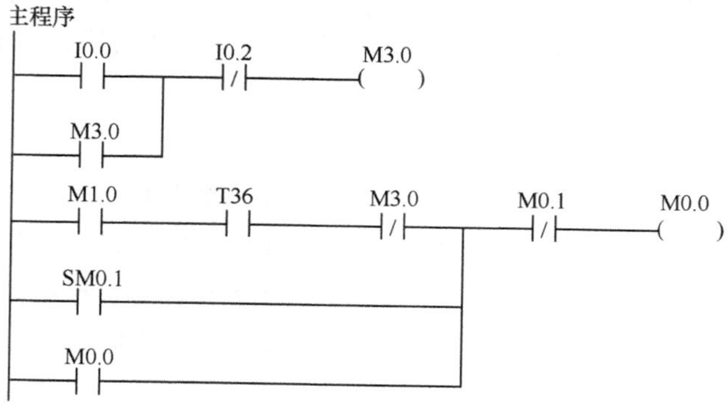

主程序

I0.0 I0.2 M3.0

M3.0

M1.0 T36 M3.0 M0.1 M0.0

SM0.1

M0.0

图 6-17 装配流水线自动控制系统梯形图

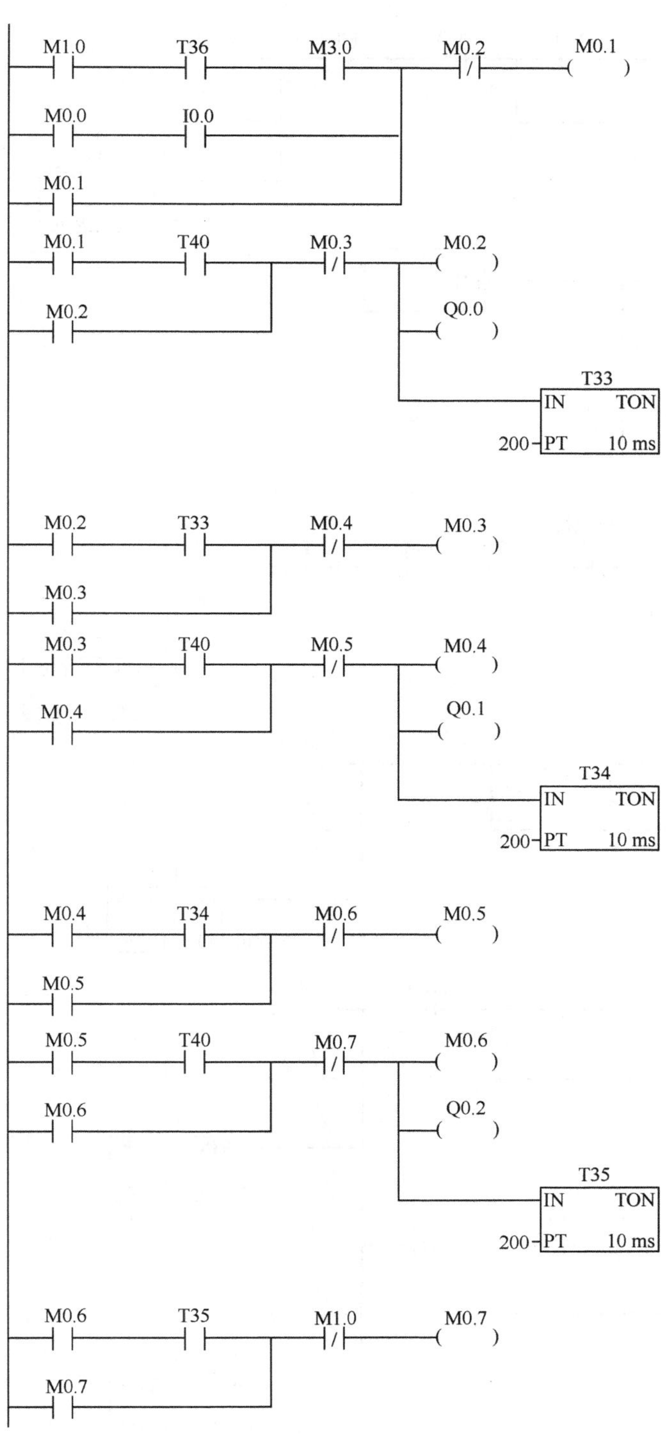

M1.0 T36 M3.0 M0.2 M0.1
M0.0 I0.0
M0.1
M0.1 T40 M0.3 M0.2
M0.2 Q0.0
T33
IN TON
200 PT 10 ms
M0.2 T33 M0.4 M0.3
M0.3
M0.3 T40 M0.5 M0.4
M0.4 Q0.1
T34
IN TON
200 PT 10 ms
M0.4 T34 M0.6 M0.5
M0.5
M0.5 T40 M0.7 M0.6
M0.6 Q0.2
T35
IN TON
200 PT 10 ms
M0.6 T35 M1.0 M0.7
M0.7

图 6-17 装配流水线自动控制系统梯形图(续)

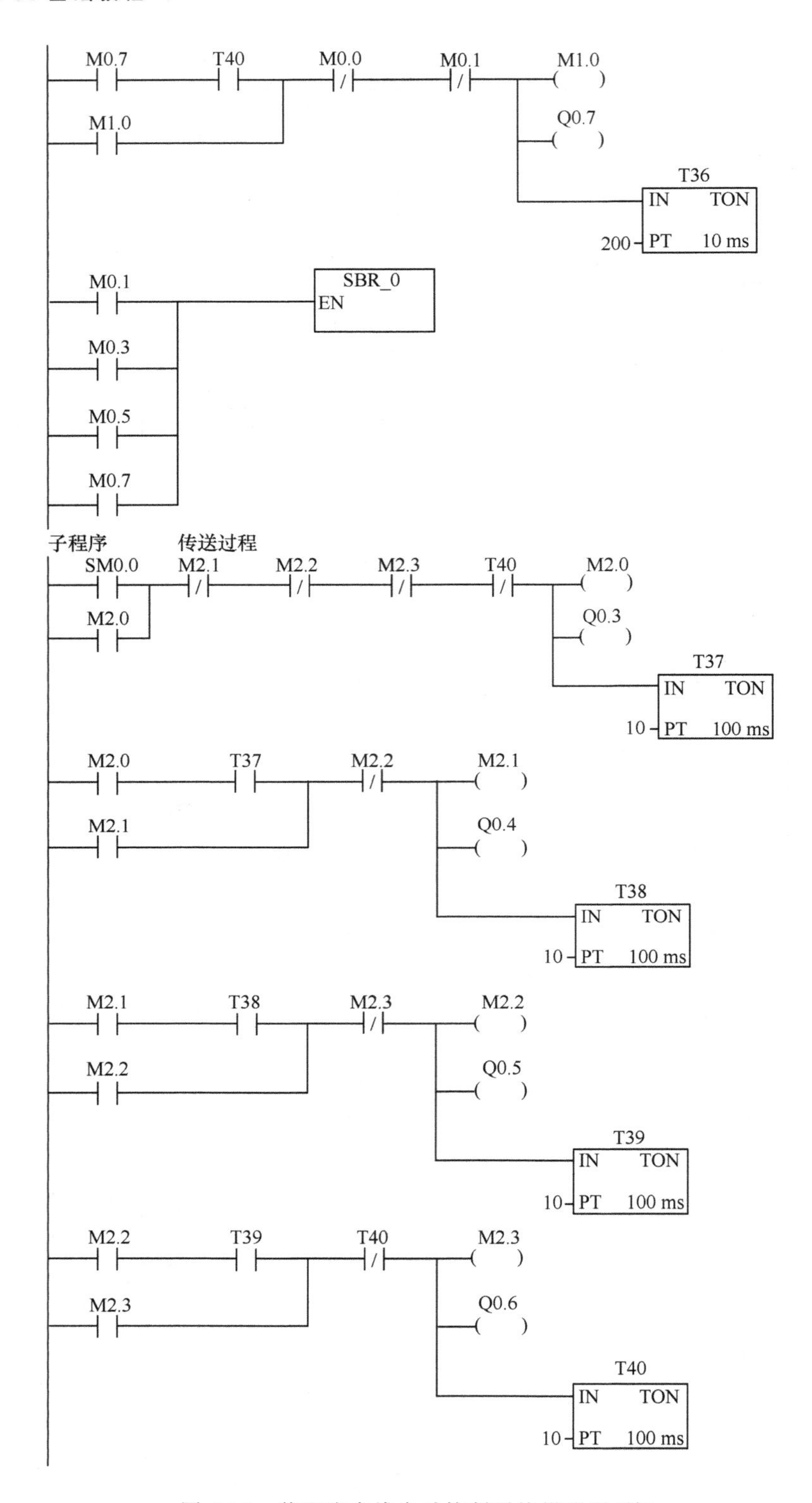

图 6-17　装配流水线自动控制系统梯形图(续)

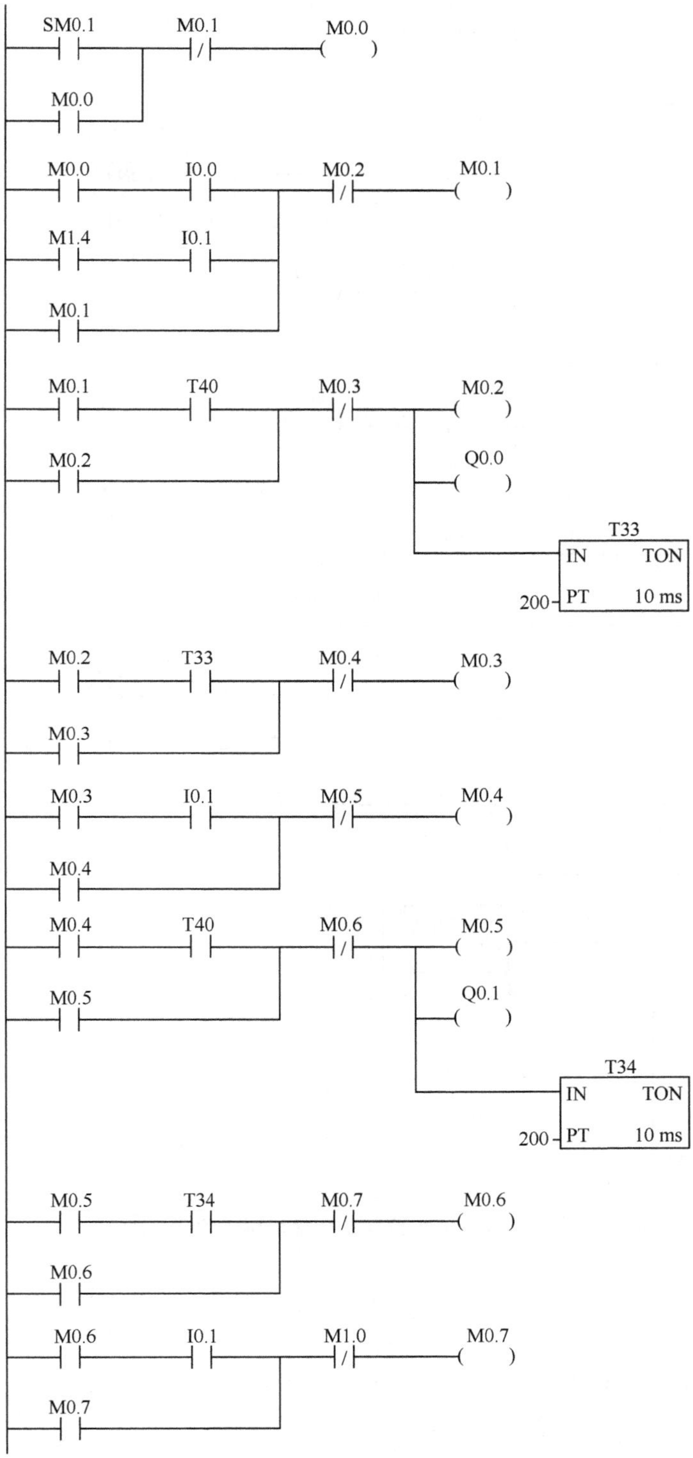

SM0.1
M0.1
M0.0
M0.0
M0.0
I0.0
M0.2
M0.1
M1.4
I0.1
M0.1
M0.1
T40
M0.3
M0.2
M0.2
Q0.0
T33
IN
TON
200
PT
10 ms
M0.2
T33
M0.4
M0.3
M0.3
M0.3
I0.1
M0.5
M0.4
M0.4
M0.4
T40
M0.6
M0.5
M0.5
Q0.1
T34
IN
TON
200
PT
10 ms
M0.5
T34
M0.7
M0.6
M0.6
M0.6
I0.1
M1.0
M0.7
M0.7

图 6-18　装配流水线单步控制系统梯形图主程序

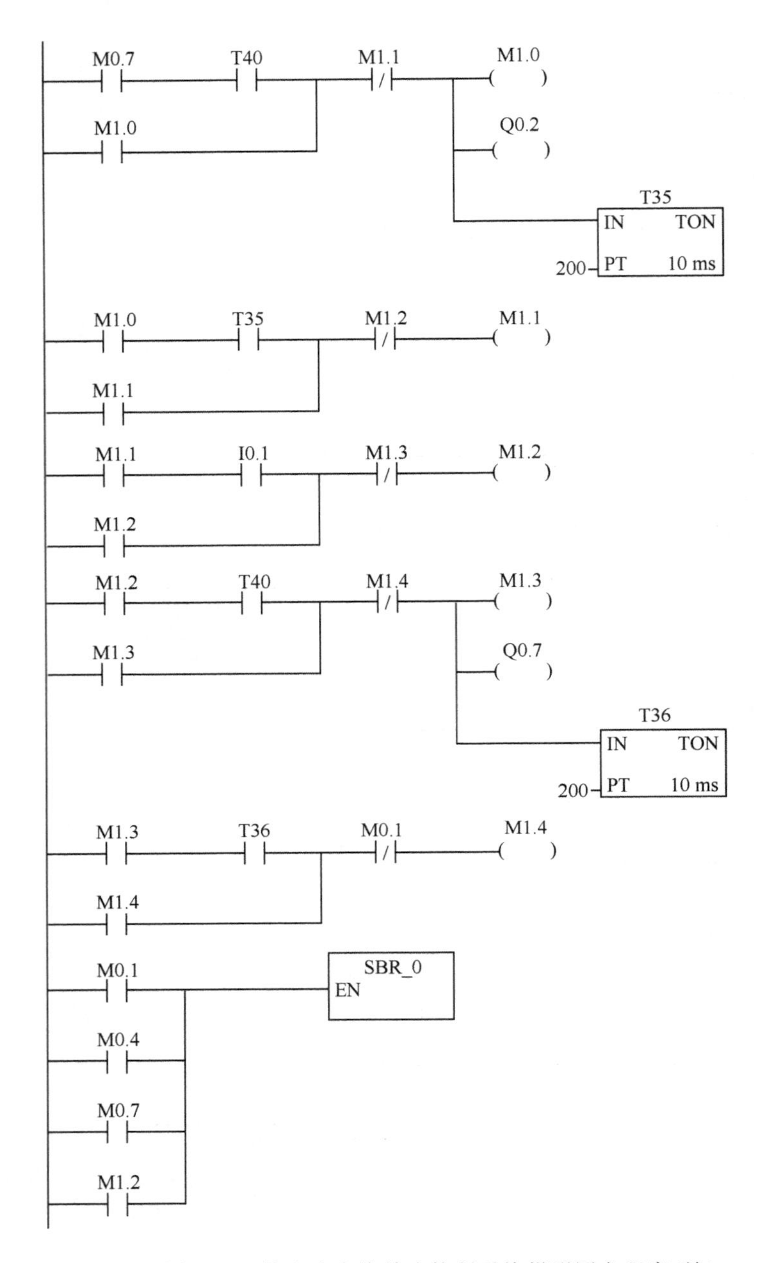

图 6-18　装配流水线单步控制系统梯形图主程序(续)

任务实施

1. 任务实施所需的实训设备

(1) 西门子 S7-200 系列 PLC 控制台一套。

(2) 安装了 SIEP7-Micro/WIN_V4.0 编程软件的计算机一台。

(3) PC/PPI 编程电缆一根。

(4) 导线若干。

2. 实训步骤及要求

(1) 利用顺序设计法，根据任务要求绘制出顺序功能图。

(2) 使用起保停电路的顺序控制梯形图的编程方法，将顺序功能图转换为梯形图。

(3) 进行 PLC 的 I/O 地址分配与接线。

(4) 上机调试，运行程序。

实训任务单

<table>
<tr><td colspan="5">任务名称：自动装配流水线控制系统的编程与实现</td></tr>
<tr><td>实训台号</td><td>班级</td><td>学号</td><td>姓名</td><td>日期</td></tr>
<tr><td></td><td></td><td></td><td></td><td></td></tr>
<tr><td colspan="5">一、任务分析
自动装配流水线是人和机器的有效组合，它将输送系统、随行夹具、检测设备等进行有机的组合，以满足多品种产品的装配要求，在企业的批量生产中不可或缺。</td></tr>
<tr><td colspan="5">二、实训目标
◆ 自动装配流水线控制系统要求。
(1) 自动控制。
启动后，经过一次传送(一个 D→E→F→G 过程)，传送到 A(操作 1)；延时 2 s 后，经过一次传送，传送到 B(操作 2)；延时 2 s 后，经过一次传送，传送到 C(操作 3)；延时 2 s 后，经过一次传送，传送到 H(仓库)；开始下一周期的循环。按下复位按钮，等完成当前循环后停止。
(2) 单步控制。
启动后，按下移位按钮，经过一次传送，传送到 A(操作 1)；再次按下移位按钮，经过一次传送，传送到 B(操作 2)；再次按下移位按钮，经过一次传送，传送到 C(操作 3)；再次按下移位按钮，经过一次传送，传送到 H(仓库)；开始下一周期的循环。
◆ 自动装配流水线控制系统的实验面板如前图 6-14 所示。</td></tr>
<tr><td colspan="5">三、自动装配流水线控制系统程序的编制
1. 输入/输出(I/O)地址分配。</td></tr>
</table>

输　入		输　出	
元件代号	功　能	元件代号	功　能

续表

2. 输入/输出(I/O)接线图绘制。 3. 根据控制要求编写 PLC 程序(此部分可另附纸完成)。
四、安装与调试
五、实训成绩

任务评价

序号	评价指标	评价内容	分值	学生自评	小组评价	教师评价
1	调试	检查电路接线是否正确	10			
		检查梯形图是否正确	30			
		通电后正确、试验成功	20			
2	安全规范与提问	是否符合安全操作规范	10			
		回答问题是否准确	10			
3	实训任务单	书写正确、工整	20			
总分			100			
问题记录和解决方法			记录任务实施中出现的问题和采取的解决方法(可附页)			

任务4　四节传送带控制

任务描述

传送带控制是工业生产中的一种常用控制，是物料搬运系统机械化和自动化不可缺少的组成部分，四节传送带控制系统的面板如图 6-19 所示。在该控制系统中，共有 6 个输入信号(I0.0～I0.5)和 4 个输出信号(Q0.1～Q0.4)。I0.0、I0.1 分别为系统的启动和停止按钮，SQ1（I0.2）、SQ2（I0.3）、SQ3（I0.4）、SQ4（I0.5）分别表示皮带 YM1、YM2、YM3、YM4 出现故障；Q0.1、Q0.2、Q0.3、Q0.4 分别表示皮带 YM1、YM2、YM3、YM4 处于启动运转状态。

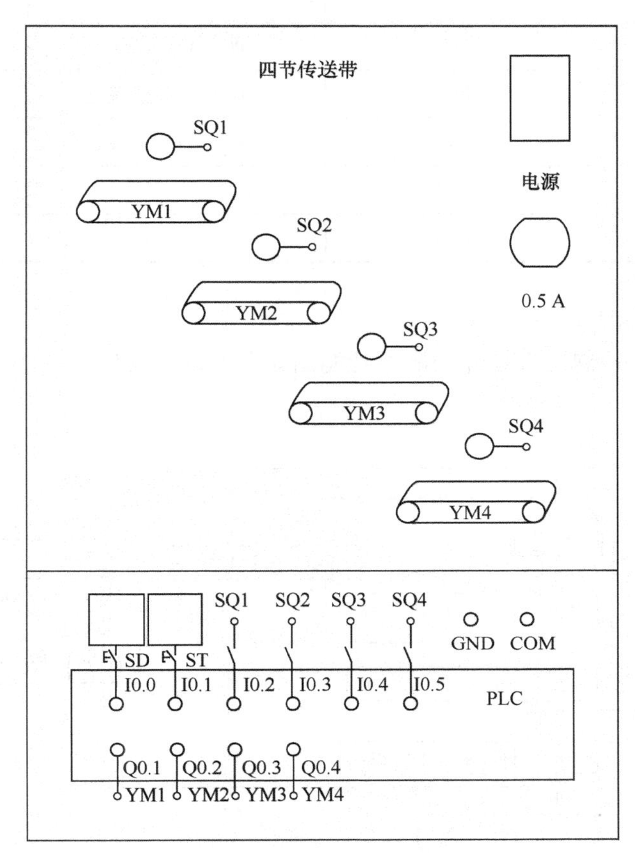

图 6-19　四节传送带控制系统面板

任务解析

1. 系统的控制要求

在一个用四条皮带运输机的传送系统中，分别用四台电动机带动，控制要求如下：启动时先启动最末一条皮带，再按逆流向依次启动其他皮带，在启动下一条皮带之前均应根据工艺要求设定延时（这里设定为 5 s）。停止时应先停止最前一条皮带，待料运送完毕后再依次停止其他皮带。当某条皮带出现故障时，该皮带机及其前面的皮带机立即停止，而该皮带以后的皮带待运送完上面的物料后再停止运行。例如 YM2 故障，YM1、YM2 立刻停止，经过 5 s 延时后，YM3 停止，再过 5 s 延时后，YM4 停止。

2. I/O 元件地址分配表

I/O 元件地址分配见表 6-3。

表 6-3 I/O 元件地址分配表

输入地址		输出地址	
启动	I0.0	皮带 YM1 运转	Q0.1
停止	I0.1	皮带 YM2 运转	Q0.2
皮带 YM1 出现故障	I0.2	皮带 YM3 运转	Q0.3
皮带 YM2 出现故障	I0.3	皮带 YM4 运转	Q0.4
皮带 YM3 出现故障	I0.4		
皮带 YM4 出现故障	I0.5		

3. 设计顺序功能图

根据四节传送带控制要求设计的顺序功能图如图 6-20 所示。

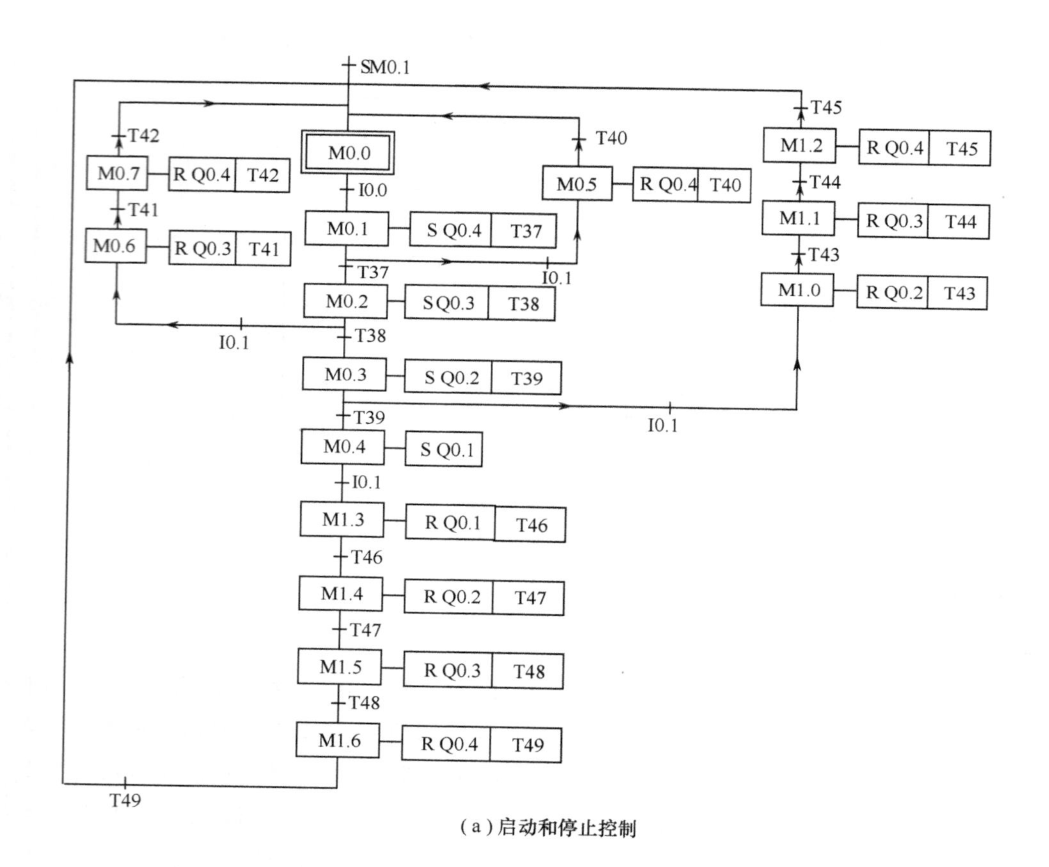

(a) 启动和停止控制

图 6-20 四节传送带控制系统顺序功能图

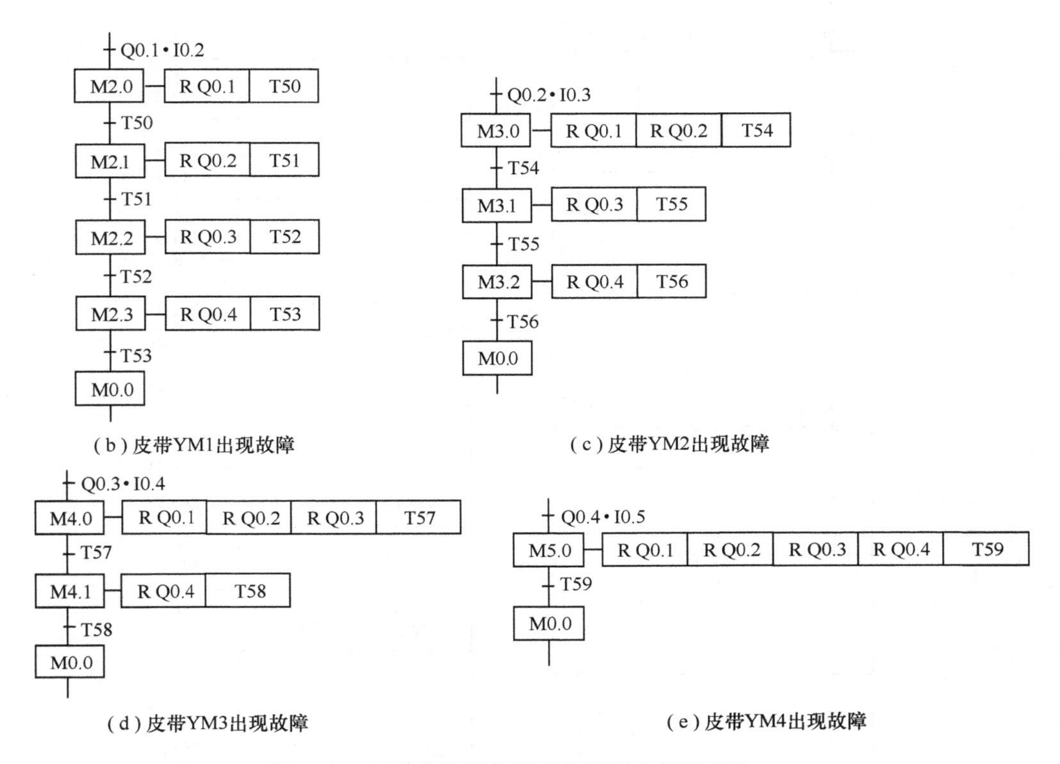

图 6-20　四节传送带控制系统顺序功能图(续)

4. 设计梯形图

根据顺序功能图使用以转换为中心的编程方法设计的四节传送带控制系统梯形图程序如图 6-21 所示。

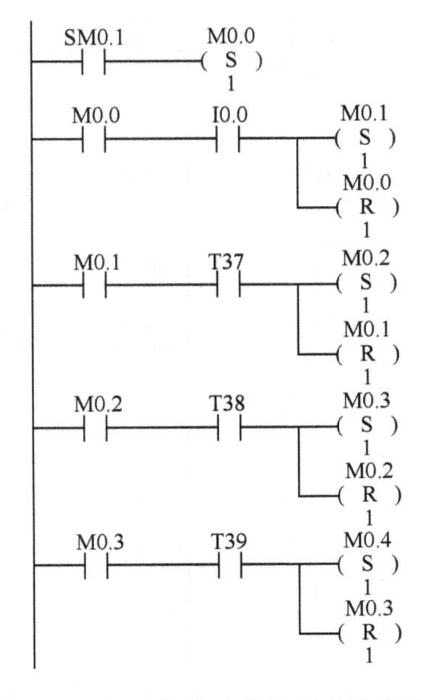

图 6-21　四节传送带控制系统梯形图

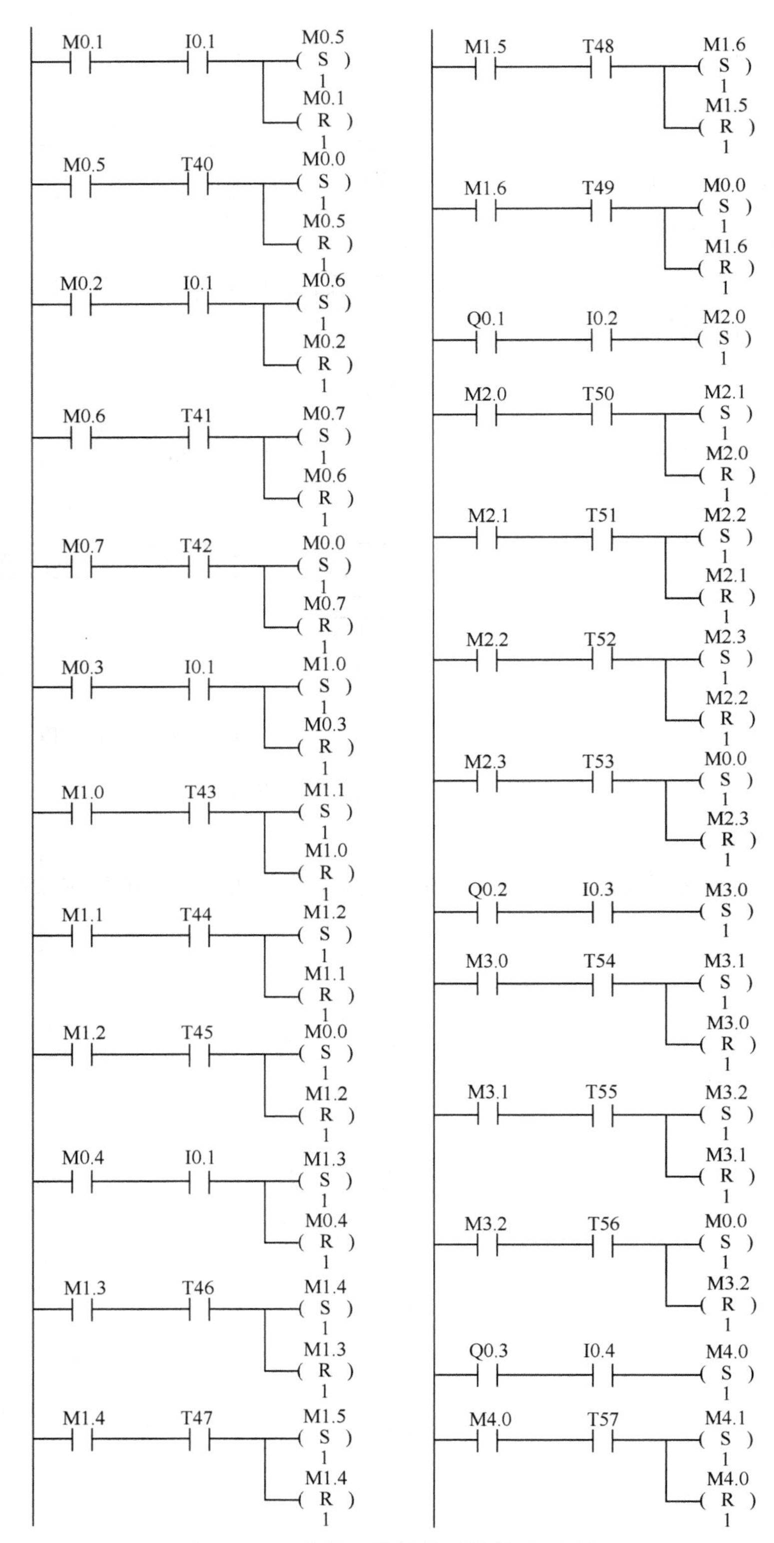

图 6-21　四节传送带控制系统梯形图(续)

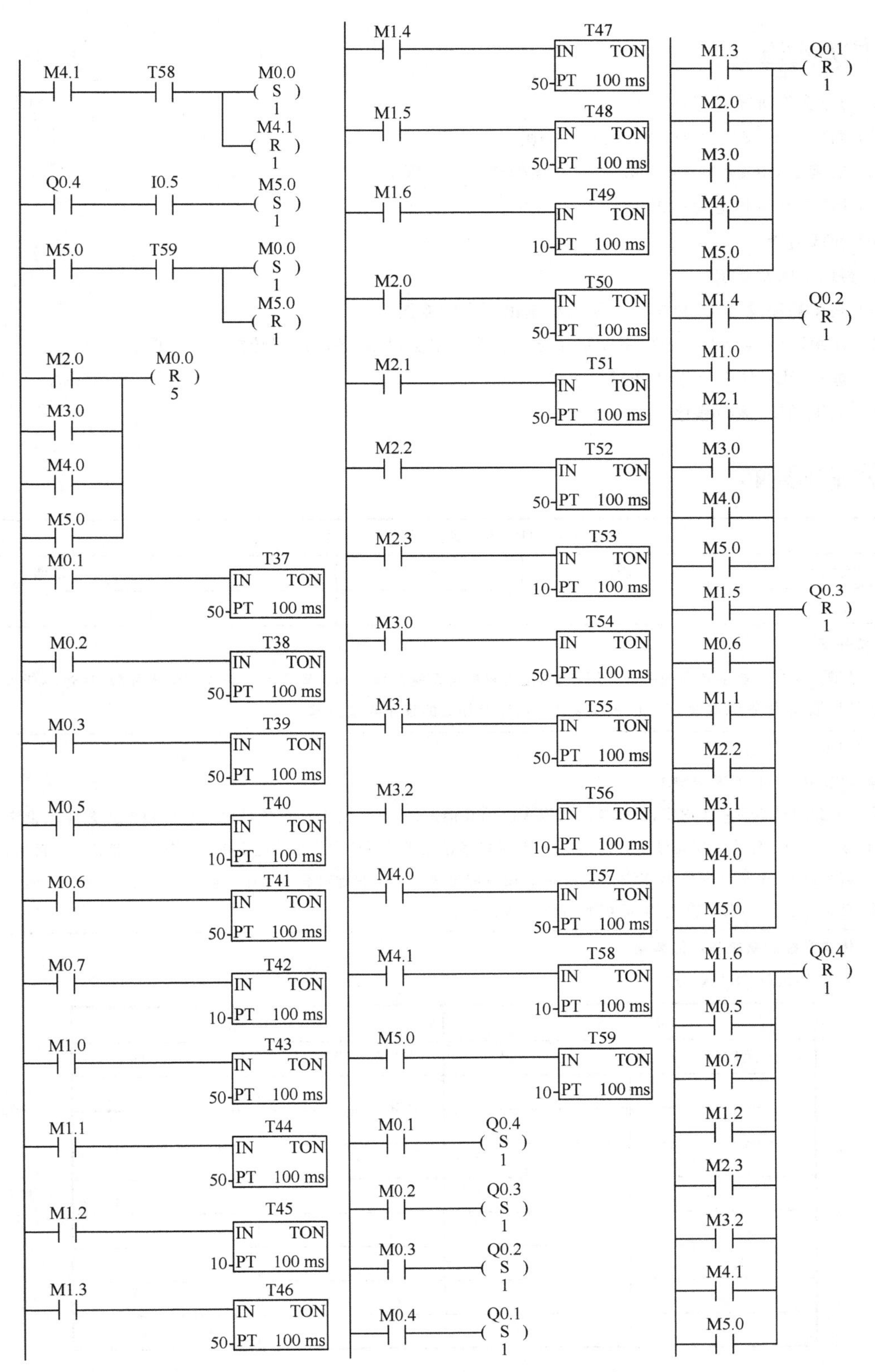

图 6-21　四节传送带控制系统梯形图(续)

任务实施

1. 任务实施所需的实训设备

(1) 西门子 S7-200 系列 PLC 控制台一套。

(2) 安装了 SIEP7-Micro/WIN_V4.0 编程软件的计算机一台。

(3) PC/PPI 编程电缆一根。

(4) 导线若干。

2. 实训步骤及要求

(1) 利用顺序设计法,根据任务要求绘制出顺序功能图。

(2) 使用以转换为中心的顺序控制梯形图的编程方法,将顺序功能图转换为梯形图。

(3) 进行 PLC 的 I/O 地址分配与接线。

(4) 上机调试,运行程序。

实训任务单

任务名称:四节传送带控制系统的编程与实现				
实训台号	班级	学号	姓名	日期

一、任务分析

传送带控制是工业生产中的一种常用控制,是物料搬运系统机械化和自动化不可缺少的组成部分,通过本任务对工程实例的模拟,能够熟练掌握 PLC 的程序设计方法以及相关的程序调试技术。

二、实训目标

◆ 四节传送带控制系统要求。

启动时先启动最后一条皮带,再按逆流向依次启动其他皮带,在启动下一条皮带之前均应根据工艺要求设定延时(这里设定为 5 s)。停止时应先停止最前一条皮带,待料运送完毕后再依次停止其他皮带。当某条皮带出现故障时,该皮带机及其前面的皮带机立即停止,而该皮带以后的皮带待运送完上面的物料后再停止运行。

◆ 四节传送带控制系统的实验面板如前图 6-19 所示。

三、四节传送带控制系统程序的编制

1. 输入/输出(I/O)地址分配。

输　　入		输　　出	
元件代号	功　　能	元件代号	功　　能

续表

2. 输入/输出(I/O)接线图绘制。 3. 根据控制要求编写PLC程序(此部分可另附纸完成)。
四、安装与调试
五、实训成绩

序号	评价指标	评价内容	分值	学生自评	小组评价	教师评价
1	调试	检查电路接线是否正确	10			
		检查梯形图是否正确	30			
		通电后正确、试验成功	20			
2	安全规范与提问	是否符合安全操作规范	10			
		回答问题是否准确	10			
3	实训任务单	书写正确、工整	20			
总分			100			
问题记录和解决方法			记录任务实施中出现的问题和采取的解决方法(可附页)			

项目小结

本章主要介绍了PLC应用系统设计的内容方法和步骤，以及将其应用于工业控制的实际应用中。应用系统设计包括硬件系统设计和软件系统设计两部分。

硬件系统设计是应用的关键，设计时一定要遵循控制系统设计的基本原则，根据控制系统的具体要求确定控制方案、确定I/O设备、选择PLC等。

软件系统设计是应用系统设计的核心，设计时一定要遵循程序编制的基本步骤和方法，掌握节省PLC输入/输出点数的具体方法及 PLC 应用中的若干问题。

本项目通过水塔水位控制、自动装配流水线控制和四节传送带控制具体任务的设计与实际操作，使学生在掌握了 PLC 应用系统设计的内容、步骤及相关事项后，能够利用 PLC 进行实际自动控制系统的应用。

思考与练习题

6-1 在设计 PLC 应用系统时，应遵循的基本原则是什么？

6-2 说明 PLC 应用系统设计的步骤有哪些？

6-3 PLC 的选择主要包括哪几个方面？

6-4 PLC 输入/输出有哪几种接线方式？为什么？

6-5 开关量交流输入单元与直流输入单元各有什么特点？它们分别适用于什么场合？

6-6 若 PLC 的输入端或输出端接有感性元件，应采取什么措施来保证 PLC 的可靠运行？

6-7 图 6-22 所示为某原材料皮带运输机的示意图，其 I/O 地址分配见表 6-4。原材料从料斗经过 PD1、PD2 两台皮带运输机送出，由电磁阀 M0 控制从料斗向 PD1 供料，PD1、PD2 分别由电动机 M1 和 M2 控制。其具体控制要求如下：

(1) 初始状态，料斗、PD1 和 PD2 全部处于关闭状态。

(2) 启动操作，启动时为了避免在前段运输皮带上造成物料堆积，要求逆料方向按一定的时间间隔顺序启动。其操作步骤如下：

PD2→延时 6 s→PD1→延时 6 s→料斗 M0

(3) 停止操作，停止时为了使运输机皮带上不留剩余的物料，要求顺物料流动的方向按一定的时间间隔顺序停止。其停止的顺序如下：

料斗→延时 10 s→PD1→延时 10 s→PD2

(4) 故障停止，在皮带运输机的运行中，若皮带 PD1 过载，应把料斗和 PD1 同时关闭，PD2 应在 PD1 停止 10 s 后停止。若 PD2 过载，应把 PD1、PD2(M1、M2)和料斗 M0 都关闭。

试设计顺序功能图和梯形图程序，并画出 I/O 接线图。

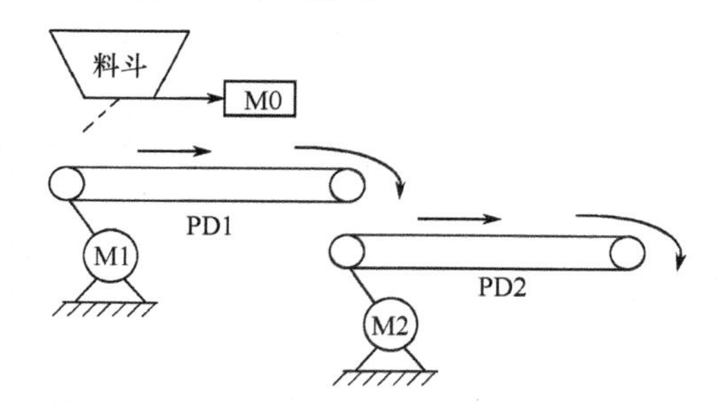

图 6-22 原料皮带运输机示意图

表 6-4 I/O 元件地址分配表

输入地址		输出地址	
启动按钮	I0.0	M0 料斗控制	Q0.0
停止按钮	I0.1	M1 的接触器	Q0.1
M1 的热继电器	I0.2	M2 的接触器	Q0.2
M2 的热继电器	I0.3		

6-8　图6-23所示为某自动门工作示意图，其I/O地址分配表见表6-5，控制要求如下。

(1) 开门控制，当有人靠近自动门时，感应器检测到信号，执行高速开门动作；当门开到一定位置，开门减速开关I0.1动作，变为低速开门；当碰到开门极限开关I0.2时，门全部开展。

(2) 门开展后，定时器T37开始延时，若在3 s内感应器检测到无人，即转为关门动作。

(3) 关门控制，先高速关门，当门关到一定位置碰到减速开关I0.3时，改为低速关门，碰到关门极限开关I0.4时停止。关门期间若感应器检测到有人(I0.0为ON)，停止关门，T38延时1 s后自动转换为高速开门。

试设计顺序功能图和梯形图程序，并画出I/O接线图。

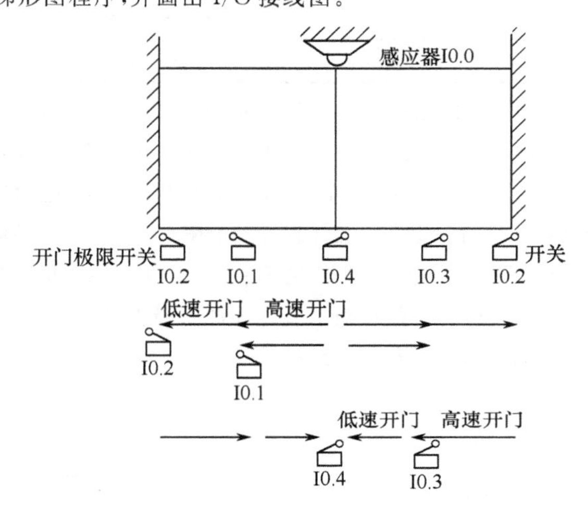

图6-23　自动门工作示意图

表6-5　I/O元件地址分配表

输入地址		输出地址	
感应器	I0.0	高速开门	Q0.0
开门减速开关	I0.1	低速开门	Q0.1
开门极限开关	I0.2	高速关门	Q0.2
关门减速开关	I0.3	低速关门	Q0.3
关门极限开关	I0.4		

6-9　全自动洗衣机控制系统的I/O地址分配表见表6-6，其控制要求如下。

(1) 洗衣机接通电源后，按下启动按钮，首先进水阀打开，进水指示灯亮。

(2) 当水位达到上限位时，进水指令灯灭，搅轮正转进行正向洗涤40 s；时间到停2 s后，再进行反向洗涤40 s，正反向洗涤需重复4次。

(3) 等待洗涤重复4次后，再等待2 s，开始排水，排水指示灯亮。后甩干桶甩干，指示灯亮。

(4) 当水位到下限位后，排水完成，指示灯灭。又开始进水，进水指示灯亮。

(5) 重复4次(1)～(4)的过程。

(6) 当第4次排水到下限位后，蜂鸣器响5 s后停止，整个洗衣过程结束。

(7) 操作过程中，按下停止按钮可结束洗衣过程。

(8) 手动排水是独立操作的。

试设计顺序功能图和梯形图程序，并画出I/O接线图。

表 6-6　I/O 元件地址分配表

输入地址		输出地址	
启动按钮	I0.0	进水指示灯	Q0.0
停止按钮	I0.1	排水指示灯	Q0.1
上限位开关	I0.2	正搅拌	Q0.2
下限位开关	I0.3	反搅拌	Q0.3
手动排水开关	I0.4	甩干桶指示灯	Q0.4
		蜂鸣器	Q0.5

6-10　图 6-24 所示为上料爬斗控制示意图，其 I/O 地址分配表如表 6-7 所示。爬斗由三相异步电动机 M1 拖动，装料皮带运输机由三相异步电动机 M2 拖动。上料爬斗在初始状态时，下限位 SQ3 为 1 状态，电动机 M1、M2 均为 0 状态。当按下启动按钮 SB1，启动皮带运输机向爬斗装料，电动机 M2 为 1 状态。装料 30 s 后，皮带运输机自动停止，上料爬斗则自动上升。爬斗提升到上限位 SQ2 后，自动翻斗卸料，翻斗时撞到行程开关 SQ1，随即反向下降，下降到下限位，碰撞行程开关 SQ3 后，停留 30 s，再次启动皮带运输机，向料斗装料，装料 30 s 后，皮带运输机自动停止，料斗则自动上升。如此不断循环，直至按下停止按钮 SB2 时工作结束。试设计顺序功能图和梯形图程序，并画出 I/O 接线图。

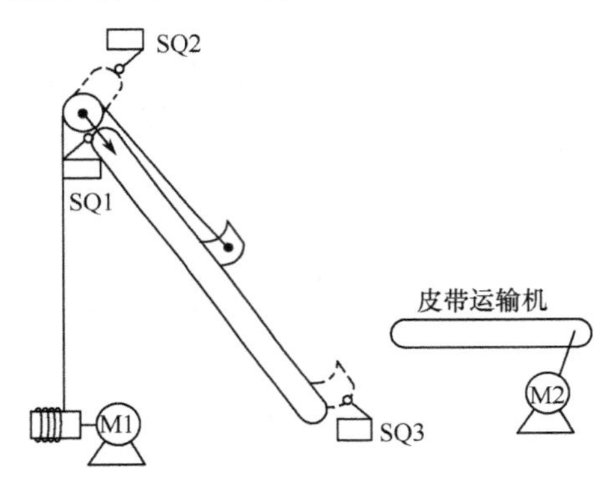

图 6-24　上料爬斗控制示意图

表 6-7　I/O 元件地址分配表

输入地址		输出地址	
启动按钮 SB1	I0.0	爬斗电动机 M1	Q0.1
停止按钮 SB2	I0.1	皮带运输电动机 M2	Q0.2
爬斗上限位 SQ1	I0.2		
翻斗碰撞开关 SQ2	I0.3		
爬斗下限位 SQ3	I0.4		

6-11　图 6-25 是用双面钻孔的组合机床在工件相对的两面钻孔，机床由动力滑台提供进给运动，刀具电动机固定在动力滑台上。双面钻孔的组合机床 I/O 地址分配见表 6-8，工件装入夹具后，按下启动按钮 SB1，工件被夹紧，限位开关 SQ1 为 1 状态。此时两侧在左、右动力滑台同时进行快速进给、工作进给和快速退回的加工循环，同时刀具电动机也启动工作。两侧的加工均完成后，系统将工件松开，松开到位，系统返回原位，一次加工的工作循环结束。试设计顺序控制功能图和梯形图程序，并画出 I/O 接线图。

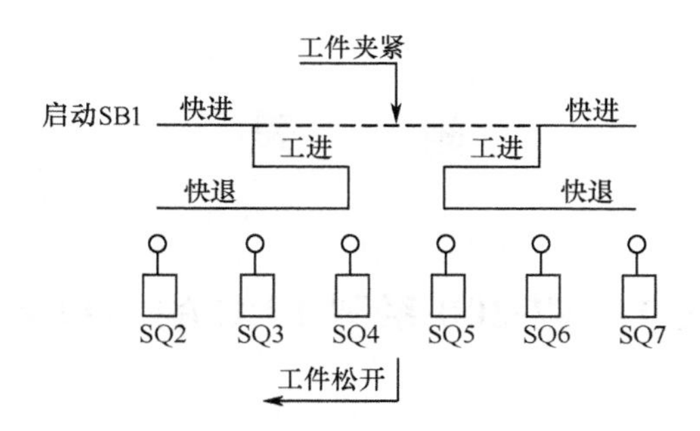

图 6-25　上双面钻孔的组合机床控制示意图

表 6-8　I/O 元件地址分配表

输入地址		输出地址	
启动按钮 SB1	I0.0	工件夹紧电磁阀 YV	Q0.0
停止按钮 SB2	I0.1	工件放松电磁阀 YV1	Q0.1
工件夹紧到位开关 SQ1	I0.2	左快进电磁阀 YV2、YV3	Q0.2、Q0.3
工件放松到开关 SQ2	I0.3	左工进电磁阀 YV3	Q0.3
左快进到位开关 SQ3	I0.4	左快退电磁阀 YV4	Q0.4
左工进到位开关 SQ4	I0.5	右快进电磁阀 YV5、YV6	Q0.5、Q0.6
左快退到开关 SQ5	I0.6	右工进电磁阀 YV6	Q0.6
右快进到位开关 SQ6	I0.7	左快退电磁阀 YV7	Q0.7
右工进到位开关 SQ7	I1.0		
右快退到开关 SQ8	I1.1		

附　　录

附表 1　S7-200 系列 PLC 的 I/O 特性

(1) 输入特性

项　　目	CPU 221	CPU 222	CPU 224	CPU 226
输入点数	8	8	14	24
输入电压 DC/V	24	24	24	24
输入电流/mA	4	4	4	4
逻辑 1 信号/V	15～35	15～35	15～35	15～35
逻辑 0 信号/V	0～5	0～5	0～5	0～5
输入延迟时间/ms	0.2～12.8	0.2～12.8	0.2～12.8	0.2～12.8
高速输入频率/kHz	30	30	30	20～30
隔离方式	光电	光电	光电	光电
隔离组数	2/4	4	6/8	11/13

(2) 输出特性

项目		CPU 221		CPU 222		CPU 224		CPU 226	
输出类型		晶体管	继电器	晶体管	继电器	晶体管	继电器	晶体管	继电器
输出点数		4	4	6	6	10	10	16	16
负载电压/V		DC 20.4～28.8	DC 5～30/AC 5～250	DC 20.4～28.8	DC 5～30/AC 5～250	DC 20.4～28.8	DC 5～30/AC 5～250	DC 20.4～28.8	DC 5～30/AC 5～250
输出电流	1 信号/A	0.75	2	0.75	2	0.75	2	0.75	2
	0 信号	10	—	10	—	10^{-2}	—	10^{-2}	—
公共端输出电流总和/A		3.02	6.0	4.5	6.0	3.75	8.0	6	10
接通延迟	标准脉冲/μs	15	10^4	15	10^4	15	10^4	15	10^4
		2	—	2	—	2	—	2	—
关断延迟	标准脉冲/μs	100	10^4	100	10^4	100	10^4	100	10^4
		10	—	10	—	10	—	10	—
隔离方式		光电	电磁	光电	电磁	光电	电磁	光电	电磁
隔离组数		4	1/3	6	3	5	3/4	8	4/5/7

附表 2 S7-200 系列 PLC 的特殊存储器(SM)标志位

SM 位	描 述
SM0.0	该位始终为 1
SM0.1	该位在首次扫描时为 1,可用于调用初始化子程序
SM0.2	若保持数据丢失,则该位在 1 个扫描周期为 1。该位可用作错误存储器位,或用来调用特殊启动顺序功能
SM0.3	开机后进入 RUN 方式,改为将 ON1 个扫描周期。该位可用作在启动操作之前给设备提供一个预热时间
SM0.4	该位提供了一个时钟脉冲,30 s 为 1,30 s 为 0,周期为 1 min,提供一个 1 min 的时钟脉冲
SM0.5	该位提供了一个时钟脉冲,0.5 s 为 1,0.5 s 为 0,周期为 1 s ,提供了一个 1 s 的时钟脉冲
SM0.6	该位为扫描时钟,本次扫描位置 1 下次扫描置 0,可用作扫描计数器的输入
SM0.7	该位指示 CPU 工作方式开关的位置(0 为 TERM 位置,1 为 RUN 位置)。当开关在 RUN 位置时,用该位可使自由端口通信方式有效,那么当切换至 TERM 位置时,同编程设备的正常通信也会有效
SM1.0	当执行某些运算时,其结果为 0 时,将该位置 1
SM1.1	当执行某些运算时,其结果溢出或查处非法数值时,将该位置 1
SM1.2	当执行数学运算时,其结果为负数时,将该位置 1
SM1.3	试图除以零时,将该位置 1
SM1.4	当执行 ATT 指令时,试图超出表范围时,将该位置 1
SM1.5	当执行 LIFO 或 FIFO 指令时,试图从空表中读数时,将该位置 1
SM1.6	当试图把 1 个非 BCD 数据转换为二进制时,将该位置 1
SM1.7	当 ASCII 码不能转换为有效的十六进制数时,将该位置 1
SM2.0	在自由端口通信方式下,该字符存储从口 0 或端口 1 接受到的每一个字符
SM3.0	端口 0 或段口 1 的奇偶校验位错(0 表示无错,1 表示有错)
SM3.1～SM3.7	保留
SM4.0	当通信中断队列溢出时,将该位置 1
SM4.1	当输入中断队列溢出时,将该位置 1
SM4.2	当定时中断队列溢出时,将该位置 1
SM4.3	在运行时刻,发现编程问题时,将该位置 1
SM4.4	该位指示全局中断允许位,当允许中断时,将该位置 1
SM4.5	当端口 0 发送空闲时,将该位置 1
SM4.6	当端口 1 发送空闲时,将该位置 1
SM4.7	当发生强制时,将该位置 1
SM5.0	当有 I/O 错误时,将该位置 1
SM5.1	当 I/O 总线上连接了过多的数字量 I/O 点时,将该位置 1
SM5.2	当 I/O 总线上连接了过多的模拟量 I/O 点时,将该位置 1
SM5.3	当 I/O 总线上连接了过多的智能 I/O 点时,将该位置 1
SM5.4～SM5.6	保留
SM5.7	当 DP 标准总线出错时,将该位置 1

附表 3 S7-200 系列 PLC 的 CPU 编程元器件的有效范围

描 述	CPU 221	CPU 222	CPU 224	CPU 226
输入映像寄存器	I0.0～I15.7	I0.0～I15.7	I0.0～I15.7	I0.0～I15.7
输出映像寄存器	Q0.0～Q15.7	Q0.0～Q15.7	Q0.0～Q15.7	Q0.0～Q15.7
模拟量输入(只读)	—	AIW0～AIW30	AIW0～AIW62	AIW0～AIW62
模拟量输出(只写)	—	AQW0～AQW30	AQW0～AQW62	AQW0～AQW62
变量寄存器(V)	V0.0～V2 047.7	V0.0～V2 047.7	V0.0～V8 191.7	V0.0～V10 239.7
局部变量寄存器(L)	L0.0～L59.7	L0.0～L59.7	L0.0～L59.7	L0.0～L59.7
位存储器(M)	M0.0～M31.7	M0.0～M31.7	M0.0～M31.7	M0.0～M31.7
特殊存储器(SM) 只读	SM0.0～SM179.7 SM0.0～29.7	SM0.0～SM179.7 SM0.0～29.7	SM0.0～SM549.7 SM0.0～29.7	SM0.0～SM549.7 SM0.0～29.7
定时器(T)	T0～T255	T0～T255	T0～T255	T0～T255
记忆延时 1 ms	T0,T64	T0,T64	T0,T64	T0,T64
记忆延时 10 ms	T1～T4,T65～T68	T1～T4,T65～T68	T1～T4,T65～T68	T1～T4,T65～T68
记忆延时 100 ms	T5～T31,T69～T95	T5～T31,T69～T95	T5～T31,T69～T95	T5～T31,T69～T95
接通延时 1 ms	T32,T96	T32,T96	T32,T96	T32,T96
接通延时 10 ms	T33～T36, T97～T100	T33～T36, T97～T100	T33～T36, T97～T100	T33～T36, T97～T100
接通延时 100 ms	T37～T63, T101～T255	T37～T63, T101～T255	T37～T63, T101～T255	T37～T63, T101～T255
计数器(C)	C0～C255	C0～C255	C0～C255	C0～C255
高速计数器(HC)	HC0,HC3,HC4,HC5	HC0,HC3,HC4,HC5	HC0～HC5	HC0～HC5
顺序控制继电器(S)	S0.0～S31.7	S0.0～S31.7	S0.0～S31.7	S0.0～S31.7
累加寄存器(AC)	AC0～AC3	AC0～AC3	AC0～AC3	AC0～AC3
跳转/标号	0～255	0～255	0～255	0～255
调用/子程序	0～63	0～63	0～63	0～63
中断时间	0～127	0～127	0～127	0～127
PID 回路	0～7	0～7	0～7	0～7
通信端口	Prot 0	Prot 0	Prot 0	Prot 0, Prot 1

附表 4　S7-200 系列 PLC 的操作数寻址范围

数据类型	寻址范围
BYTE	IB,QB,MB,SMB,VB,SB,LB,AC,常数,＊VD,＊AC,＊LD
INT/WORD	IW,QW,MW,SW,SMW,T,C,VW,AIW,LW,AC,常数,＊VD,＊AC,＊LD
DINT	ID,QD,MD,SMD,VD,SD,LD,HC,AC,常数,＊VD,＊AC,＊LD
REAL	ID,QD,MD,SMD,VD,SD,LD,AC,常数,＊VD,＊AC,＊LD

附表 5　S7-200 系列 PLC 的 SIMATIC 指令集简表

布尔指令

LD	N	装载（电路开始的常开触点）
LDI	N	立即装载
LDN	N	去反后装载（电路开始的常闭触点）
LDNI	N	去反后立即装载
A	N	与（串联的常开触点）
AI	N	立即与
AN	N	取反后与（串联的常闭触点）
ANI	N	取反后立即与
O	N	或（并联的常开触点）
OI	N	立即或
ON	N	取反后或（并联的常闭触点）
ONI	N	取反后立即或
LDBx	N1,N2	装载字节比较的结果，N1(x：<,<=,=,>=,>,<>)N2
ABx	N1,N2	与字节比较的结果，N1(x：<,<=,=,>=,>,<>)N2
OBx	N1,N2	或字节比较的结果，N1(x：<,<=,=,>=,>,<>)N2
LDWx	N1,N2	装载字比较的结果，N1(x：<,<=,=,>=,>,<>)N2
AWx	N1,N2	与字比较的结果，N1(x：<,<=,=,>=,>,<>)N2
OWx	N1,N2	或字比较的结果，N1(x：<,<=,=,>=,>,<>)N2
LDDx	N1,N2	装载双字的比较结果，N1(x：<,<=,=,>=,>,<>)N2
ADx	N1,N2	与双字的比较结果，N1(x：<,<=,=,>=,>,<>)N2
ODx	N1,N2	或双字的比较结果，N1(x：<,<=,=,>=,>,<>)N2
LDRx	N1,N2	装载实数的比较结果，N1(x：<,<=,=,>=,>,<>)N2
ARx	N1,N2	与实数的比较结果，N1(x：<,<=,=,>=,>,<>)N2
ORx	N1,N2	或实数的比较结果，N1(x：<,<=,=,>=,>,<>)N2
NOT		栈顶值取反
EU		上升沿检测
ED		下降沿检测
=	Bit	赋值（线圈）
=I	Bit	立即赋值
S	Bit,N	置为一个区域
R	Bit,N	复位一个区域
SI	Bit,N	立即置位一个区域
RI	Bit,N	立即复位一个区域
LDSx	IN1,IN2	装载字符串比较结果，N1(x：=,<>)N2
ASx	IN1,IN2	与字符串比较结果，N1(x：=,<>)N2
OSx	IN1,IN2	或字符串比较结果，N1(x：=,<>)N2

续表

ALD OLD	与装载(电路块串联) 或装载(电路块并联)
LPS LRD LPP LDS　N	逻辑入栈 逻辑读栈 逻辑出栈 逻辑堆栈
AENO	对 ENO 进行操作
数学、加 1 减 1 指令	
+I　INT1,OUT +D　INT1,OUT +R　INT1,OUT	整数加法,INT1+OUT=OUT 双整数加法,INT1+OUT=OUT 实数加法,INT1+OUT=OUT
－I　INT1,OUT －D　INT1,OUT －R　INT1,OUT	整数减法,INT1－OUT=OUT 双整数减法,INT1－OUT=OUT 实数减法,INT1－OUT=OUT
MUL　INT1,OUT	整数乘整数得双整数
*I　INT1,OUT *D　INT1,OUT *R　INT1,OUT	整数乘法,INT1*OUT=OUT 双整数乘法,INT1*OUT=OUT 实数乘法,INT1*OUT=OUT
DIV　INT1,OUT	整数除整数得 16 位余数(高位)和 16 位商(低位)
/I　INT1,OUT /D　INT1,OUT /R　INT1,OUT	整数除法,INT1/OUT=OUT 双整数除法,INT1/OUT=OUT 实数除法,INT1/OUT=OUT
SQRT　INT1,OUT	平方根
LN　INT1,OUT	自然对数
EXP　INT1,OUT	自然指数
SIN　INT1,OUT	正弦
COS　INT1,OUT	余弦
TAN　INT1,OUT	正切
INCB　OUT INCW　OUT INCD　OUT	字节加 1 字加 1 双字加 1
DECB　OUT DECW　OUT DECD　OUT	字节减 1 字减 1 双字减 1
PID　Table,Loop	PID 回路

续表

定时器和计数器指令	
TON Txxx,PT	接通延时定时器
TOF Txxx,PT	断开延时定时器
TONR Txxx,PT	保持型接通延时定时器
BITIM OUT	启动间隔定时器
CITIM N,OUT	计算间隔定时器
CTU Cxxx,PV	加计数器
CTD Cxxx,PV	减计数器
CTUD Cxxx,PV	加/减计数器
实时时钟指令	
TODR T	读实时时钟
TODW T	写实时时钟
TODRX T	扩展读实时时钟
TODWX T	扩展写实时时钟
程序控制指令	
END	程序的条件结束
STOP	切换到 STOP 模式
WDR	看门狗复位(300 ms)
JMP N	跳到指定的标号
LBL N	定义一个跳转的标号
CALL N(N1,…)	调用子程序,可以有16个可选参数
CRET	从子程序条件返回
FOR INDEX,INIT,FINAL NEXT	FOR/NEXT 循环
LSCR N	顺序控制继电器段的启动
SCRT N	顺序控制继电器段的转换
CSCRE	顺序控制继电器段的条件结束
SCRE	顺序控制继电器段的结束
DLED IN	诊断 LED
传送、移位、循环和填充指令	
MOVB IN,OUT	字节传送
MOVW IN,OUT	字传送
MOVD IN,OUT	双字传送
MOVR IN,OUT	实数传送
BIR IN,OUT	立即读取物理输入字节
BIW IN,OUT	立即写物理输出字节
BMB IN,OUT,N	字节块传送
BMW IN,OUT,N	字块传送
BMD IN,OUT,N	双字块传送

续表

SWAP　IN	交换字节
SHRB　DATA, S_BIT, N	移位寄存器
SRB　OUT, N SRW　OUT, N SRD　OUT, N SLB　OUT, N SLW　OUT, N SLD　OUT, N	字节右移 N 位 字右移 N 位 双字右移 N 位 字节左移 N 位 字左移 N 位 双字左移 N 位
RRB　OUT, N RRW　OUT, N RRD　OUT, N	字节循环右移 N 位 字循环右移 N 位 双字循环右移 N 位
RLB　OUT, N RLW　OUT, N RLD　OUT, N	字节循环左移 N 位 字循环左移 N 位 双字循环左移 N 位
FILL　N,OUT,N	用指定的元素填充存储器空间
	逻辑操作指令
ANDB　IN1,OUT ANDW　IN1, OUT ANDD　IN1,OUT	字节逻辑与 字逻辑与 双字逻辑与
ORB　IN1,OUT ORW　IN1,OUT ORD　IN1,OUT	字节逻辑或 字逻辑或 双字逻辑或
XORB　IN1,OUT XORW　IN1,OUT XORD　IN1,OUT	字节逻辑异或 字逻辑异或 双字逻辑异或
INVB　OUT INVW　OUT INVD　OUT	字节取反(1 的补码) 字取反 双字取反
	字符串指令
SLEN　IN,OUT SCAT　IN,OUT SCPY　IN,INDX,N,OUT SSCPY　IN,OUT CFND　IN1,IN2,OUT SFND　IN1,IN2,OUT	求字符串长度 连接字符串 复制字符串 复制子字符串 在字符串中查找一个字符 在字符串中查找一个子字符串

续表

表、查找和转换指令	
ATT　TABLE,DATA	把数据加到表中
LIFO　TABLE,DATA	从表中取数据,后入先出
FIFO　TABLE,DATA	从表中取数据,先入先出
FND=　TBL,PATRN,INDX	在表 TBL 中查找等于比较条件 PATRN 的数据
FND<>　TBL,PATRN,INDX	在表 TBL 中查找不等于比较条件 PATRN 的数据
FND<　TBL,PATRN,INDX	在表 TBL 中查找小于比较条件 PATRN 的数据
FND>　TBL,PATRN,INDX	在表 TBL 中查找大于比较条件 PATRN 的数据
BCDI　OUT	BCD 码转换成整数
IBCD　OUT	整数转换成 BCD 码
BTI　IN,OUT	字节转换成整数
ITB　IN,OUT	整数转换成字节
ITD　IN,OUT	整数转换成双整数
DTI　IN,OUT	双整数转换成整数
DTR　IN,OUT	双整数转换成实数
ROUND　IN,OUT	实数四舍五入成双整数
TRUNC　IN,OUT	实数截位取整为双整数
ATH　IN,OUT,LEN	ASCII 码→十六进制数
HTA　IN,OUT,LEN	十六进制数→ASCII 码
ITA　IN,OUT,FMT	整数→ASCII 码
DTA　IN,OUT,FMT	双整数→ASCII 码
RTA　IN,OUT,FMT	实数→ASCII 码
DECO　IN,OUT	译码
ENCO　IN,OUT	编码
SEG　IN,OUT	七段译码
ITS　IN,FMT,OUT	整数转换为字符串
DTS　IN,FMT,OUT	双整数转换为字符串
RTS　IN,FMT,OUT	实数转换为字符串
STI　STR,INDX,OUT	子字符串转换为整数
STD　STR,INDX,OUT	子字符串转换为双整数
STR　STR,INDX,OUT	子字符串转换为实数
中断指令	
CRETI	从中断程序有条件返回
ENI	允许中断
DISI	禁止中断
ATCH　INT,EVENT	给中断事件分配中断程序
DTCH　EVENT	解除中断事件

续表

通信指令	
XMT TABLE,PORT RCV TABLE,PORT	自由端口发送 自由端口接收
NETR TABLE,PORT NETW TABLE ,PORT	网络读 网络写
GPA ADDR,PORT SPA ADDR,PORT	获取端口地址 设置端口地址
高速计数器指令	
HDEF HSC,MODE	定义高速计数器模式
HSC N	激活高速计数器
PLS X	脉冲输出

参 考 文 献

[1] 廖常初．PLC编程及应用[M]．北京：机械工业出版社，2008.
[2] 刘美俊．西门子PLC编程及应用[M]．北京：机械工业出版社，2011.
[3] 郭艳萍．电气控制与PLC技术[M]．北京：北京师范大学出版社，2008.
[4] 徐国林．PLC应用技术[M]．北京：机械工业出版社，2008.
[5] 王淑英．S7-200西门子PLC基础教程[M]．北京：人民邮电出版社，2009.
[6] 周占怀．PLC技术及应用项目化教程[M]．青岛：中国海洋大学出版社，2010.
[7] 华满香，刘小春．电气控制与PLC应用[M]．北京：人民邮电出版社，2008.
[8] 田效伍．电气控制与PLC应用技术[M]．北京：机械工业出版社，2011.
[9] 孔晓华，周德仁．电气控制与PLC项目教程[M]．北京：机械工业出版社，2011.
[10] 于书兴．电气控制与PLC[M]．北京：人民邮电出版社，2009.
[11] 张伟林．电气控制与PLC综合应用技术[M]．北京：人民邮电出版社，2009.
[12] 李长军．西门子S7-200PLC应用实例解说[M]．北京：电子工业出版社，2011.
[13] 董燕．电气控制与PLC技术[M]．北京：电子工业出版社，2011.
[14] 王福成．电气控制与PLC应用[M]．北京：冶金工业出版社，2009.
[15] 何波．电气控制与PLC应用[M]．北京：中国电力出版社，2008.